CorelDRAW

X8 案例设计

从入门到精通

王红卫 编著

清华大学出版社

北京

内 容 简 介

本书是作者将自己多年实践的丰富经验，以专业级的手法向读者讲授基础图形绘制到商业设计案例的制作，内容包括入门图形图像的绘制、流行标识标签的制作、潮流艺术字的制作，网店装修设计、视觉交互图标及界面设计、企业标志设计、商业常用名片设计、视觉艺术化海报设计等。

本书为读者免费提供了素材云盘下载，不但收录了书中所有案例的素材和源文件，还收录了高清语音教学文件，让学习像看电影一样享受。

本书不仅适合于喜爱设计的读者使用，也适用于社会培训学校、大中专院校、艺术类院校作为教学参考或上机实践的练习用书。

图书在版编目（CIP）数据

CorelDRAW X8案例设计从入门到精通／王红卫编著．—北京：清华大学出版社，2017（2024.2重印）

ISBN 978-7-302-47225-4

Ⅰ．①C… Ⅱ．①王… Ⅲ．①图形软件 Ⅳ．①TP391.413

中国版本图书馆CIP数据核字（2017）第122612号

责任编辑：夏毓彦
封面设计：王　翔
责任校对：闫秀华
责任印制：宋　林

出版发行：清华大学出版社
　　网　　址：https://www.tup.com.cn，https://www.wqxuetang.com
　　地　　址：北京清华大学学研大厦A座　　　　邮　编：100084
　　社 总 机：010-83470000　　　　　　　　邮　购：010-62786544
　　投稿与读者服务：010-62776969，c-service@tup.tsinghua.edu.cn
　　质 量 反 馈：010-62772015，zhiliang@tup.tsinghua.edu.cn
印 刷 者：涿州市般润文化传播有限公司
经　　销：全国新华书店
开　　本：190mm×260mm　　　印　　张：19.5　　　字　　数：499千字
版　　次：2017年7月第1版　　　印　　次：2024年2月第6次印刷
定　　价：89.00元

产品编号：074906-02

前　　言

在平面设计领域中，CorelDraw作为一款强大的矢量编辑软件，它具有举足轻重的地位，从人性化的操作到直观的作品输出，在操作及使用上十分的便利，特别是交互式工具，都可以在无限的灵感中创作出许多令人惊叹的作品。如何真正地学好设计？如何从最基础的应用入门到高深层次的商业案例设计？本书中都可以找到你想要的答案，为满足不同层次读者的需要，本书从最基本的图形绘制到中级的设计案例学习，再到专业级的商业案例解读，以最直观的方式进行全面讲解。

本书内容

读者通过本书可以快速学习到以下内容：

- 入门图形图像的绘制
- 流行标识标签的绘制
- 潮流艺术字的制作
- 网店装修设计
- 视觉交互图标及界面设计
- 企业标志设计
- 商业常用名片设计
- 书籍封面与装帧艺术设计
- 视觉艺术化海报设计
- 创意及常用包装设计

本书编写目的是帮助那些想要使用CorelDRAW这一强大的矢量编辑工具来学习设计，并且想成为设计高手的读者，相信只要读者用心的学习，一定能通过对本书全面提升自身技能，成为设计界的大咖！

本书特色

（1）**基础入门**。以学好基础图形的绘制作为本书的起点，让读者从一开始即可接受到全面的基础知识学习，为后面的学习打下扎实的基础。

（2）**强化提示**。在一些不易懂的知识点，贴心的加入提示，帮助读者理解书中所讲授的知识，对所学习的知识全面强化。

（3）**云盘下载**。本书为读者免费提供了云盘下载，包括书中所有案例的多媒体语音教学文件以及调用素材和源文件，可谓超值之选。直接扫描二维码（如下图）下载。如果下载有问题，请电子邮件联系booksaga@126.com，邮件主题为"CorelDRAW X8案例设计从入门到精通"。

本书由王红卫主编，同时参与编写的还有张四海、余昊、贺容、王英杰、崔鹏、桑晓洁、王世迪、吕保成、蔡桢桢、王红启、胡瑞芳、王翠花、夏红军、李慧娟、杨树奇、王巧伶、陈家文、王香、杨曼、马玉旋、张田田、谢颂伟、张英、石珍珍、陈志祥等。

在创作的过程中，由于时间仓促，错误在所难免，希望广大读者批评指正。如果在学习过程中发现问题或有更好的建议，欢迎发邮件到smbook@163.com与我们联系。

编　者

2017年6月

目　　录

第4章　网店装修设计

第5章　视觉交互图标及界面设计

第6章　企业标志设计

第7章　商业常用名片设计

第8章　书籍封面与装帧艺术设计

第9章　视觉艺术化海报设计

第10章　创意及常用包装设计

第1章
入门图形图像的绘制

本章介绍

本章讲解入门图形图像绘制，想要熟练掌握软件操作，必须先从基础图形图像绘制开始，打好扎实的基础。本章列举了指示图形、花朵、食物、生活用品等相关基础图形图像的绘制，通过对这些基础图形绘制的学习，可以熟练掌握基础图形图像的绘制，从而自信面对设计实例的操作。

要点索引

◎ 学习绘制指示图形
◎ 学习绘制点赞图形
◎ 掌握绘制斧头的方法
◎ 学习绘制简约相机
◎ 掌握绘制饼形图的流程
◎ 学习绘制卡通章鱼
◎ 学习绘制饼形图

1.1 绘制指示图形

设计构思

本例讲解绘制指示图形，该图形绘制十分简单，以圆形作为基础图形，然后绘制箭头图形即可，最终效果如图1.1所示。

图1.1 最终效果

- 难易程度：★★☆☆☆
- 最终文件：源文件\第1章\绘制指示图形.cdr
- 视频位置：movie\1.1 绘制指示图形.avi

操作步骤

步骤01 单击工具箱中的【椭圆形工具】〇按钮，按住Ctrl键绘制一个正圆，设置其【填充】为绿色（R:136, G:194, B:56），【轮廓】为无，如图1.2所示。

图1.2 绘制图形

步骤02 单击工具箱中的【2点线工具】✓按钮，绘制一条倾斜线段，设置其【填充】为无，【轮廓】为白色，在【轮廓笔】面板中将【宽度】更改为10，单击【圆形端头】●按钮，完成之后按Enter键确认，如图1.3所示。

图1.3 最终效果

步骤03 选中线段，将其向下复制一份，再单击属性栏中【垂直镜像】ゑ按钮，与原图形右侧对齐，如图1.4所示。

步骤04 单击工具箱中的【2点线工具】✓按钮，再绘制一条水平线段，这样就完成了效果的制作，如图1.5所示。

图1.4 复制图形

图1.5 最终效果

1.2 绘制花朵

设计构思

本例讲解绘制花朵，该花朵绘制十分简单，主要使用钢笔工具及旋转复制命令即可完成效果的制作，最终效果如图1.6所示。

图1.6 最终效果

- 难易程度：★★☆☆☆
- 最终文件：源文件\第1章\绘制花朵.cdr
- 视频位置：movie\1.2 绘制花朵.avi

操作步骤

步骤01 单击工具箱中的【钢笔工具】✒ 按钮，绘制一个不规则图形，设置其【填充】为绿色（R:0, G:153, B:51），【轮廓】为无，如图1.7所示。

步骤02 选中图形并单击，将其中心点移至左侧顶端位置，按住鼠标左键将图形旋转至一定的角度后单击鼠标右键，将图形复制一份，如图1.8所示。

步骤03 按Ctrl+D组合键执行【再制】命令，将图形复制多份，如图1.9所示。

步骤04 单击工具箱中的【椭圆形工具】〇按钮，按住Ctrl键绘制一个正圆，设置其【填充】为红色（R:255, G:92, B:92），【轮廓】为粉色（R:255, G:153, B:204），【宽度】为5，这样就完成了效果的制作，如图1.10所示。

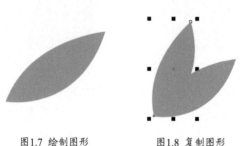

图1.7 绘制图形　　　图1.8 复制图形

图1.9 复制多份　　　图1.10 最终效果

1.3 绘制点赞图形

设计构思

本例讲解绘制点赞图形，此款点赞图形十分形象，以直观的手形与袖口图形相结合，完美表现出点赞图形的特征，最终效果如图1.11所示。

- 难易程度：★★★☆☆
- 最终文件：源文件\第1章\绘制点赞图形.cdr
- 视频位置：movie\1.3 绘制点赞图形.avi

图1.11 最终效果

操作步骤

步骤01 单击工具箱中的【钢笔工具】✒ 按钮，绘制手形，设置其【填充】为黄色（R:254, G:241, B:192），【轮廓】为无，如图1.12所示。

步骤02 在手形右侧位置绘制一个黄色（R:237, G:223, B:176）不规则图形，如图1.13所示。

图1.12 绘制手形　　　图1.13 绘制不规则图形

步骤 03 选中图形,执行菜单栏中的【对象】|【PowerClip】|【置于图文框内部】命令,将图形放置到下方手形内部,如图1.14所示。

图1.14 置于图文框内部

步骤 04 单击工具箱中的【矩形工具】□按钮,绘制一个矩形,设置其【填充】为浅黄色(R:255, G:253, B:232),【轮廓】为无,如图1.15所示。

步骤 05 单击工具箱中的【形状工具】↖按钮,拖动矩形右上角锚点,将其转换为圆角矩形,如图1.16所示。

图1.15 绘制图形   图1.16 转换为圆角矩形

步骤 06 将圆角矩形向左侧复制一份并放大,再更改其【填充】为蓝色(R:61, G:61, B:81),如图1.17所示。

步骤 07 在圆角矩形上单击鼠标右键,从弹出的快捷菜单中选择【转换为曲线】命令,转换为曲线。

步骤 08 单击工具箱中的【形状工具】↖按钮,选中图形左侧两个节点,将其删除,如图1.18所示。

图1.17 复制图形   图1.18 删除节点

步骤 09 单击工具箱中的【椭圆形工具】○按钮,按住Ctrl键绘制一个正圆,设置其【填充】为黄色(R:255, G:202, B:8),【轮廓】为无,这样就完成了效果的制作,如图1.19所示。

图1.19 最终效果

1.4 绘制蘑菇

设计构思

本例讲解绘制蘑菇,该蘑菇图形十分形象,整体视觉效果不错,在绘制过程中注意颜色的搭配,最终效果如图1.20所示。

- 难易程度:★★☆☆☆
- 最终文件:源文件\第1章\绘制蘑菇.cdr
- 视频位置:movie\1.4 绘制蘑菇.avi

图1.20 最终效果

操作步骤

步骤 01 单击工具箱中的【钢笔工具】 🖊 按钮，绘制一个半圆图形，设置其【填充】为红色（R:222, G:28, B:78），【轮廓】为无，如图1.21所示。

步骤 02 单击工具箱中的【椭圆形工具】 ◯ 按钮，按住Ctrl键绘制一个正圆，设置其【填充】为白色，【轮廓】为无，如图1.22所示。

图1.21　绘制图形

图1.22　绘制正圆

步骤 03 选中正圆，按住鼠标左键移动至一定的位置后单击鼠标右键，将正圆复制数份，如图1.23所示。

图1.23　复制图形

步骤 04 单击工具箱中的【钢笔工具】 🖊 按钮，绘制一个柱状图形，设置其【填充】为黄色（R:235, G:229, B:213），【轮廓】为无，如图1.24所示。

图1.24　绘制柱状图形

步骤 05 在柱状图形底部绘制一个绿色（R:65, G:124, B:58）图形，以制作绿草，这样就完成了效果的制作，如图1.25所示。

图1.25　最终效果

1.5　绘制钟表

设计构思

本例讲解绘制钟表，以正圆为基础图形，通过制作刻度和指针图形，以及添加文字信息完成效果的制作，最终效果如图1.26所示。

- 难易程度：★★★☆☆
- 最终文件：源文件\第1章\绘制钟表.cdr
- 视频位置：movie\1.5 绘制钟表.avi

图1.26　最终效果

操作步骤

步骤 01 单击工具箱中的【椭圆形工具】 ◯ 按钮，按住Ctrl键绘制一个正圆，设置其【填充】为灰色（R:243, G:249, B:247），【轮廓】为黄色（R:243, G:166, B:49），【宽度】为10，如图1.27所示。

步骤 02 选中正圆，按Ctrl+C组合键复制，按Ctrl+V组合键粘贴，将粘贴的正圆等比缩小，再将其【填充】更改为黄色（R:243, G:166, B:49），【轮廓】更改为深黄色（R:117, G:97, B:70），【宽度】更改为3，如图1.28所示。

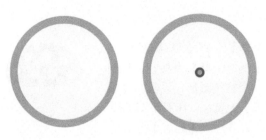

图1.27 绘制图形　　　　图1.28 复制图形

步骤03 单击工具箱中的【矩形工具】□按钮，绘制一个小矩形，设置其【填充】为深黄色（R:117, G:97, B:70），【轮廓】为无，如图1.29所示。

步骤04 将矩形向下移动复制一份，如图1.30所示。

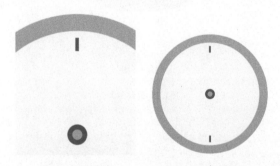

图1.29 绘制矩形　　　　图1.30 复制图形

步骤05 同时选中两个矩形，按Ctrl+C组合键复制，按Ctrl+V组合键粘贴，在属性栏的【旋转角度】文本框中输入90，如图1.31所示。

步骤06 单击工具箱中的【文本工具】**字**按钮，在适当的位置输入文字（Arial），如图1.32所示。

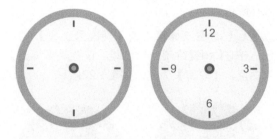

图1.31 复制图形　　　　图1.32 输入文字

步骤07 单击工具箱中的【矩形工具】□按钮，绘制两个小矩形，分别制作时针和分针，并设置其【填充】为深黄色（R:117, G:97, B:70），【轮廓】为无，这样就完成了效果的制作，如图1.33所示。

图1.33 最终效果

1.6 绘制斧头

设计构思

　　本例讲解绘制斧头，斧头工具的绘制以突出其轮廓特征为主，在绘制过程中将斧头把与斧刀相结合，整个图形十分形象，最终效果如图1.34所示。

- 难易程度：★★☆☆☆
- 最终文件：源文件\第1章\绘制斧头.cdr
- 视频位置：movie\1.6 绘制斧头.avi

图1.34 最终效果

操作步骤

步骤01 单击工具箱中的【矩形工具】□按钮，绘制一个矩形，设置其【填充】为黄色（R:199, G:125, B:76），【轮廓】为无，如图1.35所示。

步骤02 单击工具箱中的【形状工具】┖按钮，拖动矩形右上角节点，将其转换为圆角矩形，如图1.36所示。

步骤03 将矩形转换为曲线，单击工具箱中的【钢笔工具】按钮，分别在图形中间底部和顶部边缘单击添加节点，如图1.37所示。

步骤04 单击工具箱中的【形状工具】┖按钮，同时选中两个节点，单击属性栏中的【转换为曲线】按钮，将其拖动变形，如图1.38所示。

图1.37 添加节点　　图1.38 将图形变形

步骤05 单击工具箱中的【钢笔工具】按钮，绘制一个不规则图形，设置其【填充】为深黄色（R:147, G:79, B:32），【轮廓】为无，如图1.39所示。

步骤06 执行菜单栏中的【对象】|【PowerClip】|【置于图文框内部】命令，将图形放置到下方圆角矩形的内部，如图1.40所示。

图1.35 绘制矩形　　图1.36 转换为圆角矩形

图1.39 绘制图形 　　图1.40 置于图文框内部

步骤07 单击工具箱中的【钢笔工具】按钮，分别在图形靠右侧顶部和底部绘制不规则图形，设置其【填充】为灰色（R:142, G:142, B:142），【轮廓】为无，如图1.41所示。

图1.41 绘制图形

步骤08 选中下方图形，将其向顶部移动复制，将原图形【填充】更改为灰色（R:205, G:201, B:200）如图1.42所示。

步骤09 选中上方图形，执行菜单栏中的【对象】|【PowerClip】|【置于图文框内部】命令，将图形放置到下方图形的内部，如图1.43所示。

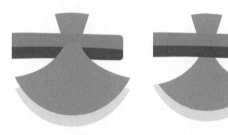

图1.42 复制图形　　图1.43 置于图文框内部

步骤10 单击工具箱中的【椭圆形工具】○按钮，绘制一个椭圆，设置其【填充】为深黄色（R:79, G:50, B:20），【轮廓】为无，如图1.44所示。

步骤11 单击工具箱中的【钢笔工具】按钮，绘制一个不规则图形，设置其【填充】为任意颜色，【轮廓】为无，如图1.45所示。

图1.44 绘制椭圆　　图1.45 绘制图形

步骤⑫ 同时选中两个图形，单击属性栏中的【修剪】 🖵 按钮，对图形进行修剪，将不需要的图形删除，这样就完成了效果的制作，如图1.46所示。

图1.46 最终效果

1.7 绘制棒棒糖

▌设计构思

本例讲解绘制棒棒糖，此款棒棒糖图像效果十分自然，整体配色也相当舒适，绘制过程中主要用到旋转复制及再制命令，最终效果如图1.47所示。

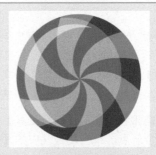

- 难易程度：★★★☆☆
- 最终文件：源文件\第1章\绘制棒棒糖.cdr
- 视频位置：movie\1.7 绘制棒棒糖.avi

图1.47 最终效果

▌操作步骤

步骤① 单击工具箱中的【椭圆形工具】 ○ 按钮，在图形中心位置按住Ctrl键绘制一个正圆，设置其【填充】为红色（R:236, G:17, B:95），【轮廓】为无，如图1.48所示。

图1.48 绘制正圆

步骤② 单击工具箱中的【钢笔工具】 ✎ 按钮，绘制一个不规则图形，设置其【填充】为白色，【轮廓】为无，如图1.49所示。

步骤③ 选中图形并单击，将其中心点移至右

侧顶端位置，将图形适当旋转复制一份，如图1.50所示。

图1.49 绘制图形　　　图1.50 复制图形

步骤④ 按Ctrl+D组合键执行【再制】命令，将图形复制多份，如图1.51所示。

步骤⑤ 同时选中所有不规则图形，单击工具箱中的【透明度工具】 ▨ 按钮，将【透明度】更改为55，【合并模式】更改为如果更亮。

步骤⑥ 执行菜单栏中的【对象】|【PowerClip】|【置于图文框内部】命令，将图形放置到矩形内部，如图1.52所示。

图1.51 复制多份

图1.52 置于图文框内部

步骤⓻ 单击工具箱中的【椭圆形工具】〇按钮，绘制一个椭圆，设置其【填充】为白色，【轮廓】为无，如图1.53所示。

步骤⓼ 选中图形，单击工具箱中的【透明度工具】▨按钮，将【透明度】更改为40，如图1.54所示。

图1.53 绘制图形

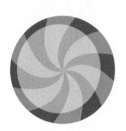
图1.54 更改透明度

步骤⓽ 将椭圆向右侧移动复制一份，如图1.55所示。

步骤❿ 同时选中两个椭圆图形，单击属性栏中的【修剪】▯按钮，对图形进行修剪，将不需要的图形删除，如图1.56所示。

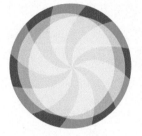
图1.55 复制图形

图1.56 修剪图形

步骤⓫ 单击工具箱中的【椭圆形工具】〇按钮，再次绘制一个椭圆图形并适当降低其不透明度，这样就完成了效果的制作，如图1.57所示。

图1.57 最终效果

1.8 绘制可爱柠檬

设计构思

　　本例讲解绘制可爱柠檬，在绘制过程中以柠檬水果图像为参照，通过绘制不规则图形，制作出可爱的卡通水果形象，重点注意图形细节的处理，最终效果如图1.58所示。

图1.58 最终效果

● 难易程度：★★★☆☆
● 最终文件：源文件\第1章\绘制可爱柠檬.cdr
● 视频位置：movie\1.8 绘制可爱柠檬.avi

操作步骤

步骤01 单击工具箱中的【钢笔工具】✎按钮，绘制一个柠檬形状的图形，设置其【填充】为黄色（R:252, G:214, B:25），【轮廓】为无，如图1.59所示。

步骤02 再绘制一个黑色不规则图形，如图1.60所示。

图1.59 绘制柠檬图形　　　图1.60 绘制不规则图形

步骤03 选中黑色图形，单击工具箱中的【透明度工具】▦按钮，在属性栏中将【合并模式】更改为柔光。

步骤04 执行菜单栏中的【对象】|【PowerClip】|【置于图文框内部】命令，将图形放置到柠檬内部，如图1.61所示。

图1.61 置于图文框内部

步骤05 单击工具箱中的【椭圆形工具】◯按钮，绘制一个椭圆，设置其【填充】为黑色，【轮廓】为白色，【宽度】为2，如图1.62所示。

步骤06 将椭圆向右侧移动复制一份，以制作眼睛，如图1.63所示。

图1.62 绘制椭圆　　　图1.63 复制图形

步骤07 单击工具箱中的【椭圆形工具】◯按钮，在眼睛下方绘制一个椭圆，设置其【填充】为粉色（R:254, G:128, B:129），【宽度】为2，【轮廓】为无，如图1.64所示。

步骤08 将椭圆向右侧移动复制一份，以制作腮红，如图1.65所示。

图1.64 绘制椭圆　　　图1.65 复制图形

步骤09 单击工具箱中的【钢笔工具】✎按钮，绘制一条弧形线段，设置其【填充】为无，【轮廓】为黑色，【宽度】为1，在【轮廓笔】面板中单击【圆形端头】⊏按钮，完成之后按Enter键确认，如图1.66所示。

步骤10 将线段向右侧移动复制一份，如图1.67所示。

图1.66 绘制线段　　　图1.67 复制线段

步骤11 以同样的方法再次绘制数条线段，分别制作手脚，这样就完成了效果的制作，如图1.68所示。

图1.68 最终效果

1.9 绘制西瓜

设计构思

　　本例讲解绘制西瓜，该西瓜图像绘制十分简单，主要以椭圆为基础图形，通过制作出瓜皮和瓜瓤，完美表现出整个西瓜的特征，最终效果如图1.69所示。

- 难易程度：★★☆☆☆
- 最终文件：源文件\第1章\绘制西瓜.cdr
- 视频位置：movie\1.9 绘制西瓜.avi

图1.69 最终效果

操作步骤

步骤01 单击工具箱中的【椭圆形工具】○按钮，在图形中心位置按住Ctrl键绘制一个正圆，设置其【填充】为绿色（R:0, G:102, B:51），【轮廓】为无，如图1.70所示。

步骤02 单击工具箱中的【矩形工具】□按钮，绘制一个矩形，如图1.71所示。

图1.70 绘制正圆　　　　图1.71 绘制矩形

步骤03 同时选中两个图形，单击属性栏中的【修剪】🖵按钮，对图形进行修剪，再将矩形删除，如图1.72所示。

步骤04 将绿色半圆向上移动复制一份，将生成的图形【填充】更改为红色（R:232, G:63, B:63）并适当放大，如图1.73所示。

图1.72 修剪图形　　　　图1.73 复制图形

步骤05 选中红色图形，执行菜单栏中的【对象】|【PowerClip】|【置于图文框内部】命令，将图形放置到绿色半圆内部，如图1.74所示。

图1.74 置于图文框内部

步骤06 单击工具箱中的【椭圆形工具】○按钮，绘制一个椭圆，设置其【填充】为深黄色（R:51, G:37, B:8），【轮廓】为无，如图1.75所示。

图1.75 绘制正圆

步骤07 按住鼠标左键移动，再单击鼠标右键，将正圆复制数份，这样就完成了效果的制作，如图1.76所示。

图1.76 最终效果

1.10 绘制嘴唇

设计构思

本例讲解绘制嘴唇，形象化的嘴巴动作令整个图形具有不错的视觉效果，最终效果如图1.77所示。

- 难易程度：★★★☆☆
- 最终文件：源文件\第1章\绘制嘴唇.cdr
- 视频位置：movie\1.10 绘制嘴唇.avi

图1.77 最终效果

操作步骤

步骤01 单击工具箱中的【钢笔工具】 按钮，绘制两个不规则图形，设置第一个图形的【填充】为红色（R:233, G:108, B:112），【轮廓】为无。

步骤02 设置第二个图形的【填充】为红色（R:81, G:1, B:2），【轮廓】为无，如图1.78所示。

图1.78 绘制图形

步骤03 单击工具箱中的【椭圆形工具】○按钮，绘制一个椭圆，设置其【填充】为深红色（R:112, G:0, B:17），【轮廓】为无。

步骤04 执行菜单栏中的【对象】|【PowerClip】|【置于图文框内部】命令，将图形放置到下方图形的内部，如图1.79所示。

步骤05 在椭圆位置再次绘制一个红色（R:157, G:28, B:58）椭圆，设置其【轮廓】为无，如图1.80所示。

 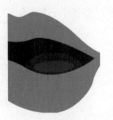

图1.79 置于图文框内部　　图1.80 绘制椭圆

步骤06 单击工具箱中的【钢笔工具】 按钮，绘制一个不规则图形，设置其【填充】为白色，【轮廓】为无，如图1.81所示。

步骤07 执行菜单栏中的【对象】|【PowerClip】|【置于图文框内部】命令，将图形放置到最外侧图形内部，如图1.82所示。

图1.81 绘制图形 　　图1.82 置于图文框内部

步骤08 单击工具箱中的【钢笔工具】 按钮，再次绘制一不规则图形，设置其【填充】为白色，【轮廓】为无，如图1.83所示。

图1.83 绘制图形

步骤09 在嘴巴靠底部位置再次绘制一个白色不规则图形，如图1.84所示。

步骤10 选中图形，单击工具箱中的【透明度工具】 按钮，在属性栏中将【合并模式】更改为柔光，【透明度】为60，如图1.85所示。

图1.84 绘制图形　　　图1.85 更改透明度

步骤⑪ 选中图形，按Ctrl+C组合键复制，按Ctrl+V组合键粘贴，将粘贴的图形等比例缩小，这样就完成了效果的制作，如图1.86所示。

图1.86 最终效果

1.11 绘制可爱猫咪

设计构思

　　本例讲解绘制可爱猫咪，以平面化的图像表现出仰视的特征，主要以贝塞尔工具进行手绘制作而成，最终效果如图1.87所示。

- 难易程度：★★★★☆
- 最终文件：源文件\第1章\绘制可爱猫咪.cdr
- 视频位置：movie\1.11 绘制可爱猫咪.avi

图1.87 最终效果

操作步骤

步骤① 单击工具箱中的【贝塞尔工具】 ✐ 按钮，绘制一个不规则图形，设置其【填充】为黄色（R:229, G:178, B:121），【轮廓】为无，如图1.88所示。

图1.88 绘制图形

步骤② 选中图形，按Ctrl+C组合键复制，按Ctrl+V组合键粘贴，将粘贴的图形【填充】更改为黄色（R:248, G:233, B:186），再将其高

度稍微缩小，如图1.89所示。

图1.89 复制图形

步骤③ 单击工具箱中的【贝塞尔工具】 ✐ 按钮，绘制一个不规则图形，设置其【填充】为白色，【轮廓】为无，如图1.90所示。

步骤④ 在图形边缘位置绘制一条线段，设置其【轮廓】为灰色（R:102, G:102, B:102），【宽度】为0.5，如图1.91所示。

图1.90　绘制图形　　　　图1.91　绘制线段

步骤05 单击工具箱中的【贝塞尔工具】✍按钮，绘制一个不规则图形，设置其【填充】为红色（R:205, G:91, B:76），【轮廓】为无，如图1.92所示。

步骤06 选中图形，按Ctrl+C组合键复制，按Ctrl+V组合键粘贴，将粘贴的图形【填充】更改为白色，再将其等比例缩小，如图1.93所示。

图1.92　绘制图形　　　　图1.93　复制图形

步骤07 单击工具箱中的【贝塞尔工具】✍按钮，在图形之间绘制一条线段，设置其【轮廓】为灰色（R:102, G:102, B:102），【宽度】为0.5，如图1.94所示。

步骤08 单击工具箱中的【椭圆形工具】◯按钮，绘制一个椭圆，设置其【填充】为灰色（R:153, G:153, B:153），【轮廓】为无，如图1.95所示。

图1.94　绘制线段　　　　图1.95　绘制椭圆

步骤09 将小椭圆复制多份，如图1.96所示。

步骤10 单击工具箱中的【贝塞尔工具】✍按钮，绘制一条弯曲线段，设置其【轮廓】为黑色，【宽度】为0.3，如图1.97所示。

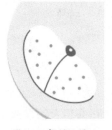

图1.96　复制椭圆　　　　图1.97　绘制线段

步骤11 选中线段并按住左键，向左下角方向移动后单击鼠标右键，将线段复制并适当旋转；以同样的方法再次复制一份，如图1.98所示。

步骤12 同时选中3条线段，再次复制一份，并单击属性栏中的【水平镜像】◁┃按钮，将其水平镜像后适当旋转，如图1.99所示。

图1.98　复制线段　　　　图1.99　再次复制

步骤13 单击工具箱中的【贝塞尔工具】✍按钮，绘制一个不规则图形，设置其【填充】为黄色（R:229, G:178, B:121），【轮廓】为无，如图1.100所示。

步骤14 选中图形，按Ctrl+C组合键复制，按Ctrl+V组合键粘贴，将粘贴的图形【填充】更改为白色，再将其等比例缩小，如图1.101所示。

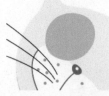

图1.100　绘制图形　　　　图1.101　复制图形

步骤15 单击工具箱中的【椭圆形工具】◯按钮，绘制一个椭圆，设置其【填充】为黑色，【轮廓】为无，如图1.102所示。

步骤16 同时选中3个图形，向右下角方向移动并单击鼠标右键，将线段复制并适当旋转，如图1.103所示。

图1.102 绘制椭圆

图1.103 复制图形

步骤17 单击工具箱中的【贝塞尔工具】按钮，绘制一条弯曲线段，设置其【轮廓】为黄色（R:229，G:178，B:121），【宽度】为1，如图1.104所示。

图1.104 绘制线段

步骤18 以同样的方法在眼睛位置再次绘制一条线段，这样就完成了效果的制作，如图1.105所示。

图1.105 最终效果

1.12 绘制简约相机

设计构思

本例讲解绘制简约相机，在绘制过程中以圆角矩形为主轮廓，通过绘制正圆等图形添加装饰图形，最终效果如图1.106所示。

图1.106 最终效果

- 难易程度：★★☆☆☆
- 最终文件：源文件\第1章\绘制简约相机.cdr
- 视频位置：movie\1.12 绘制简约相机.avi

操作步骤

步骤01 单击工具箱中的【矩形工具】□按钮，按住Ctrl键绘制一个矩形，设置其【填充】为红色（R:235，G:83，B:87），【轮廓】为无，如图1.107所示。

步骤02 单击工具箱中的【形状工具】按钮，拖动矩形右上角节点，将其转换为圆角矩形，如图1.108所示。

步骤03 单击工具箱中的【椭圆形工具】○按钮，在图形中心位置按住Ctrl键绘制一个正圆，设置其【填充】为黄色（R:254，G:221，B:106），【轮廓】为无，如图1.109所示。

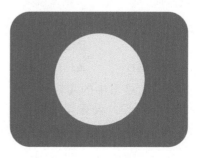

图1.109 绘制正圆

图1.107 绘制矩形

图1.108 转换为圆角矩形

步骤04 选中图形，按Ctrl+C组合键复制，按Ctrl+V组合键粘贴，将粘贴的正圆【填充】更改为灰色（R:72, G:82, B:79）并等比例缩小，如图1.110所示。

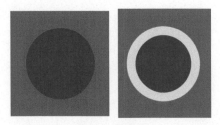

图1.110 复制图形

步骤05 按Ctrl+V组合键粘贴，将粘贴的正圆【填充】更改为灰色（R:50, G:57, B:53）并等比例缩小；以同样的方法再次粘贴一个小正圆，更改其【填充】为白色并等比例缩小，如图1.111所示。

图1.111 复制并粘贴图形

步骤06 单击工具箱中的【贝塞尔工具】✎按钮，在镜头图像右下角绘制一个不规则图形，设置其【填充】为红色（R:207, G:68, B:73），【轮廓】为无，如图1.112所示。

步骤07 选中图形，执行菜单栏中的【对象】|【PowerClip】|【置于图文框内部】命令，将图像放置到下方圆角矩形内部，如图1.113所示。

图1.112 绘制图形　　　图1.113 置于图文框内部

步骤08 单击工具箱中的【矩形工具】□按钮，绘制一个矩形，设置其【填充】为灰色（R:72 G:82, B:79），【轮廓】为无，如图1.114所示。

步骤09 单击工具箱中的【形状工具】✎按钮，拖动矩形右上角节点，将其转换为圆角矩形，再将图形移至红色图形下方，如图1.115所示。

图1.114 绘制矩形　　　图1.115 转换为圆角矩形

步骤10 单击工具箱中的【椭圆形工具】○按钮，在右上角绘制一个椭圆并移至相机图形下方，设置其【填充】为黄色（R:254, G:221, B:106），【轮廓】为无，如图1.116所示。

步骤11 单击工具箱中的【矩形工具】□按钮，绘制一个矩形，设置其【填充】为白色，【轮廓】为无，如图1.117所示。

图1.116 绘制椭圆　　　图1.117 绘制矩形

步骤12 单击工具箱中的【形状工具】✎按钮，拖动矩形右上角节点，将其转换为圆角矩形，如图1.118所示。

步骤13 选中圆角矩形，按Ctrl+C组合键复制，按Ctrl+V组合键粘贴，将粘贴的图形【填充】更改为灰色（R:230, G:230, B:230）并等比例缩小，这样就完成了效果的制作，如图1.119所示。

图1.118 转换为圆角矩形　　　图1.119 最终效果

1.13 绘制卡通驴

设计构思

　　本例讲解绘制卡通驴，在绘制过程中以略微夸张的手法，完美地表现出驴头的形象特点，注意图形的衔接，最终效果如图1.120所示。

- 难易程度：★★★☆☆
- 最终文件：源文件\第1章\绘制卡通驴.cdr
- 视频位置：movie\1.13 绘制卡通驴.avi

图1.120 最终效果

操作步骤

步骤01 单击工具箱中的【椭圆形工具】○按钮，在图形中心位置按住Ctrl键绘制一个正圆，设置其【填充】为绿色（R:99, G:184, B:0），【轮廓】为无，如图1.121所示。

图1.121 绘制正圆

步骤02 单击工具箱中的【贝塞尔工具】✐按钮，绘制一个不规则图形，设置其【填充】为棕色（R:81, G:57, B:44），【轮廓】为无，如图1.122所示。

步骤03 单击工具箱中的【椭圆形工具】○按钮，在棕色图形右侧位置按住Ctrl键绘制一个正圆，设置其【填充】为黄色（R:247, G:190, B:0），【轮廓】为无，如图1.123所示。

图1.122 绘制图形

图1.123 绘制正圆

步骤04 选中正圆并按住鼠标左键，向右侧移动后单击鼠标右键，将其复制并更改为灰色（R:248, G:248, B:248），如图1.124所示。

步骤05 同时选中白色及黄色正圆，执行菜单栏中的【对象】|【PowerClip】|【置于图文框内部】命令，将图形放置到下方棕色不规则圆形内部，如图1.125所示。

图1.124 复制图形　　　图1.125 置于图文框内部

步骤06 单击工具箱中的【贝塞尔工具】✐按钮，绘制一个细长的不规则图形，设置其【填充】为棕色（R:81, G:57, B:44），【轮廓】为无，如图1.126所示。

步骤07 选中图形，执行菜单栏中的【对象】|【PowerClip】|【置于图文框内部】命令，将图形放置到下方白色图形的内部，如图1.127所示。

图1.126 绘制图形　　　图1.127 置于图文框内部

步骤⑧ 单击工具箱中的【椭圆形工具】○按钮,绘制一个椭圆,设置其【填充】为棕色(R:81, G:57, B:44),【轮廓】为无,如图1.128所示。

图1.128 绘制椭圆

步骤⑨ 单击工具箱中的【贝塞尔工具】✎按钮,绘制一个不规则图形,以制作耳朵,设置其【填充】为棕色(R:81, G:57, B:44),【轮廓】为无,如图1.129所示。

步骤⑩ 选中图形,按Ctrl+C组合键复制,按Ctrl+V组合键粘贴,将粘贴的图形【填充】更改为黄色(R:255, G:239, B:176)并等比例缩小,如图1.130所示。

图1.129 绘制图形　　　　图1.130 复制图形

步骤⑪ 同时选中两个图形并按住鼠标左键,向右侧移动后单击鼠标右键,将图形复制,单击属性栏中的【水平镜像】➡按钮,将其水平镜像并等比例缩小及旋转,如图1.131所示。

图1.131 复制图形

步骤⑫ 单击工具箱中的【椭圆形工具】○按钮,绘制一个椭圆,设置其【填充】为白色,【轮廓】为无,如图1.132所示。

步骤⑬ 选中图形,按Ctrl+C组合键复制,按Ctrl+V组合键粘贴,将粘贴的图形【填充】更改为黑色并等比例缩小,如图1.133所示。

图1.132 绘制椭圆　　　　图1.133 复制图形

步骤⑭ 单击工具箱中的【贝塞尔工具】✎按钮,绘制一个不规则图形,设置其【填充】为棕色(R:81, G:57, B:44),【轮廓】为无,如图1.134所示。

图1.134 绘制图形

步骤⑮ 选中图形,执行菜单栏中的【对象】|【PowerClip】|【置于图文框内部】命令,将图像放置到底部绿色圆形内部,这样就完成了效果的制作,如图1.135所示。

图1.135 最终效果

1.14 绘制墨镜

　　本例讲解绘制墨镜，该墨镜图像绘制过程十分简单，以正圆作为镜片，然后绘制矩形并与正圆图形相结合，完成整个墨镜的绘制，最终效果如图1.136所示。

- 难易程度：★★☆☆☆
- 最终文件：源文件\第1章\绘制墨镜.cdr
- 视频位置：movie\1.14 绘制墨镜.avi

图1.136 最终效果

📖 **操作步骤**

步骤01 单击工具箱中的【椭圆形工具】○按钮，按住Ctrl键绘制一个正圆，设置其【填充】为橙色（R:255, G:89, B:60），【轮廓】为无，按Ctrl+C组合键复制，如图1.137所示。

步骤02 单击工具箱中的【矩形工具】□按钮，在正圆左上角按住Ctrl键绘制一个矩形，设置其【填充】为黑色，【轮廓】为无，如图1.138所示。

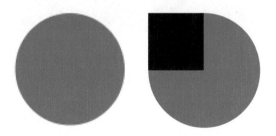

图1.137 绘制正圆　　　　图1.138 绘制矩形

步骤03 同时选中矩形及正圆，单击属性栏中的【合并】⛶按钮，将图形合并。再按Ctrl+V组合键粘贴正圆，将粘贴的正圆【填充】更改为深紫色（R:49, G:27, B:34）并等比例缩小，如图1.139所示。

步骤04 同时选中所有图形，按住鼠标左键并向右侧移动后单击鼠标右键将其复制，单击属性栏中的【水平镜像】呬按钮，将其水平镜像，如图1.140所示。

图1.139 缩小图形　　　　图1.140 复制图形

步骤05 单击工具箱中的【2点线工具】╱按钮，绘制一条倾斜线段，设置其【轮廓】为白色，【宽度】为5，如图1.141所示。

步骤06 选中线段，单击工具箱中的【透明度工具】▦按钮，在属性栏中将【合并模式】更改为柔光，按住鼠标左键并向右下角方向移动后单击鼠标右键将其复制，如图1.142所示。

图1.141 绘制线段　　　　图1.142 复制线段

步骤07 同时选中两条线段，按Ctrl+C组合键复制，再执行菜单栏中的【对象】|【PowerClip】|【置于图文框内部】命令，将线段放置到下方正圆的内部，如图1.143所示。

步骤08 按Ctrl+V组合键粘贴线段，将其平移至右侧镜片位置，如图1.144所示。

图1.143 置于图文框内部　　图1.144 复制图形

步骤09 单击工具箱中的【矩形工具】□按钮，在两个镜片之间位置绘制一个矩形，设置

其【填充】为橙色（R:255, G:89, B:60），【轮廓】为无，这样就完成了效果的制作，如图1.145所示。

图1.145 最终效果

1.15 绘制圆形放射图表

设计构思

本例讲解绘制圆形放射图表，该图表以正圆为中心，绘制多个图形围绕正圆进行旋转排列，形成一种放射状视觉效果，最终效果如图1.146所示。

- 难易程度：★★☆☆☆
- 调用素材：调用素材\第1章\绘制圆形放射图表
- 最终文件：源文件\第1章\绘制圆形放射图表.cdr
- 视频位置：movie\1.15 绘制圆形放射图表.avi

图1.146 最终效果

操作步骤

步骤01 单击工具箱中的【椭圆形工具】○按钮，按住Ctrl键绘制一个正圆，设置其【填充】为黑色，【轮廓】为无，如图1.147所示。

步骤02 单击工具箱中的【贝塞尔工具】✐按钮，在正圆底部绘制一个不规则图形，设置其【填充】为黑色，其【轮廓】为无，如图1.148所示。

图1.147 绘制正圆　　　图1.148 绘制图形

步骤03 选中两个图形，单击属性栏中的【合并】🔲按钮，将图形合并。

步骤04 单击工具箱中的【交互式填充工具】◈按钮，再单击属性栏中的【渐变填充】■按钮，在图形上拖动，填充黄色（R:225, G:114, B:25）到黄色（R:253, G:162, B:73）的线性渐变，如图1.149所示。

步骤05 单击工具箱中的【椭圆形工具】◯按钮，在图形顶部位置按住Ctrl键绘制一个正圆，设置其【填充】为白色，【轮廓】为无，如图1.150所示。

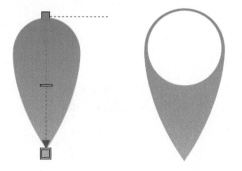

图1.149 填充渐变　　　图1.150 绘制正圆

步骤06 在图形上双击，将其中心点移至底部位置，按住鼠标左键将图形逆时针旋转复制，如图1.151所示。

步骤07 按Ctrl+D组合键将图形复制多份，如图1.152所示。

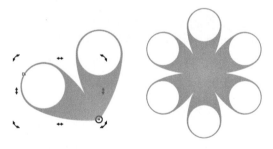

图1.151 旋转复制　　　图1.152 复制多份

步骤08 分别选中其他几个图形，单击工具箱中的【交互式填充工具】◈按钮，更改图形渐变颜色，如图1.153所示。

步骤09 单击工具箱中的【椭圆形工具】◯按钮，在图形中间位置按住Ctrl键绘制一个正圆，设置其【填充】为白色，【轮廓】为无，如图1.154所示。

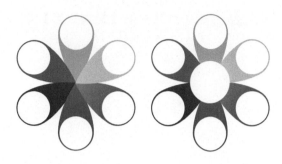

图1.153 更改渐变颜色　　　图1.154 绘制图形

步骤10 选中正圆，单击工具箱中的【阴影工具】▢按钮，拖动添加阴影，如图1.155所示。

步骤11 执行菜单栏中的【文件】|【打开】命令，选择"调用素材\第1章\绘制圆形放射图表\图标.cdr"文件，单击【打开】按钮，将打开的文件拖入当前页面中适当位置并更改颜色，如图1.156所示。

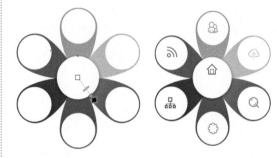

图1.155 添加阴影　　　图1.156 添加素材

步骤12 单击工具箱中的【2点线工具】✐按钮，在正圆中间绘制一条线段，设置其【轮廓】为橘红色（R:224, G:54, B:65），【宽度】为1，如图1.157所示。

步骤13 选中线段并按住鼠标左键，向右侧移动后单击鼠标右键将其复制，按Ctrl+D组合键将其再次复制数份并更改颜色，如图1.158所示。

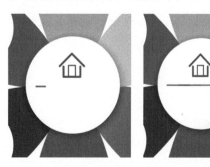

图1.157 绘制线段　　　图1.158 复制线段

步骤⑭ 单击工具箱中的【文本工具】**字**按钮，输入文字（BrowalliaUPC），这样就完成了效果的制作，如图1.159所示。

图1.159 *最终效果*

1.16 │ 绘制序号样式图表

设计构思

　　本例讲解绘制序号样式图表，序号样式图表以直观的数字或字母进行排列，同时需要注意颜色的区分，最终效果如图1.160所示。

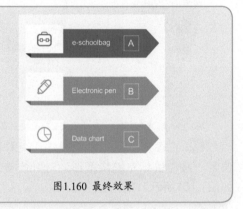

- 难易程度：★★★☆☆
- 调用素材：调用素材\第1章\制作序号样式图表
- 最终文件：源文件\第1章\制作序号样式图表.cdr
- 视频位置：movie\1.16 制作序号样式图表.avi

图1.160 *最终效果*

操作步骤

步骤① 单击工具箱中的【矩形工具】□按钮，绘制一个矩形，设置其【填充】为橙色（R:232，G:55，B:0），【轮廓】为无，如图1.161所示。

步骤② 选中矩形，按Ctrl+C组合键复制，按Ctrl+V组合键粘贴，将粘贴的矩形【填充】更改为白色，然后缩短其宽度并向左侧移动，如图1.162所示。

步骤③ 单击工具箱中的【贝塞尔工具】✐按钮，在两个图形之间绘制一个不规则图形，设置其【填充】为橙色（R:148，G:39，B:6），【轮廓】为无，如图1.163所示。

图1.163 *绘制图形*

步骤④ 在矩形上单击鼠标右键，从弹出的快捷菜单中选择【转换为曲线】命令，转换为曲线。

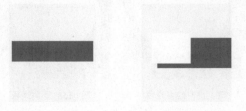

图1.161 *绘制矩形*　　　　图1.162 *缩小图形*

步骤 05 单击工具箱中的【钢笔工具】 ✎ 按钮，在最大矩形右侧边缘中间位置单击添加节点，单击工具箱中的【形状工具】 ↖ 按钮，拖动节点将其变形，如图1.164所示。

图1.164　将图形变形

步骤 06 同时选中3个图形并按住鼠标左键，向下方移动后单击鼠标右键将其复制，按Ctrl+D组合键将图形再次复制一份，如图1.165所示。

步骤 07 分别更改图形的颜色，如图1.166所示。

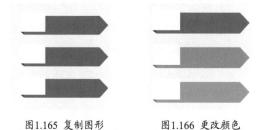

图1.165　复制图形　　　图1.166　更改颜色

提示与技巧

在更改颜色时，注意不要忘记图形之间阴影图形的颜色。

步骤 08 执行菜单栏中的【文件】|【打开】命令，选择"调用素材\第1章\绘制序号样式图表

\图标.cdr"文件，单击【打开】按钮，将打开的文件拖入当前页面中白色图形位置并更改其颜色，如图1.167所示。

步骤 09 单击工具箱中的【矩形工具】 □ 按钮，按住Ctrl键绘制一个矩形，设置其【填充】为无，【轮廓】为白色，【宽度】为0.2，如图1.168所示。

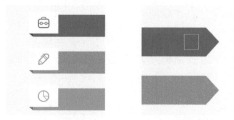

图1.167　添加素材　　　图1.168　绘制矩形

步骤 10 选中矩形并按住鼠标左键，向下方移动后单击鼠标右键将其复制，按Ctrl+D组合键将图形再次复制一份，如图1.169所示。

步骤 11 单击工具箱中的【文本工具】 字 按钮，在适当的位置输入文字（Arial），这样就完成了效果的制作，如图1.170所示。

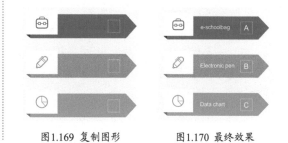

图1.169　复制图形　　　图1.170　最终效果

1.17　绘制立体柱状图表

设计构思

本例讲解绘制立体柱状图表，该图表是以立体形式呈现，在绘制过程中将矩形进行组合，即可形成一种立体视觉效果，最终效果如图1.171所示。

- 难易程度：★★★☆☆
- 最终文件：源文件\第1章\绘制立体柱状图表.cdr
- 视频位置：movie\1.17 绘制立体柱状图表.avi

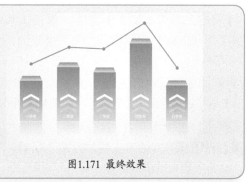

图1.171　最终效果

操作步骤

步骤01 单击工具箱中的【矩形工具】□按钮，绘制一个矩形，设置其【轮廓】为无。

步骤02 单击工具箱中的【交互式填充工具】◇按钮，再单击属性栏中的【渐变填充】█按钮，在图形上拖动，填充蓝色（R:153, G:209, B:255）到蓝色（R:58, G:149, B:224）的线性渐变，如图1.172所示。

步骤03 选中矩形，按Ctrl+C组合键复制，按Ctrl+V组合键粘贴，将粘贴的矩形高度缩小，如图1.173所示。

图1.172 填充渐变　　　图1.173 复制图形

步骤04 选中上方矩形，执行菜单栏中的【效果】|【添加透视】命令，按住Ctrl+Shift组合键将矩形透视变形，如图1.174所示。

步骤05 单击工具箱中的【贝塞尔工具】✏按钮，绘制一条箭头样式线段，设置其【填充】为无，【轮廓】为白色，【宽度】为4，如图1.175所示。

图1.174 将图形透视变形　　　图1.175 绘制线段

步骤06 选中线段，执行菜单栏中的【对象】|【将轮廓转换为对象】命令，单击工具箱中的【矩形工具】□按钮，绘制一个矩形，如图1.176所示。

步骤07 同时选中两个图形，单击属性栏中的【修剪】🖵按钮，对图形进行修剪，如图1.177所示。

步骤08 选中图形并按住鼠标左键向右侧平移，以同样的方法将右侧部分图形修剪，完成之后将不需要的图形删除，如图1.178所示。

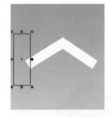 

图1.176 绘制矩形　　　图1.177 修剪图形

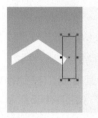 

图1.178 移动并修剪图形

步骤09 选中图形并按住鼠标左键，向下方移动后单击鼠标右键将其复制，按Ctrl+D组合键将图形再次复制一份，如图1.179所示。

步骤10 选中最底部的图形，单击工具箱中的【透明度工具】▦按钮，在属性栏中将【合并模式】更改为柔光，【透明度】更改为50；选中中间图形，在属性栏中将【合并模式】更改为柔光，如图1.180所示。

图1.179 复制图形　　　图1.180 更改合并模式

步骤11 选中所有图形并按住鼠标左键，向右侧移动后单击鼠标右键将其复制，按Ctrl+D组合键将图形再次复制三份，如图1.181所示。

图1.181 复制图形

步骤⑫ 选中右侧第二个图形中顶部图形，将其向上方移动，再选中其下方矩形增加其高度，如图1.182所示。

图1.182 增加图形高度

步骤⑬ 以同样的方法分别增加其他几个图形的高度，如图1.183所示。

图1.183 增加图形高度

步骤⑭ 选中所有图形，按Ctrl+C组合键复制，按Ctrl+V组合键粘贴，单击属性栏中的【垂直镜像】按钮，将图形垂直镜像并向下移动，如图1.184所示。

图1.184 复制图像

步骤⑮ 选中下方的图形，单击工具箱中的【透明度工具】按钮，在图像上拖动，降低其不透明度，如图1.185所示。

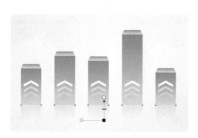

图1.185 降低不透明度

步骤⑯ 单击工具箱中的【文本工具】**字**按钮，在适当的位置输入文字（方正兰亭黑_GBK），如图1.186所示。

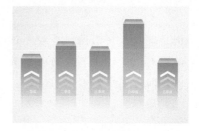

图1.186 输入文字

步骤⑰ 单击工具箱中的【贝塞尔工具】按钮，绘制一条折线，设置其【填充】为无，【轮廓】为蓝色（R:58, G:149, B:224），【宽度】为2，如图1.187所示。

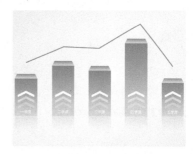

图1.187 绘制折线

步骤⑱ 单击工具箱中的【椭圆形工具】○按钮，在折线左侧顶端按住Ctrl键绘制一个正圆，设置其【填充】为蓝色（R:58, G:149, B:224），【轮廓】为无，如图1.188所示。

图1.188 绘制正圆

步骤⑲ 以同样的方法在折线其他拐角位置绘制相同的正圆，这样就完成了效果的制作，如图1.189所示。

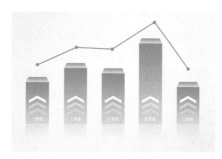

图1.189 最终效果

1.18 绘制饼形图

设计构思

　　本例讲解绘制饼形图，其绘制过程是以圆为基础图形，通过对其分割或修剪得到不同的区域，即可完成饼形图的绘制，最终效果如图1.190所示。

- 难易程度：★★★☆☆
- 调用素材：调用素材\第1章\绘制饼形图
- 最终文件：源文件\第1章\绘制饼形图.cdr
- 视频位置：movie\1.18 绘制饼形图.avi

图1.190 最终效果

操作步骤

步骤01 单击工具箱中的【椭圆形工具】○按钮，按住Ctrl键绘制一个正圆，设置其【填充】为无，【轮廓】为黄色（R:247, G:148, B:29），【宽度】为30，执行菜单栏中的【对象】|【将轮廓转换为对象】命令，如图1.191所示。

步骤02 单击工具箱中的【2点线工具】✓按钮，绘制一条线段，设置其【轮廓】为黑色，【宽度】为5，如图1.192所示。

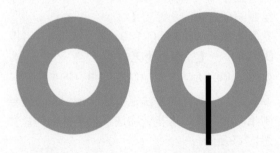

图1.191 绘制正圆　　　　图1.192 绘制线段

步骤03 执行菜单栏中的【对象】|【将轮廓转换为对象】命令；同时选中线段及正圆图形，单击属性栏中的【修剪】╚按钮，对图形进行修剪，再将线段适当旋转，如图1.193所示。

步骤04 以刚才同样的方法对正圆形进行修剪，将正圆分为3份，如图1.194所示。

图1.193 旋转线段　　　　图1.194 修剪图形

步骤05 在正圆上单击鼠标右键，从弹出的快捷菜单中选择【拆分曲线】命令；分别选中另外两部分图形，将其【填充】更改为红色（R:236, G:45, B:53）和蓝色（R:42, G:167, B:213），如图1.195所示。

步骤06 单击工具箱中的【椭圆形工具】○按钮，按住Ctrl键绘制一个正圆，设置其【填充】为无，【轮廓】为灰色（R:204, G:204, B:204），【宽度】为0.5，如图1.196所示。

图1.195 更改颜色　　　　图1.196 绘制正圆

步骤07 单击工具箱中的【贝塞尔工具】 ✐ 按钮，在正圆顶部绘制一个三角形，设置其【填充】为红色（R:236, G:45, B:53），【轮廓】为无，将其移至刚才绘制的正圆下方，如图1.197所示。

步骤08 将三角形复制两份，分别移至左下角和右下角位置，并更改其颜色，如图1.198所示。

图1.197 绘制三角形　　图1.198 复制图形

步骤09 执行菜单栏中的【文件】|【打开】命令，选择"调用素材\第1章\绘制饼形图\图标.cdr"文件，单击【打开】按钮，将打开的文件拖入当前页面中适当位置并更改颜色，如图1.199所示。

步骤10 单击工具箱中的【文本工具】字按钮，在适当的位置输入文字（Square721 Cn BT），这样就完成了效果的制作，如图1.200所示。

图1.199 添加素材　　图1.200 最终效果

1.19 绘制幽默卡通头像

设计构思

本例讲解绘制幽默卡通头像，该卡通头像是一个光头形象，主要以头部轮廓与人物肤色相结合的形式完成效果制作，最终效果如图1.201所示。

- 难易程度：★★★☆☆
- 最终文件：源文件\第1章\绘制幽默卡通头像.cdr
- 视频位置：movie\1.19 绘制幽默卡通头像.avi

图1.201 最终效果

操作步骤

步骤01 单击工具箱中的【贝塞尔工具】 ✐ 按钮，绘制一个不规则图形，以制作头部轮廓，设置其【填充】为黄色（R:255，G:190，B:166），【轮廓】为无，如图1.202所示。

步骤02 在图形左侧位置再次绘制一个黄色（R:254，G:185，B:170）图形，以制作耳朵，如图1.203所示。

图1.202 绘制图形　　图1.203 绘制耳朵

步骤03 选中耳朵图形并按住鼠标左键，向右侧移动后单击鼠标右键将其复制，单击属性栏中的【水平镜像】按钮，将其水平镜像，如图1.204所示。

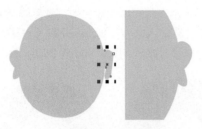

图1.204 复制图形并镜像

步骤04 单击工具箱中的【椭圆形工具】○按钮，绘制一个椭圆，以制作眼睛，设置其【填充】为白色，【轮廓】为无，如图1.205所示。

步骤05 在椭圆靠右侧位置绘制一个黑色小椭圆，以制作眼球，如图1.206所示。

图1.205 绘制眼睛　　　　图1.206 绘制眼球

步骤06 同时选中眼睛及眼球图形并按住鼠标左键，向右侧移动后单击鼠标右键将其复制，如图1.207所示。

步骤07 单击工具箱中的【贝塞尔工具】按钮，在左眼顶部绘制一条稍短的弧线，设置其【填充】为无，【轮廓】为灰色（R；51, G:51, B:51），【宽度】为5。

步骤08 在【轮廓笔】面板中单击【圆形端头】按钮，完成之后按Enter键确认，如图1.208所示。

图1.207 复制图形　　　　图1.208 绘制线段

步骤09 选中弧形线段并按住鼠标左键，向右侧移动后单击鼠标右键将其复制，再将复制生成的线段适当旋转，如图1.209所示。

步骤10 单击工具箱中的【贝塞尔工具】按钮，绘制一个不规则图形，以制作鼻子，设置其【填充】为浅红色（R:237, G:159, B:155），【轮廓】为无，如图1.210所示。

图1.209 复制线段　　　　图1.210 绘制鼻子

步骤11 在鼻子下方绘制一个红色（R:204, G:120, B:116）图形，以制作嘴巴，如图1.211所示。

图1.211 绘制嘴巴

步骤12 在嘴巴图形位置绘制两个白色不规则图形，以制作牙齿，这样就完成了效果的制作，如图1.212所示。

图1.212 最终效果

1.20 绘制卡通章鱼

设计构思

　　本例讲解绘制卡通章鱼，首先利用【贝塞尔工具】绘制多个图形制作出章鱼轮廓，然后绘制椭圆制作出章鱼细节，最终效果如图1.213所示。

- 难易程度：★★☆☆☆
- 最终文件：源文件\第1章\绘制卡通章鱼.cdr
- 视频位置：movie\1.20 绘制卡通章鱼.avi

图1.213 最终效果

操作步骤

步骤01 单击工具箱中的【贝塞尔工具】 ╱ 按钮，绘制一个不规则图形，以制作头部，设置其【填充】为青色（R:142, G:217, B:248），【轮廓】为无；在图形底部位置再次绘制不规则图形，以制作爪子，最后将其合并，如图1.214所示。

图1.214 绘制图形

步骤02 单击工具箱中的【椭圆形工具】 ○ 按钮，绘制一个椭圆，设置其【填充】为白色，【轮廓】为无，如图1.215所示。

步骤03 选中图形，按Ctrl+C组合键复制，按Ctrl+V组合键粘贴，将粘贴的图形【填充】更改为黑色并等比例缩小，如图1.216所示。

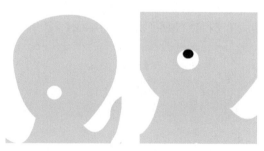

图1.215 绘制椭圆　　　　图1.216 复制图形

步骤04 同时选中两个椭圆并按住鼠标左键，向右侧移动后单击鼠标右键将其复制，如图1.217所示。

图1.217 复制图形

步骤05 单击工具箱中的【椭圆形工具】○按钮，按住Ctrl键绘制一个正圆，设置其【填充】为粉色（R:255, G:153, B:204），【轮廓】为无，如图1.218所示。

图1.218 绘制正圆

步骤06 执行菜单栏中的【位图】|【转换为位图】命令，在弹出的对话框中分别选中【光滑处理】及【透明背景】复选框，完成之后单击【确定】按钮。

步骤07 执行菜单栏中的【位图】|【模糊】|【高斯式模糊】命令，在弹出的对话框中将【半径】更改为30像素，完成之后单击【确定】按钮，如图1.219所示。

步骤08 选中图像并按住鼠标左键，向右侧移动后单击鼠标右键将其复制，如图1.220所示。

图1.219 添加高斯模糊　　　　图1.220 复制图像

步骤09 同时选中两个粉色图像，执行菜单栏中的【对象】|【PowerClip】|【置于图文框内部】命令，将图像放置到下方图形内部，这样就完成了效果的制作，如图1.221所示。

图1.221 最终效果

第2章
流行标识标签的制作

本章介绍

本章讲解流行标识标签的制作，标识与标签在生活中十分常见，它们主要起到提示、引导等作用。本章例举了一些常见标识标签的实例，比如环保组合标识、镂空燕尾标识、手形标识、推荐标识、对话样式标签、双色对比标签、边角样式标签、时尚波点标签等，通过对本章内容的学习，可以完全掌握流行标识标签的制作。

要点索引

- 学习制作环保组合标识
- 学习制作镂空燕尾标识
- 了解手形标识的制作过程
- 学习制作推荐标识
- 学习制作箭头组合标签
- 学习制作边角样式标签
- 掌握卷边标签的制作过程

2.1 制作环保组合标识

设计构思

　　本例讲解制作环保组合标识，该标识以圆弧图形作为主视觉，然后绘制不规则图形与之相结合，完成整个标识的效果制作，最终效果如图2.1所示。

- 难易程度：★★☆☆☆
- 最终文件：源文件\第2章\制作环保组合标识.cdr
- 视频位置：movie\2.1 制作环保组合标识.avi

图2.1 最终效果

操作步骤

步骤01 单击工具箱中的【贝塞尔工具】🖋按钮，绘制一个不规则图形。

步骤02 单击工具箱中的【交互式填充工具】◈按钮，再单击属性栏中的【渐变填充】▨按钮，在图形上拖动，填充绿色（R:149, G:186, B:21）到绿色（R:104, G:145, B:39）的线性渐变，如图2.2所示。

图2.2 绘制图形

步骤03 在图形位置再次绘制一个相似图形，为图形填充为蓝色（R:16, G:63, B:143）到蓝色（R:0, G:131, B:219）再到蓝色（R:16, G:63, B:143）的线性渐变，如图2.3所示。

步骤04 选中蓝色图形，执行菜单栏中的【对象】|【PowerClip】|【置于图文框内部】命令，将其放置到下方图形内部。

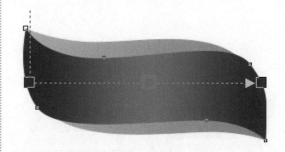

图2.3 填充渐变

步骤05 单击工具箱中的【文本工具】字按钮，在适当的位置输入文字（YagiUhfNo2），这样就完成了效果的制作，如图2.4所示。

图2.4 最终效果

2.2　制作镂空燕尾标识

设计构思

　　本例讲解制作镂空燕尾标识，该标识以镂空正圆为基础图形，然后绘制矩形并变形后与之相结合，最后添加文字信息制作出完整的标识效果，最终效果如图2.5所示。

图2.5 最终效果

- 难易程度：★★☆☆☆
- 最终文件：源文件\第2章\制作镂空燕尾标识.cdr
- 视频位置：movie\2.2 制作镂空燕尾标识.avi

操作步骤

步骤01 单击工具箱中的【椭圆形工具】◯按钮，绘制一个椭圆，设置其【填充】为无，【轮廓】为棕色（R:161, G:106, B:68），【宽度】为5，执行菜单栏中的【对象】|【将轮廓转换为对象】命令，如图2.6所示。

步骤02 单击工具箱中的【矩形工具】□按钮，绘制一个矩形，设置其【填充】为棕色（R:161, G:106, B:68），【轮廓】为无，如图2.7所示。

图2.6 绘制正圆　　　　图2.7 绘制矩形

步骤03 在矩形上单击鼠标右键，从弹出的快捷菜单中选择【转换为曲线】命令，转换为曲线。

步骤04 单击工具箱中的【钢笔工具】♠按钮，在矩形左侧中间位置单击添加节点，如图2.8所示。

步骤05 单击工具箱中的【形状工具】♦按钮，拖动节点将其变形，如图2.9所示。

图2.8 添加节点　　　　图2.9 拖动节点

步骤06 以同样的方法在右侧相对位置添加节点，并拖动将其变形，如图2.10所示。

步骤07 单击工具箱中的【矩形工具】□按钮，绘制一个矩形，设置其【填充】为无，如图2.11所示。

图2.10 将图形变形　　　　图2.11 绘制矩形

步骤08 同时选中矩形及下方正圆，单击属性栏中的【修剪】□按钮，对图形进行修剪，再将矩形删除，如图2.12所示。

图2.12 修剪图形

步骤09 单击工具箱中的【文本工具】**字**按钮，在适当的位置输入文字（方正兰亭黑_GBK、方正兰亭中粗黑_GBK），如图2.13所示。

图2.13 输入文字

步骤10 单击工具箱中的【星形工具】☆按钮，在文字左侧位置按住Ctrl键绘制一个星形，如图2.14所示。

步骤11 选中星形并按住鼠标左键，向右侧移动后单击鼠标右键将图形复制，这样就完成了效果的制作，如图2.15所示。

图2.14 绘制星形

图2.15 最终效果

2.3 制作手形标识

设计构思

　　本例讲解制作手形标识，此款标识以手形作为主视觉，同时与不规则图形相结合，并添加合适的文字信息，最终效果如图2.16所示。

- 难易程度：★★★☆☆
- 最终文件：源文件\第2章\制作手形标识.cdr
- 视频位置：movie\2.3 制作手形标识.avi

图2.16 最终效果

操作步骤

步骤01 单击工具箱中的【贝塞尔工具】✍按钮，绘制一个不规则图形，设置其【填充】为红色（R:163, G:54, B:97），【轮廓】为无，如图2.17所示。

图2.17 绘制图形

步骤02 在图形左侧位置绘制一个黑色手形，如图2.18所示。

图2.18 绘制图形

步骤03 在手形位置绘制几个白色弯曲手指图形，如图2.19所示。

图2.19 绘制手指

步骤04 选中所有与手指相关的图形，单击属性栏中的【合并】按钮，将图形合并，如图2.20所示。

步骤05 单击工具箱中的【贝塞尔工具】按钮，在手形适当位置绘制一条线段，设置其【轮廓】为任意明显颜色，【宽度】为0.5，如图2.21所示。

图2.20 合并图形

步骤06 执行菜单栏中的【对象】|【将轮廓转换为对象】命令。同时选中线段及手形，单击属性栏中的【修剪】按钮，对图形进行修剪，再将不需要的线段删除，如图2.22所示。

图2.21 绘制线段　　　图2.22 修剪图形

步骤07 以同样的方法在旁边位置再次绘制相似的线段。同时选中线段及手形，单击属性栏中的【修剪】按钮，对图形进行修剪，再将不需要的线段删除，如图2.23所示。

图2.23 修剪图形

步骤08 单击工具箱中的【贝塞尔工具】按钮，沿手形边缘绘制一个不规则图形，设置其【填充】为红色（R:163, G:54, B:97），【轮廓】为无。同时选中刚才绘制的图形及下方稍大的图形，单击属性栏中的【合并】按钮，将图形合并，如图2.24所示。

步骤09 选中手形，将其【填充】更改为白色，如图2.25所示。

图2.24 绘制图形　　　图2.25 更改颜色

步骤10 单击工具箱中的【文本工具】**字**按钮，在适当的位置输入文字（方正兰亭黑_GBK），这样就完成了效果的制作，如图2.26所示。

图2.26 最终效果

2.4 制作推荐标识

设计构思

　　本例讲解制作推荐标识，该标识以正圆为基础图形，然后绘制不规则图形与之相结合并对其进行修剪，最后添加文字信息完成标识效果的制作，最终效果如图2.27所示。

- 难易程度：★★☆☆☆
- 调用素材：源文件\第2章\制作推荐标识
- 最终文件：源文件\第2章\制作推荐标识.cdr
- 视频位置：movie\2.4 制作推荐标识.avi

图2.27 最终效果

操作步骤

步骤01 单击工具箱中的【椭圆形工具】○按钮，按住Ctrl键绘制一个正圆，设置其【填充】为黑色，【轮廓】为无，按Ctrl+C组合键复制，如图2.28所示。

步骤02 单击工具箱中的【贝塞尔工具】✎按钮，在正圆底部绘制一个不规则图形，设置其【填充】为任意颜色，【轮廓】为无，如图2.29所示。

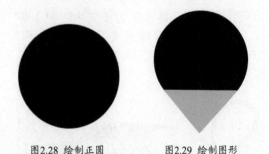

图2.28 绘制正圆　　　　图2.29 绘制图形

----- 提示与技巧 -----

在绘制底部图形时，尽量更改为比较明显的颜色，这样方便观察图形与正圆之间的结合情况。

步骤03 按Ctrl+V组合键粘贴正圆，并将其【填充】更改为任意颜色，如图2.30所示。

步骤04 同时选中两个图形，单击属性栏中的【修剪】凸按钮，对图形进行修剪，再将不需要的图形删除，如图2.31所示。

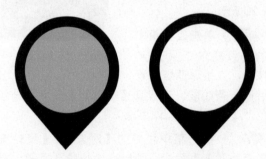

图2.30 绘制正圆　　　　图2.31 修剪图形

步骤05 单击工具箱中的【交互式填充工具】◇按钮，再单击属性栏中的【渐变填充】▰按钮，在图形上拖动，填充紫色（R:198，G:75，B:145）到紫色（R:153，G:50，B:106）的线性渐变，如图2.32所示。

步骤06 执行菜单栏中的【文件】|【打开】命令，选择"调用素材\第2章\推荐标识制作\图示.cdr"文件，单击【打开】按钮，将打开的文件拖入当前图形中间位置，并修改颜色，如图2.33所示。

图2.32　填充渐变

图2.33　添加素材

步骤 07　单击工具箱中的【文本工具】**字**按钮，在适当的位置输入文字（微软雅黑 粗体），这

样就完成了效果的制作，如图2.34所示。

图2.34　最终效果

2.5　制作绿色食品标识

设计构思

　　本例讲解制作绿色食品标识，该标识以绿色多边形为基础，然后绘制矩形并变形后与之相结合，组合成完美的标识效果，最后添加直观的文字信息完成整个效果的制作，最终效果如图2.35所示。

- 难易程度：★★☆☆☆
- 最终文件：源文件\第2章\制作绿色食品标识.cdr
- 视频位置：movie\2.5 制作绿色食品标识.avi

图2.35　最终效果

操作步骤

步骤 01　单击工具箱中的【星形工具】☆按钮，按住Ctrl键绘制一个星形，设置其【填充】为绿色（R:96, G:146, B:68），【轮廓】为无，在属性栏中将【边数】更改为30，【锐度】更改为5，如图2.36所示。

步骤 02　单击工具箱中的【椭圆形工具】◯按钮，按住Ctrl键绘制一个正圆，设置其【填充】为白色，【轮廓】为无，如图2.37所示。

按Ctrl+V组合键粘贴，将粘贴的图形【填充】更改为无，【轮廓】更改为绿色（R:96, G:146, B:68），【宽度】更改为0.5，再将其等比例缩小，如图2.38所示。

步骤 04　单击工具箱中的【矩形工具】口按钮，绘制一个矩形并移至所有图形下方，设置其【填充】为绿色（R:45, G:115, B:22），【轮廓】为无，如图2.39所示。

图2.36　绘制图形

图2.37　绘制正圆

步骤 03　选中正圆，按Ctrl+C组合键复制，

图2.38　复制图形

图2.39　绘制矩形

步骤 05 在矩形上单击鼠标右键，从弹出的快捷菜单中选择【转换为曲线】命令，转换为曲线。

步骤 06 单击工具箱中的【钢笔工具】 按钮，在矩形左侧边缘单击添加节点，如图2.40所示。

步骤 07 单击工具箱中的【形状工具】 按钮，拖动节点将其变形，如图2.41所示。

图2.40 添加节点　　　　图2.41 拖动节点

步骤 08 以同样的方法在矩形右侧添加节点，再单击工具箱中的【形状工具】 按钮，拖动节点将图形变形，如图2.42所示。

步骤 09 单击工具箱中的【矩形工具】□ 按钮，绘制一个矩形，设置其【填充】为绿色（R:96, G:146, B:68），【轮廓】为无，如图2.43所示。

图2.42 将图形变形　　　　图2.43 绘制矩形

步骤 10 单击工具箱中的【文本工具】**字** 按钮，在适当的位置输入文字（时尚中黑简体），如图2.44所示。

图2.44 输入文字

提示与技巧

输入"HEALTHY"文字时，在正圆边缘上单击即可输入。

步骤 11 单击工具箱中的【贝塞尔工具】 按钮，绘制一个不规则图形，设置其【填充】为绿色（R:45, G:115, B:22），【轮廓】为无，如图2.45所示。

步骤 12 在图形位置再绘制一个黑色细长弧形，如图2.46所示。

图2.45 绘制图形　　　　图2.46 绘制弧形

步骤 13 同时选中两个图形，单击属性栏中的【修剪】 按钮，对图形进行修剪，再将不需要的弧形删除，如图2.47所示。

图2.47 修剪图形

步骤 14 选中图形并按住鼠标左键，向右侧移动后单击鼠标右键将其复制，单击属性栏中的【水平镜像】 按钮，将其水平镜像并等比例缩小，这样就完成了效果的制作，如图2.48所示。

图2.48 最终效果

2.6 制作网络购物主题标识

设计构思

　　本例讲解制作网络购物主题标识，首先绘制矩形，将其变形制作出圆角矩形效果，然后添加素材及文字信息即可完成效果的制作，最终效果如图2.49所示。

- 难易程度：★★☆☆☆
- 调用素材：源文件\第2章\制作网络购物主题标识
- 最终文件：源文件\第2章\制作网络购物主题标识.cdr
- 视频位置：movie\2.6 制作网络购物主题标识.avi

图2.49 最终效果

操作步骤

步骤01 单击工具箱中的【矩形工具】□按钮，绘制一个矩形，设置其【填充】为橙色（R:241，G:89, B:42），【轮廓】为无，如图2.50所示。

步骤02 单击工具箱中的【形状工具】⚊按钮，拖动矩形右上角节点，将其转换为圆角矩形，如图2.51所示。

图2.50 绘制矩形　　　图2.51 转换为圆角矩形

步骤03 单击工具箱中的【矩形工具】□按钮，绘制一个矩形，设置其【填充】为浅黄色（R:255, G:244, B:240），【轮廓】为无，如图2.52所示。

步骤04 选中图形，执行菜单栏中的【对象】|【PowerClip】|【置于图文框内部】命令，将图形放置到圆角矩形内部，如图2.53所示。

图2.52 绘制矩形　　　图2.53 置于图文框内部

步骤05 单击工具箱中的【椭圆形工具】○按钮，在图形底部位置按住Ctrl键绘制一个正圆，设置其【填充】为绿色（R:145, G:197, B:70），【轮廓】白色，【宽度】为2，如图2.54所示。

步骤06 单击工具箱中的【矩形工具】□按钮，在圆角矩形左上角绘制一个矩形，设置其【填充】为橙色（R:241, G:89, B:42），【轮廓】为无，如图2.55所示。

步骤07 选中图形并将其适当旋转，再执行菜单栏中的【对象】|【PowerClip】|【置于图文框内部】命令，将图形放置到圆角矩形内部，如图2.56所示。

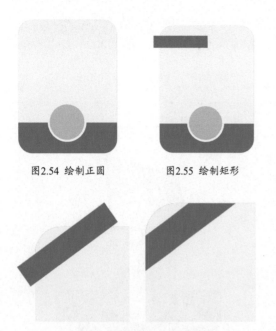

图2.54 绘制正圆　　　　图2.55 绘制矩形

图2.57 输入文字　　　　图2.58 添加素材

步骤10 单击工具箱中的【文本工具】**字**按钮，在适当的位置输入文字（Arial），这样就完成了效果的制作，如图2.59所示。

图2.56 置于图文框内部

步骤08 单击工具箱中的【文本工具】**字**按钮，在适当的位置输入文字（微软雅黑 粗体），如图2.57所示。

步骤09 执行菜单栏中的【文件】|【打开】命令，选择"调用素材\第2章\网络购物主题标识制作\电脑和图示.cdr"文件，单击【打开】按钮，将打开的文件拖入当前页面中适当位置，修改不同的颜色，如图2.58所示。

图2.59 最终效果

2.7 | 制作金属质感标识

设计构思

　　本例讲解制作金属质感标识，该标识在制作过程中主要用到金属质感渐变，从灰色到白色的颜色过渡可以完美地表现出金属效果，最终效果如图2.60所示。

● 难易程度：★★☆☆☆
● 最终文件：源文件\第2章\制作金属质感标识.cdr
● 视频位置：movie\2.7 制作金属质感标识.avi

图2.60 最终效果

操作步骤

步骤01 单击工具箱中的【椭圆形工具】○按钮，按住Ctrl键绘制一个正圆，设置其【轮廓】为灰色（R:204, G:204, B:204），【宽度】为0.5。

步骤02 单击工具箱中的【交互式填充工具】◇按钮，再单击属性栏中的【渐变填充】◢按钮，在图形上拖动，填充灰色系线性渐变，（R:199, G:240, B:232），如图2.61所示。

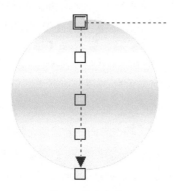

图2.61 填充渐变

步骤03 单击工具箱中的【2点线工具】✐按钮，绘制一条水平线段，设置其【轮廓】为黑色，【宽度】为0.1，如图2.62所示。

步骤04 选中线段并按住鼠标左键，向下方移动后单击鼠标右键将其复制，如图2.63所示。

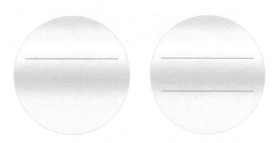

图2.62 绘制线段　　　图2.63 复制线段

步骤05 单击工具箱中的【文本工具】**字**按钮，在适当的位置输入文字（方正兰亭超细黑简体），这样就完成了效果的制作，如图2.64所示。

图2.64 最终效果

2.8 制作镶嵌样式标识

设计构思

本例讲解制作镶嵌样式标识，该标识以镶嵌样式的视觉效果与标签图形相结合，完美表现出主题标识特征，最终效果如图2.65所示。

- 难易程度：★★★☆☆
- 最终文件：源文件\第2章\制作镶嵌样式标识.cdr
- 视频位置：movie\2.8 制作镶嵌样式标识.avi

图2.65 最终效果

操作步骤

步骤01 单击工具箱中的【椭圆形工具】○按钮，绘制一个细长椭圆，设置其【填充】为灰色（R:153, G:153, B:153），【轮廓】为无。

步骤02 在椭圆中间位置再次绘制一个灰色（R:153, G:153, B:153）椭圆，如图2.66所示。

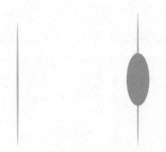

图2.66 绘制椭圆

步骤03 执行菜单栏中的【位图】|【转换为位图】命令，在弹出的对话框中分别选中【光滑处理】及【透明背景】复选框，完成之后单击【确定】按钮。

步骤04 执行菜单栏中的【位图】|【模糊】|【高斯式模糊】命令，在弹出的对话框中将【半径】更改为100像素，完成之后单击【确定】按钮，如图2.67所示。

步骤05 单击工具箱中的【矩形工具】□按钮，绘制一个矩形，设置其【填充】为无，如图2.68所示。

图2.67 添加高斯模糊　　　图2.68 绘制矩形

步骤06 同时选中矩形及下方图形，单击属性栏中的【修剪】⬚按钮，对图形进行修剪，再将不需要的图形删除，如图2.69所示。

步骤07 同时选中两个图形，在属性栏的【旋转角度】文本框中输入-20，如图2.70所示。

图2.69 修剪图形　　　图2.70 旋转图形

步骤08 单击工具箱中的【矩形工具】□按钮，绘制一个矩形，设置其【填充】为白色，【轮廓】为橙色（R:255, G:102, B:0），【宽度】为2，如图2.71所示。

步骤09 在矩形上单击鼠标右键，从弹出的快捷菜单中选择【转换为曲线】命令，转换为曲线。

步骤10 单击工具箱中的【钢笔工具】♠按钮，在右侧边缘中间位置单击添加节点，如图2.72所示

图2.71 绘制矩形　　　图2.72 添加节点

步骤11 单击工具箱中的【形状工具】⬥按钮，拖动节点将其变形，如图2.73所示。

步骤12 单击工具箱中的【形状工具】⬥按钮，选中左上角节点并向右侧拖动，将其变形，如图2.74所示。

图2.73 将图形变形　　　图2.74 拖动节点

步骤13 单击工具箱中的【贝塞尔工具】 ✎ 按钮，在矩形左侧绘制一个三角形图形，如图2.75所示。

步骤14 选择橙色矩形，执行菜单栏中的【对象】|【将轮廓转换为对象】命令。同时选中三角形及其下方图形，单击属性栏中的【修剪】 ➁ 按钮，对图形进行修剪，再将不需要的图形删除，如图2.76所示。

步骤15 单击工具箱中的【文本工具】 **字** 按钮，在适当的位置输入文字（方正兰亭中粗黑_GBK），这样就完成了效果的制作，如图2.77所示。

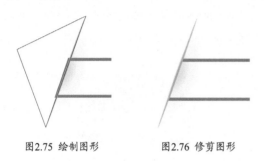

图2.75 绘制图形　　图2.76 修剪图形

图2.77 最终效果

2.9 制作圆形箭头组合标识

设计构思

本例讲解制作圆形箭头组合标识，此款标识以正圆为主图形，然后绘制箭头图形与之相结合，整个标识具有醒目的主题效果，最终效果如图2.78所示。

- 难易程度：★★★☆☆
- 最终文件：源文件\第2章\制作圆形箭头组合标识.cdr
- 视频位置：movie\2.9 制作圆形箭头组合标识.avi

图2.78 最终效果

操作步骤

步骤01 单击工具箱中的【椭圆形工具】 ○ 按钮，按住Ctrl键绘制一个正圆，设置其【填充】为白色，【轮廓】为灰色（R:204, G:204, B:204），【宽度】为2.5，如图2.79所示。

图2.79 绘制正圆

步骤02 选中正圆，按Ctrl+C组合键复制，按Ctrl+V组合键粘贴，将粘贴的正圆等比例缩小。单击工具箱中的【交互式填充工具】◇按钮，再单击属性栏中的【渐变填充】█按钮，在图形上拖动，填充绿色（R:3, G:105, B:55）到黄色（R:166, G:189, B:36）的线性渐变，如图2.80所示。

图2.81 绘制图形

步骤04 单击工具箱中的【文本工具】**字**按钮，在适当的位置输入文字（方正正准黑简体），这样就完成了效果的制作，如图2.82所示。

图2.80 复制图形并填充

步骤03 单击工具箱中的【贝塞尔工具】✐按钮，在正圆底部绘制一个不规则图形，设置其【填充】为白色，【轮廓】为灰色（R:204, G:204, B:204），【宽度】为2，如图2.81所示。

图2.82 最终效果

2.10 制作镂空矩形标签

设计构思

　　本例讲解制作镂空矩形标签，该标签的制作过程十分简单，主要将矩形进行变形，然后添加文字信息即可制作出完整的标签效果，最终效果如图2.83所示。

● 难易程度：★☆☆☆☆
● 最终文件：源文件\第2章\制作镂空矩形标签.cdr
● 视频位置：movie\2.10 制作镂空矩形标签.avi

图2.83 最终效果

操作步骤

步骤01 单击工具箱中的【矩形工具】□按钮，绘制一个矩形，设置其【填充】为无，【轮廓】为柔和蓝（R:153, G:153, B:255），【宽度】为1.5，如图2.84所示。

图2.84 绘制矩形

步骤02 选中矩形，按Ctrl+C组合键复制，按Ctrl+V组合键粘贴，将粘贴的矩形【填充】更改为柔和蓝（R:153, G:153, B:255），【轮廓】更改为无，再将其宽度缩小，如图2.85所示。

步骤03 单击工具箱中的【文本工具】**字**按钮，在适当的位置输入文字（方正兰亭黑_GBK），这样就完成了效果的制作，如图2.86所示。

图2.85 复制图形

图2.86 最终效果

2.11 制作复合三角形标签

设计构思

　　本例讲解制作复合三角形标签，此款标签的制作过程十分简单，将两个三角形进行组合，然后输入文字信息即可完成制作，最终效果如图2.87所示。

- 难易程度：★☆☆☆☆
- 最终文件：源文件\第2章\制作复合三角形标签.cdr
- 视频位置：movie\2.11 制作复合三角形标签.avi

图2.87 最终效果

操作步骤

步骤01 单击工具箱中的【矩形工具】□按钮，绘制一个矩形，设置其【填充】为绿色（R:153, G:204, B:0），【轮廓】为无，如图2.88所示。

步骤02 在属性栏的【旋转角度】文本框中输入45，如图2.89所示。

步骤03 单击鼠标右键，从弹出的快捷菜单中选择【转换为曲线】命令，转换为曲线。单击工具箱中的【形状工具】按钮，选中矩形底部节点将其删除，如图2.90所示。

步骤04 适当增加图形高度，如图2.91所示。

图2.88 绘制矩形

图2.89 旋转图形

图2.90 删除节点

图2.91 增加图形高度

步骤05 选中图形，按Ctrl+C组合键复制，按Ctrl+V组合键粘贴，将粘贴的图形【填充】更改为黑色，移至原图形下方并适当旋转，如图2.92所示。

步骤06 单击工具箱中的【文本工具】**字**按钮，在适当的位置输入文字（方正兰亭黑_GBK），这样就完成了效果的制作，如图2.93所示。

图2.92 复制图形

图2.93 最终效果

2.12 制作对话样式标签

设计构思

本例讲解制作对话样式标签，此款标签制作比较简单，主要将正圆与正方形相结合，完美表现出对话的特征，最终效果如图2.94所示。

- 难易程度：★☆☆☆☆
- 最终文件：源文件\第2章\制作对话样式标签.cdr
- 视频位置：movie\2.12 制作对话样式标签.avi

图2.94 最终效果

操作步骤

步骤01 单击工具箱中的【椭圆形工具】○按钮，按住Ctrl键绘制一个正圆，设置其【填充】为红色（R:173, G:35, B:85），【轮廓】为无，如图2.95所示。

图2.95 绘制正圆

步骤02 单击工具箱中的【矩形工具】□按钮，在正圆右下角按住Ctrl键绘制一个矩形，设置其【填充】为红色（R:173, G:35, B:85），【轮廓】为无。

步骤03 同时选中两个图形，单击属性栏中的【合并】⬚按钮，将图形合并，如图2.96所示。

图2.96 合并图形

步骤 04　单击工具箱中的【文本工具】**字**按钮，在图形位置输入文字（方正兰亭黑_GBK），这样就完成了效果的制作，如图2.97所示。

图2.97　最终效果

2.13　制作箭头组合标签

设计构思

本例讲解制作箭头组合标签，该标签是以箭头图形与经过变形后的矩形相结合，完成效果制作，最终效果如图2.98所示。

- 难易程度：★★☆☆☆
- 最终文件：源文件\第2章\制作箭头组合标签.cdr
- 视频位置：movie\2.13 制作箭头组合标签.avi

图2.98　最终效果

操作步骤

步骤 01　单击工具箱中的【矩形工具】□按钮，绘制一个矩形，设置其【填充】为红色（R:230，G:58，B:54），【轮廓】为无，如图2.99所示。

图2.99　绘制矩形

步骤 02　单击工具箱中的【椭圆形工具】○按钮，在矩形左上角按住Ctrl键绘制一个正圆，如图2.100所示。

步骤 03　选中图形并按住鼠标左键，向右侧移动后单击鼠标右键将其复制，如图2.101所示。

图2.100　绘制正圆

图2.101　复制图形

步骤04 同时选中两个正圆并按住鼠标左键，向下移动后单击鼠标右键将其复制，如图2.102所示。

图2.102 复制图形

步骤05 同时选中所有图形，单击属性栏中的【修剪】按钮，对图形进行修剪，如图2.103所示。

图2.103 修剪图形

步骤06 将不需要的4个正圆删除，如图2.104所示。

图2.104 删除图形

步骤07 选中图形，按Ctrl+C组合键复制，按Ctrl+V组合键粘贴，将粘贴的图形【填充】更改为无，【轮廓】更改为白色，【宽度】更改为0.5。

步骤08 在【轮廓笔】面板中选择一种虚线样式轮廓，完成之后按Enter键确认，如图2.105所示。

图2.105 更改轮廓样式

步骤09 单击工具箱中的【矩形工具】□按钮，绘制一个矩形并移至红色图形下方，设置其【填充】为绿色（R:67, G:160, B:71），【轮廓】为无，如图2.106所示。

步骤10 单击鼠标右键，从弹出的快捷菜单中选择【转换为曲线】命令，转换为曲线。

图2.106 绘制矩形

步骤11 单击工具箱中的【钢笔工具】按钮，在矩形左侧边缘单击添加节点，如图2.107所示。

步骤12 单击工具箱中的【形状工具】按钮，拖动节点将其变形，如图2.108所示。

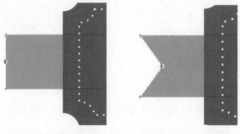

图2.107 添加节点　　图2.108 拖动节点

步骤13 以同样的方法在矩形右侧添加节点，再单击工具箱中的【形状工具】按钮，拖动节点将图形变形，如图2.109所示。

图2.109 将图形变形

步骤14 单击工具箱中的【矩形工具】□按钮，在红色图形左侧绘制一个矩形，设置其【填充】为绿色（R:45, G:126, B:50），【轮廓】为无，如图2.110所示。

步骤15 选中矩形并按住鼠标左键，向右侧移动后单击鼠标右键将其复制，如图2.111所示。

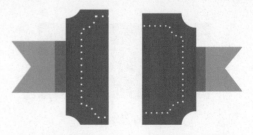

图2.110 绘制图形　　图2.111 复制图形

步骤 16　单击工具箱中的【文本工具】**字**按钮，在适当的位置输入文字（方正兰亭黑_GBK、Monotype Corsiva），这样就完成了效果的制作，如图2.112所示。

图2.112　最终效果

2.14 | 制作选项折纸样式标签

设计构思

　　本例讲解制作选项折纸样式标签，此款标签以圆角矩形作为基础图形，通过将图形变形并添加文字信息完成整个效果的制作，最终效果如图2.113所示。

- 难易程度：★★☆☆☆
- 最终文件：源文件\第2章\制作选项折纸样式标签.cdr
- 视频位置：movie\2.14 制作选项折纸样式标签.avi

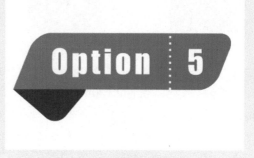

图2.113　最终效果

操作步骤

步骤 01　单击工具箱中的【矩形工具】□按钮，绘制一个矩形，设置其【轮廓】为无。

步骤 02　单击工具箱中的【交互式填充工具】◇按钮，再单击属性栏中的【渐变填充】◢按钮，在图形上拖动，填充橙色（R:255, G:80, B:0）到红色（R:220, G:44, B:0）的线性渐变，如图2.114所示。

图2.114　填充渐变

步骤 03　单击工具箱中的【形状工具】♦、按钮，拖动矩形右上角节点，将其转换为圆角矩形。

步骤 04　在矩形上双击，拖动顶部控制点，将其斜切变形，如图2.115所示。

图2.115　斜切变形

步骤 05　单击工具箱中的【贝塞尔工具】✐按钮，在图形左下角绘制一个三角形，设置其【填充】为任意颜色，【轮廓】为无，如图2.116所示。

步骤 06　选中两个图形，单击属性栏中的【合并】🖵按钮，将图形合并，如图2.117所示。

图2.116　绘制图形　　　　图2.117　合并图形

步骤07 单击工具箱中的【矩形工具】□按钮，绘制一个矩形，设置其【填充】为深橙色（R:135，G:42，B:19），【轮廓】为无，如图2.118所示。

步骤08 单击工具箱中的【形状工具】↖按钮，拖动矩形右上角节点，将其转换为圆角矩形，如图2.119所示。

图2.118 绘制矩形　　　　　图2.119 转换为圆角矩形

步骤09 单击工具箱中的【矩形工具】□按钮，绘制一个矩形，如图2.120所示。

步骤10 同时选中两个图形，单击属性栏中的【修剪】□按钮，对图形进行修剪并删除不需要的图形，再将图形适当旋转，如图2.121所示。

步骤11 单击工具箱中的【2点线工具】／按钮，绘制一条线段，设置其【轮廓】为黑色，【宽度】为1。

步骤12 在【轮廓笔】面板中选择一种虚线轮廓样式，完成之后按Enter键确认，如图2.122所示。

图2.120 绘制矩形　　　　　图2.121 旋转图形

步骤13 执行菜单栏中的【对象】|【将轮廓转换为对象】命令。同时选中虚线及下方图形，单击属性栏中的【修剪】□按钮，对图形进行修剪并删除不需要的图形，再将虚线删除，如图2.123所示。

图2.122 绘制线段　　　　　图2.123 修剪图形

步骤14 单击工具箱中的【文本工具】字按钮，在适当的位置输入文字（Impact），这样就完成了效果的制作，如图2.124所示。

图2.124 最终效果

2.15 | 制作双色对比标签

▌ **设计构思**

本例讲解制作双色对比标签，该标签以正圆为基础图形，通过对其修改制作出双色效果，再添加文字信息即可完成标签制作，最终效果如图2.125所示。

- 难易程度：★☆☆☆☆
- 最终文件：源文件\第2章\制作双色对比标签.cdr
- 视频位置：movie\2.15 制作双色对比标签.avi

图2.125 最终效果

操作步骤

步骤01 单击工具箱中的【椭圆形工具】○按钮，按住Ctrl键绘制一个正圆，设置其【填充】为黄色（R:255, G:255, B:0），【轮廓】为无，如图2.126所示。

步骤02 选中图形，按Ctrl+C组合键复制，按Ctrl+V组合键粘贴，将粘贴的图形【填充】更改为黑色，如图2.127所示。

图2.128 绘制矩形　　图2.129 修剪图形

步骤05 单击工具箱中的【文本工具】字按钮，在适当的位置输入文字（方正兰亭中粗黑_GBK），这样就完成了效果的制作，如图2.130所示。

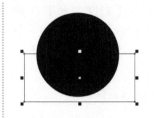 

图2.126 绘制正圆　　图2.127 复制图形

步骤03 单击工具箱中的【矩形工具】□按钮，绘制一个矩形，设置其【填充】为无，如图2.128所示。

步骤04 同时选中两个图形，单击属性栏中的【修剪】按钮，对图形进行修剪，再将不需要的图形删除，如图2.129所示。

图2.130 最终效果

2.16 制作边角样式标签

设计构思

　　本例讲解制作边角样式标签，该标签以矩形为基础图形，通过对其加以变形并输入文字信息即可完成效果制作，最终效果如图2.131所示。

- 难易程度：★★☆☆☆
- 最终文件：源文件\第2章\制作边角样式标签.cdr
- 视频位置：movie\2.16 制作边角样式标签.avi

图2.131 最终效果

操作步骤

步骤01 单击工具箱中的【矩形工具】□按钮，按住Ctrl键绘制一个矩形，设置其【填充】为紫色（R:235, G:70, B:153），【轮廓】为无，如图2.132所示。

步骤02 在矩形上单击鼠标右键，从弹出的快捷菜单中选择【转换为曲线】命令，单击工具箱中的【形状工具】⬙按钮，选中左下角节点将其删除，如图2.133所示。

图2.134 复制图形

图2.135 绘制图形

步骤05 选中图形并按住鼠标左键，向左上角移动后单击鼠标右键将其复制，单击属性栏中的【水平镜像】呻按钮，将其水平镜像，然后将圆形适当旋转，将图形与三角形对齐，如图2.136所示。

步骤06 单击工具箱中的【文本工具】字按钮，在适当的位置输入文字（方正兰亭黑_GBK），这样就完成了效果的制作，如图2.137所示。

图2.132 绘制矩形

图2.133 删除节点

步骤03 选中图形，按Ctrl+C组合键复制，按Ctrl+V组合键粘贴，将粘贴的图形【填充】更改为无，【轮廓】更改为白色，【宽度】更改为0.5，再将其等比例缩小，如图2.134所示。

步骤04 单击工具箱中的【贝塞尔工具】⤢按钮，在三角形右下角绘制一个不规则图形，设置其【填充】为紫色（R:150, G:36, B:93），【轮廓】为无，如图2.135所示。

图2.136 复制图形

图2.137 最终效果

2.17 制作时尚波点标签

设计构思

本例讲解制作时尚波点标签，该标签以时尚波点为主题，绘制波点图形并将其与漂亮的装饰图形相搭配，整个标签表现出完美的主题效果，最终效果如图2.138所示。

- 难易程度：★★☆☆☆
- 最终文件：源文件\第2章\制作时尚波点标签.cdr
- 视频位置：movie\2.17 制作时尚波点标签.avi

图2.138 最终效果

操作步骤

步骤01 单击工具箱中的【矩形工具】□按钮，绘制一个矩形，设置其【填充】为白色，【轮廓】为无，如图2.139所示。

步骤02 选中矩形，按Ctrl+C组合键复制，按Ctrl+V组合键粘贴，将粘贴的矩形高度缩小并向上移动，如图2.140所示。

图2.139　绘制矩形　　　　图2.140　复制图形

步骤03 选中顶部矩形，执行菜单栏中的【效果】|【添加透视】命令，按住Ctrl+Shift组合键将矩形透视变形，如图2.141所示。

步骤04 单击工具箱中的【椭圆形工具】○按钮，按住Ctrl键绘制一个正圆，设置其【填充】为无，【轮廓】为紫色（R:230, G:0, B:126），【宽度】为2，如图2.142所示。

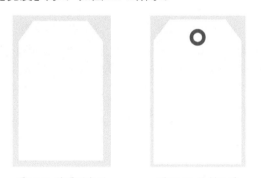

图2.141　将图形变形　　　　图2.142　绘制正圆

步骤05 同时选中两个图形，单击属性栏中的【修剪】□按钮，对图形进行修剪，如图2.143所示。

步骤06 单击工具箱中的【贝塞尔工具】✍按钮，绘制一条线段，设置其【填充】为无，【轮廓】为黑色，【宽度】为0.2，如图2.144所示。

步骤07 单击工具箱中的【椭圆形工具】○按钮，按住Ctrl键绘制一个正圆，设置其【填充】为绿色（R:148, G:193, B:32），【轮廓】为无。

图2.143　修剪图形　　　　图2.144　绘制线段

步骤08 以同样的方法绘制多个大小不一的正圆，如图2.145所示。

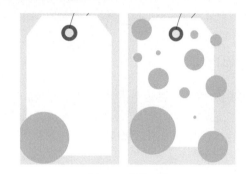

图2.145　绘制正圆

步骤09 同时选中所有超出标签轮廓的正圆，执行菜单栏中的【对象】|【PowerClip】|【置于图文框内部】命令，将图形放置到标签内部，如图2.146所示。

步骤10 单击工具箱中的【文本工具】字按钮，在适当的位置输入文字（方正正准黑简体、Adobe Arabic），这样就完成了效果的制作，如图2.147所示。

图2.146　置于图文框内部　　　　图2.147　最终效果

2.18 制作卷边标签

设计构思

　　本例讲解制作卷边标签，该标签以正圆为基础图形，为其制作出卷边图像即可完成卷边样式标签的制作，最终效果如图2.148所示。

- 难易程度：★★☆☆☆
- 最终文件：源文件\第2章\制作卷边标签.cdr
- 视频位置：movie\2.18 制作卷边标签.avi

图2.148 最终效果

操作步骤

步骤01 单击工具箱中的【椭圆形工具】○按钮，按住Ctrl键绘制一个正圆，设置其【填充】为红色（R:184, G:18, B:94），【轮廓】为无，如图2.149所示。

步骤02 选中图形，按Ctrl+C组合键复制，按Ctrl+V组合键粘贴，将粘贴的图形【填充】更改为无，【轮廓】更改为白色，【宽度】为2，如图2.150所示。

图2.151 绘制矩形　　图2.152 修剪图形

步骤07 单击工具箱中的【贝塞尔工具】✎按钮，绘制一个不规则图形，单击工具箱中的【交互式填充工具】◇按钮，再单击属性栏中的【渐变填充】▰按钮，在图形上拖动，填充灰色系的线性渐变，这样就完成了效果的制作，如图2.154所示。

图2.149 绘制正圆　　图2.150 复制图形

步骤03 选中轮廓图形，执行菜单栏中的【对象】|【将轮廓转换为对象】命令。

步骤04 单击工具箱中的【矩形工具】□按钮，绘制一个矩形，如图2.151所示。

步骤05 同时选中矩形及其下方两个圆形，单击属性栏中的【修剪】凸按钮，对图形进行修剪，再将不需要的图形删除，如图2.152所示。

步骤06 单击工具箱中的【文本工具】字按钮，在适当的位置输入文字（方正兰亭超细黑简体、方正兰亭细黑_GBK），如图2.153所示。

图2.153 输入文字　　图2.154 最终效果

--- 提示与技巧 ---

在填充颜色时，只需要注意是灰色并且能表现出质感效果即可。

2.19 制作燕尾样式标签

设计构思

　　本例讲解制作燕尾样式标签，在制作过程中将矩形变形，并为图形两端制作出燕尾效果，即可完成标签的制作，最终效果如图2.155所示。

● 难易程度：★★☆☆☆
● 最终文件：源文件\第2章\制作燕尾样式
　标签.cdr
● 视频位置：movie\2.19 制作燕尾样式标签.avi

图2.155 最终效果

操作步骤

步骤01 单击工具箱中的【矩形工具】□按钮，绘制一个矩形，设置其【填充】为橙色（R:255, G:136, B:0），【轮廓】为无，如图2.156所示。

图2.156 绘制矩形

步骤02 选中矩形，按Ctrl+C组合键复制，按Ctrl+V组合键粘贴，将粘贴的矩形【填充】更改为橙色（R:255, G:123, B:0），并移至原矩形下方后适当缩短其宽度，再向左侧平移，如图2.157所示。

图2.157 复制图形

步骤03 在短矩形上单击鼠标右键，从弹出的快捷菜单中选择【转换为曲线】命令，转换为曲线。

步骤04 单击工具箱中的【钢笔工具】◊按钮，在矩形左侧边缘中间单击添加节点，如图2.158所示。

步骤05 单击工具箱中的【形状工具】◥按钮，拖动节点将图形变形，如图2.159所示。

图2.158 添加节点　　　　图2.159 拖动节点

步骤06 单击工具箱中的【贝塞尔工具】◢按钮，在两个图形之间绘制一个不规则图形，设置其【填充】为橙色（R:179, G:87, B:0），【轮廓】为无，如图2.160所示。

图2.160 绘制图形

步骤07 同时选中两个图形并按住鼠标左键，向右侧移动后单击鼠标右键将其复制，单击属性栏中的【水平镜像】◁ᗒ按钮，将其水平镜像，如图2.161所示。

图2.161 复制图形

步骤08 单击工具箱中的【文本工具】**字**按钮，在适当的位置输入文字（方正正准黑简体），这样就完成了效果的制作，如图2.162所示。

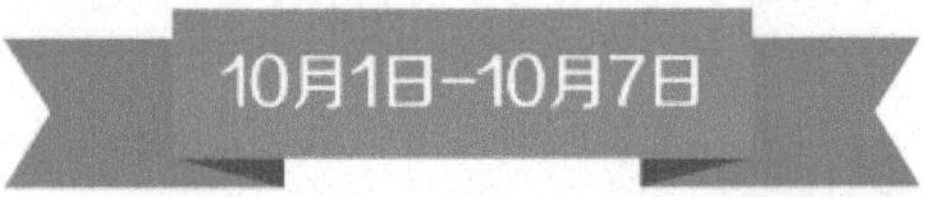

图2.162 最终效果

2.20 | 制作金色质感花形标签

设计构思

本例讲解制作金色质感花形标签，该标签以多边形为主图形，为其添加金色质感渐变，然后绘制金色图形与之搭配，整个标签表现出很强的质感，最终效果如图2.163所示。

- 难易程度：★★★☆☆
- 最终文件：源文件\第2章\制作金色质感花形标签.cdr
- 视频位置：movie\2.20 制作金色质感花形标签.avi

图2.163 最终效果

操作步骤

2.20.1 制作主轮廓

步骤01 单击工具箱中的【星形工具】☆按钮，按住Ctrl键绘制一个星形，将其【边数】更改为20，【锐度】更改为10。

步骤02 单击工具箱中的【交互式填充工具】◇按钮，再单击属性栏中的【渐变填充】按钮，在图形上拖动，填充金黄色的椭圆形渐变，如图2.164所示。

步骤03 单击工具箱中的【文本工具】**字**按钮，在适当的位置输入文字（Adobe Fan Heiti Std B），如图2.165所示。

图2.165 输入文字

步骤04 单击工具箱中的【星形工具】☆按钮，按住Ctrl键绘制一个星形，将其【边数】更改为5，【锐度】更改为50，【填充】更改为棕色（R:108，G:52，B:19），【轮廓】更改为无，如图2.166所示。

步骤05 选中星形并按住鼠标左键，向左侧移动后单击鼠标右键将其复制，将复制生成的星形等比例缩小并适当旋转，如图2.167所示。

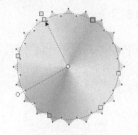

图2.164 填充渐变

图2.166 绘制星形

图2.167 复制图形

步骤06 选中左侧星形并按住鼠标左键，向右侧移动后单击鼠标右键将其复制，将复制生成的星形适当旋转。

步骤07 同时选中3个星形，按住鼠标左键，向下方移动后单击鼠标右键将其复制，如图2.168所示。

图2.168 复制图形

步骤08 分别选中底部左右两侧的星形，将其向上移动，如图2.169所示。

图2.169 移动星形

步骤09 单击工具箱中的【椭圆形工具】○按钮，按住Ctrl键绘制一个正圆，设置其【填充】为无，【轮廓】为黄色（R:204，G:151，B:59），【宽度】为1.5，如图2.170所示。

步骤10 选中正圆，单击工具箱中的【透明度工具】▦按钮，在属性栏中将【合并模式】更改为添加，如图2.171所示。

图2.170 绘制正圆　　　　图2.171 更改合并模式

步骤11 选中文字及上下的星形，按Ctrl+C组合键复制，按Ctrl+V组合键粘贴，单击属性栏中的【合并】⌐按钮，将其合并并更改为白色，再移至原对象下方，如图2.172所示。

步骤12 执行菜单栏中的【位图】|【转换为位图】命令，在弹出的对话框中分别选中【光滑处理】及【透明背景】复选框，完成之后单击【确定】按钮。

步骤13 执行菜单栏中的【位图】|【模糊】|【高斯式模糊】命令，在弹出的对话框中将【半径】更改为2像素，完成之后单击【确定】按钮。

步骤14 单击工具箱中的【透明度工具】▦按钮，在属性栏中将【合并模式】更改为叠加，以制作阴影效果，如图2.173所示。

图2.172 复制图文　　　　图2.173 制作阴影

2.20.2 绘制装饰图形

步骤01 单击工具箱中的【矩形工具】□按钮，绘制一个矩形并移至多边形下方，设置其【填充】为红色（R:245，G:63，B:52），【轮廓】为无，如图2.174所示。

步骤02 在短矩形上单击鼠标右键，从弹出的快捷菜单中选择【转换为曲线】命令，转换为曲线。

步骤03 单击工具箱中的【钢笔工具】 按钮，在矩形左侧边缘中间单击添加节点，单击工具箱中的【形状工具】 按钮，拖动节点将其变形，如图2.175所示。

图2.174 绘制矩形　　　图2.175 添加节点

步骤04 单击工具箱中的【形状工具】 按钮，拖动节点将图形变形，如图2.176所示。

步骤05 以同样的方法在矩形右侧相对位置添加节点，并拖动节点将其变形，如图2.177所示。

图2.176 拖动节点　　　图2.177 将图形变形

步骤06 单击工具箱中的【矩形工具】 按钮，绘制一个矩形，设置其【填充】为无，【轮廓】为黄色（R:242, G:203, B:94），【宽度】为1，如图2.178所示。

图2.178 绘制矩形

步骤07 选中矩形，执行菜单栏中的【对象】|【PowerClip】|【置于图文框内部】命令，将图像放置到下方图形内部，这样就完成了效果的制作，如图2.179所示。

图2.179 最终效果

2.21 制作服装样式标签

设计构思

本例讲解制作服装样式标签，该标签十分富有设计感，主要通过绘制不规则图形，制作出形象化的服装图像效果，整体制作过程比较简单，最终效果如图2.180所示。

- 难易程度：★★★☆☆
- 最终文件：源文件\第2章\制作服装样式标签.cdr
- 视频位置：movie\2.21 制作服装样式标签.avi

图2.180 最终效果

操作步骤

2.21.1　绘制主轮廓图形

步骤01　单击工具箱中的【矩形工具】□按钮，绘制一个矩形，设置其【填充】为蓝色（R:33，G:54, B:73），【轮廓】为无，如图2.181所示。

步骤02　单击工具箱中的【形状工具】◥按钮，拖动矩形右上角节点，将其转换为圆角矩形，如图2.182所示。

图2.183　删除节点　　　　图2.184　拖动节点

步骤05　单击工具箱中的【矩形工具】□按钮，在图形顶部位置绘制一个矩形，设置其【填充】为蓝色（R:52, G:61, B:70），【轮廓】为无，如图2.185所示。

步骤06　选中矩形，执行菜单栏中的【效果】|【添加透视】命令，按住Ctrl+Shift组合键将矩形透视变形，如图2.186所示。

图2.181　绘制矩形　　　　图2.182　转换为圆角矩形

步骤03　将其转换成曲线，单击工具箱中的【形状工具】◥按钮，选中图形顶部锚点，将其删除，如图2.183所示。

步骤04　分别拖动左上角和右上角节点，将其变形，如图2.184所示。

图2.185　绘制矩形　　　　图2.186　将图形透视变形

2.21.2　绘制细节

步骤01　单击工具箱中的【椭圆形工具】○按钮，按住Ctrl键绘制一个正圆，设置其【填充】为无，【轮廓】为蓝色（R:91, G:101, B:110），【宽度】为2，如图2.187所示。

步骤02　同时选中正圆及下方图形，单击属性栏中的【修剪】▢按钮，对图形进行修剪，如图2.188所示。

绘制一个矩形，设置其【填充】为红色（R:197, G:48, B:70），【轮廓】为无，如图2.189所示。

步骤04　按住Ctrl键绘制一个正方形，设置其【填充】为灰色（R:214, G:220, B:218），【轮廓】为红色（R:214, G:67, B:97），【宽度】为6，如图2.190所示。

图2.187　绘制正圆　　　　图2.188　修剪图形

步骤03　单击工具箱中的【矩形工具】□按钮，

图2.189　绘制矩形　　　　图2.190　绘制正方形

步骤05 选中正方形，在属性栏的【旋转角度】文本框中输入45，如图2.191所示。

步骤06 执行菜单栏中的【对象】|【PowerClip】|【置于图文框内部】命令，将图形放置到下方图形内部，如图2.192所示。

图2.191 旋转图形　　图2.192 置于图文框内部

步骤07 单击工具箱中的【矩形工具】□按钮，绘制一个矩形，设置其【填充】为灰色（R:244,G:242, B:245），【轮廓】为无，如图2.193所示。

步骤08 单击工具箱中的【贝塞尔工具】✐按钮，绘制一个不规则图形，设置其【填充】为灰色（R:234, G:232, B:235），【轮廓】为无，如图2.194所示。

图2.193 绘制矩形　　图2.194 绘制不规则图形

步骤09 选中图形并按住鼠标左键，向右侧移动后单击鼠标右键复制图形，单击属性栏中的【水平镜像】呬按钮，将其水平镜像，如图2.195所示。

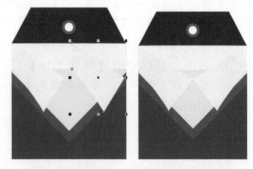

图2.195 复制图形

步骤10 单击工具箱中的【文本工具】**字**按钮，在在适当的位置输入文字（Square721 Cn BT、Segoe Script），这样就完成了效果的制作，如图2.196所示。

图2.196 最终效果

第3章
潮流艺术字的制作

本章介绍

本章讲解潮流艺术字的制作，艺术字在生活中十分常见，它可以用在设计作品、电商装修等多个方面，还可以作为独立形式存在。对于不同的信息，艺术字有很多的表现形式，比如代表促销的折扣组合字、表现比赛的冠军艺术字、美丽而时尚的花漾时光艺术字等，通过对本章内容的学习，可以掌握不同风格艺术字的制作。

要点索引

◎ 学习制作折扣组合字

◎ 学习制作冠军艺术字

◎ 掌握TOP文字组合艺术字的制作过程

◎ 学习制作中秋艺术字

◎ 了解立体特效字的制作流程

◎ 学习制作时尚多边形字

◎ 学习制作儿童节主题字

3.1 制作折扣组合字

设计构思

　　本例讲解制作折扣组合字，该字体在制作过程中以数字作为主视觉，将醒目的百分比数字与直观的信息相结合，同时以碎片化图形作为装饰，最终效果如图3.1所示。

- 难易程度：★★★☆☆
- 最终文件：源文件\第3章\制作折扣组合字.cdr
- 视频位置：movie\3.1 制作折扣组合字.avi

图3.1 最终效果

操作步骤

步骤01 单击工具箱中的【矩形工具】□按钮，绘制一个矩形，设置其【轮廓】为无。

步骤02 单击工具箱中的【交互式填充工具】◇按钮，再单击属性栏中的【渐变填充】◢按钮，在图形上拖动，填充黄色（R:204, G:227, B:61）到绿色（R:138, G:194, B:63）的椭圆形渐变，如图3.2所示。

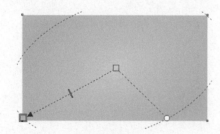

图3.2 填充渐变

步骤03 单击工具箱中的【文本工具】**字**按钮，在适当的位置输入文字（Leelawadee），如图3.3所示。

图3.3 输入文字

步骤04 在文字上单击鼠标右键，从弹出的快捷菜单中选择【转换为曲线】命令，转换为曲线，如图3.4所示。

步骤05 单击工具箱中的【形状工具】↖按钮，拖动文字部分节点，将其变形，如图3.5所示。

图3.4 转换为曲线　　　　图3.5 将文字变形

步骤06 单击工具箱中的【椭圆形工具】○按钮，在文字右侧位置按住Ctrl键绘制一个正圆，设置其【填充】为无，【轮廓】为白色，【宽度】为10，如图3.6所示。

步骤07 选中文字，在【轮廓笔】面板中将【宽度】更改为2，【颜色】更改为黑色，单击【外部轮廓】┐按钮，为文字添加描边，如图3.7所示。

图3.6 绘制正圆　　　　图3.7 添加描边

步骤08 选中文字和圆形，执行菜单栏中的【对象】|【将轮廓转换为对象】命令，将描边与文字分离。单击工具箱中的【矩形工具】□按钮，在文字上半部分位置绘制一个矩形，如图3.8所示。

步骤09 同时选中矩形及描边图形，单击属性栏中的【修剪】┗╗按钮，对图形进行修剪，再将不需要的图形删除，如图3.9所示。

图3.8 绘制矩形　　　图3.9 修剪图形

步骤10 将数字和描边调整到圆形的上方，同时选中数字及描边及正圆，单击属性栏中的【修剪】┗╗按钮，对正圆进行修剪，再将不需要的图形删除，如图3.10所示。

步骤11 单击工具箱中的【形状工具】┗╮按钮，拖动文字右上角与正圆接触的节点，如图3.11所示。

图3.10 修剪图形　　　图3.11 拖动节点

步骤12 单击工具箱中的【贝塞尔工具】╱按钮，绘制一个三角形，设置其【填充】为绿色（R:172, G:211, B:62），【轮廓】为无，如图3.12所示。

步骤13 选中图形，单击工具箱中的【透明度工具】▦按钮，在图形上拖动，降低其透明度，如图3.13所示。

图3.12 绘制图形　　　图3.13 降低透明度

步骤14 选中三角形，执行菜单栏中的【对象】|【PowerClip】|【置于图文框内部】命令，将图形放置到文字内部，如图3.14所示。

步骤15 将图形复制多份，并将其旋转或缩放，如图3.15所示。

图3.14 置于图文框内部　　　图3.15 复制图形

步骤16 单击工具箱中的【文本工具】**字**按钮，在适当的位置输入文字（Leelawadee 粗体），如图3.16所示。

图3.16 输入文字

步骤17 单击工具箱中的【贝塞尔工具】╱按钮，在文字右下角绘制一个不规则图形，设置其【填充】为绿色（R:118, G:165, B:37），【轮廓】为无，如图3.17所示。

步骤18 选中图形，单击工具箱中的【透明度工具】▦按钮，在图形上拖动，降低其透明度，如图3.18所示。

图3.17 绘制不规则图形　　　图3.18 降低透明度

步骤⑲ 执行菜单栏中的【对象】|【PowerClip】|【置于图文框内部】命令，将阴影图形放置到下方矩形内部，如图3.19所示。

图3.19 置于图文框内部

步骤⑳ 单击工具箱中的【文本工具】**字**按钮，在适当的位置输入文字（方正兰亭中粗黑_GBK），这样就完成了效果的制作，如图3.20所示。

图3.20 最终效果

3.2 制作冠军艺术字

设计构思

　　本例讲解制作冠军艺术字，该字体以冠军为主题，通过将文字变形并绘制辅助图形，完美表现出冠军的特点及意义，最终效果如图3.21所示。

- 难易程度：★★★☆☆
- 最终文件：源文件\第3章\制作冠军艺术字.cdr
- 视频位置：movie\3.2 制作冠军艺术字.avi

图3.21 最终效果

操作步骤

步骤① 单击工具箱中的【文本工具】**字**按钮，输入文字（MStiffHei PRC UltraBold），如图3.22所示。

步骤② 在文字上双击，拖动右侧控制点，将其斜切变形，如图3.23所示。

图3.22 输入文字　　　　图3.23 将文字变形

步骤③ 在文字上单击鼠标右键，从弹出的快捷菜单中选择【转换为曲线】命令，转换为曲线。单击工具箱中的【形状工具】按钮，拖动节点将其变形，如图3.24所示。

步骤④ 单击工具箱中的【椭圆形工具】○按钮，以文字为中心，按住Ctrl键绘制一个正圆，设置其【填充】为无，【轮廓】为白色，【宽度】为2，如图3.25所示。

图3.24 拖动节点　　　　图3.25 绘制正圆

步骤05 单击工具箱中的【矩形工具】□按钮，绘制一个矩形，设置其【填充】为无，如图3.26所示。

步骤06 在矩形上双击，拖动右侧控制点，将其斜切变形，如图3.27所示。

图3.26 绘制矩形　　　　图3.27 将矩形斜切变形

步骤07 选中圆形，执行菜单栏中的【对象】|【将轮廓转换为对象】命令，同时选中两个图形，单击属性栏中的【修剪】🖿按钮，对图形进行修剪，再将不需要的矩形删除，如图3.28所示。

步骤08 单击工具箱中的【文本工具】**字**按钮，输入文字（MStiffHei PRC UltraBold），如图3.29所示。

图3.28 修剪图形　　　　图3.29 输入文字

步骤09 在文字上双击，拖动右侧控制点，将其斜切变形，如图3.30所示。

步骤10 单击工具箱中的【矩形工具】□按钮，绘制一个矩形，设置其【填充】为白色，【轮廓】为无，如图3.31所示。

图3.30 将文字变形　　　　图3.31 绘制矩形

步骤11 选中矩形，按Ctrl+C组合键复制，按Ctrl+V组合键粘贴，将粘贴的矩形向左侧平移并缩小宽度，如图3.32所示。

步骤12 单击鼠标右键，从弹出的快捷菜单中选择【转换为曲线】命令，转换为曲线。单击工具箱中的【钢笔工具】🖋按钮，在图形左侧边缘中间位置单击添加节点，如图3.33所示。

图3.32 复制图形　　　　图3.33 添加节点

步骤13 单击工具箱中的【形状工具】🖎按钮，拖动节点将其变形，如图3.34所示

步骤14 选中图形并按住鼠标左键，向右侧移动后单击鼠标右键将其复制，再单击属性栏中的【水平镜像】🖽按钮，将其水平镜像，如图3.35所示。

图3.34 将图形变形　　　　图3.35 复制图形并镜像

步骤15 单击工具箱中的【文本工具】**字**按钮，输入文字（MStiffHei PRC UltraBold），如图3.36所示。

步骤16 同时选中文字及其下方图形，单击属性栏中的【修剪】🖿按钮，对图形进行修剪，再将文字删除，如图3.37所示。

图3.36 输入文字　　　　图3.37 修剪文字

步骤 17 同时选中三个图形，在图形上单击，拖动右侧控制点，将其斜切变形，这样就完成了效果的制作，如图3.38所示。

图3.38 最终效果

3.3 制作TOP文字组合艺术字

设计构思

　　本例讲解制作TOP文字组合艺术字，该字体以TOP排行为主题，通过简单的文字结合完美表现出艺术字特征，最终效果如图3.39所示。

● 难易程度：★★☆☆☆
● 最终文件：源文件\第3章\制作TOP文字组合艺术字.cdr
● 视频位置：movie\3.3 制作TOP文字组合艺术字.avi

图3.39 最终效果

操作步骤

步骤 01 单击工具箱中的【文本工具】**字**按钮，输入文字（方正姚体、Impact），如图3.40所示。

步骤 02 单击工具箱中的【矩形工具】□按钮，绘制一个矩形，如图3.41所示。

步骤 03 同时选中矩形及下方文字，单击属性栏中的【修剪】🔲按钮，对图形进行修剪，再将不需要的图形删除，如图3.42所示。

步骤 04 以同样的方法绘制一条横向矩形，如图3.43所示。

图3.40 输入文字　　图3.41 绘制矩形

图3.42 修剪文字　　图 3.43 绘制矩形

步骤05 以刚才同样的方法选中矩形及其下方文字，单击属性栏中的【修剪】🔲按钮，对图形进行修剪，再将不需要的图形删除，如图3.44所示。

步骤06 单击工具箱中的【文本工具】**字**按钮，在适当的位置输入文字（方正兰亭黑_GBK），如图3.45所示。

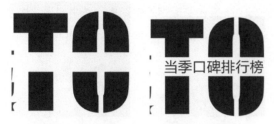

图3.44 修剪文字　　　　图3.45 输入文字

步骤07 单击工具箱中的【矩形工具】□按钮，在【P】字母右上角绘制一个矩形。同时选中矩形及其下方字母，单击属性栏中的【合并】🔲按钮，将图形合并，如图3.46所示。

步骤08 单击工具箱中的【星形工具】☆按钮，在【P】字母位置按住Ctrl键绘制一个星形，设置其【边数】为5，【锐度】为50，如图3.47所示。

图3.46 绘制矩形　　　　图3.47 绘制星形

步骤09 同时选中星形及其下方字母，单击属性栏中的【修剪】🔲按钮，对图形进行修剪，再将不需要的星形删除，这样就完成了效果的制作，如图3.48所示。

图3.48 最终效果

3.4 制作花漾时光艺术字

设计构思

　　本例讲解制作花漾时光艺术字，以基础文字为主视觉，将文字转换为曲线并绘制装饰图像，完成艺术字的制作，最终效果如图3.49所示。
- 难易程度：★★☆☆☆
- 最终文件：源文件\第3章\制作花漾时光艺术字.cdr
- 视频位置：movie\3.4 制作花漾时光艺术字.avi

图3.49 最终效果

操作步骤

步骤01 单击工具箱中的【文本工具】**字**按钮，输入文字（苏新诗柳楷简），如图3.50所示。

图3.50 输入文字

步骤 02 单击鼠标右键，从弹出的快捷菜单中选择【转换为曲线】命令，转换为曲线。

步骤 03 单击工具箱中的【形状工具】按钮，选中【花】字右侧结构，将其删除，如图3.51所示。

图3.51 删除文字结构

步骤 04 以同样的方法分别选中其他几个文字的部分结构，将其删除，如图3.52所示。

图3.52 删除其他文字结构

步骤 05 单击工具箱中的【贝塞尔工具】按钮，绘制一个不规则图形，设置其【填充】为红色（R:228, G:72, B:122），【轮廓】为无，如图3.53所示。

图3.53 绘制不规则图形

步骤 06 在图形上单击，将其中心点移至底部顶端位置，按住鼠标左键向左下角移动旋转复制，如图3.54所示。

图3.54 旋转复制

步骤 07 按Ctrl+D组合键将图像复制多份。同时选中所有和花形相关的图形，单击属性栏中的【合并】按钮，将图形合并，如图3.55所示。

图3.55 复制图形

步骤 08 选中图形并按住鼠标左键，移至【漾】字左上角位置后单击鼠标右键将其复制。

步骤 09 选中图形，将其【填充】更改为无，【轮廓】更改为红色（R:228, G:72, B:122），【宽度】更改为0.5，如图3.56所示。

图3.56 更改填充

步骤 10 以同样的方法将两种花形再复制两份，并分别放在其他两个文字适当的位置，这样就完成了效果的制作，如图3.57所示。

图3.57 最终效果

3.5 制作关爱主题艺术字

设计构思

本例讲解制作关爱主题艺术字，在制作过程中以关爱作为主题，绘制心形，并将图形与文字完美结合，最终效果如图3.58所示。

- 难易程度：★★★☆☆
- 最终文件：源文件\第3章\制作关爱主题艺术字.cdr
- 视频位置：movie\3.5 制作关爱主题艺术字.avi

图3.58 最终效果

操作步骤

步骤 01 单击工具箱中的【文本工具】**字**按钮，输入文字（方正正粗黑简体），如图3.59所示。

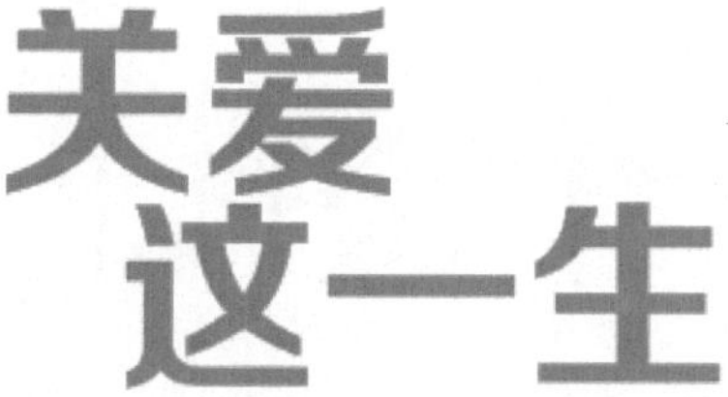

图3.59 输入文字

步骤 02 单击鼠标右键，从弹出的快捷菜单中选择【转换为曲线】命令，转换为曲线。在文字上双击，拖动右侧控制点，将其斜切变形，如图3.60所示。

图3.60 将文字变形

步骤 03 单击工具箱中的【形状工具】✎ 按钮，将部分文字结构删除，或者拖动节点将其变形，如图3.61所示。

步骤 04 单击工具箱中的【贝塞尔工具】✐ 按钮，在【关】字右下角绘制一个不规则图形，设置其【填充】为红色（R:235，G:103，B:169），【轮廓】为无，如图3.62所示。

图3.61 删除结构　　图3.62 绘制不规则图形

步骤 05 单击工具箱中的【形状工具】✎ 按钮，以刚才同样的方法拖动文字部分节点，将其变形，如图3.63所示。

图3.63 将文字变形

步骤06 单击工具箱中的【贝塞尔工具】 ✎ 按钮，在文字左上角绘制半个心形，设置其【填充】为红色（R:235, G:103, B:169），【轮廓】为无，如图3.64所示。

图3.64 绘制图形

步骤07 单击工具箱中的【文本工具】**字**按钮，在适当的位置输入文字（时尚中黑简体），这样就完成了效果的制作，如图3.65所示。

图3.65 最终效果

3.6 制作中秋艺术字

设计构思

本例讲解制作中秋艺术字，该字体以传统书法体为主视觉，绘制祥云图案并与文字相结合，完美表达出艺术字的主题，最终效果如图3.66所示。

图3.66 最终效果

- 难易程度：★★★★☆
- 最终文件：源文件\第3章\制作中秋艺术字.cdr
- 视频位置：movie\3.6 制作中秋艺术字.avi

操作步骤

步骤01 单击工具箱中的【文本工具】**字**按钮，输入文字（苏新诗柳楷简），如图3.67所示。

图3.67 输入文字

步骤02 在文字上单击鼠标右键，从弹出的快捷菜单中选择【转换为曲线】命令，转换为曲线。

步骤03 单击工具箱中的【形状工具】 ✐ 按钮，

选中文字部分节点，将其删除，如图3.68所示。

图3.68 删除节点

步骤04 单击工具箱中的【贝塞尔工具】 ✎ 按钮，在【中】字位置绘制一个祥云图形，设置其【填充】为黑色，【轮廓】为无，如图3.69所示。

图3.69 绘制图形

步骤05 以同样的方法在其他位置绘制祥云图像，如图3.70所示。

图3.70 绘制图像

步骤06 同时选中所有图形及文字，按Ctrl+G组合键组合对象。单击工具箱中的【交互式填充工具】◆按钮，再单击属性栏中的【渐变填充】◢按钮，在图形上拖动，填充紫色（R:224，G:156，B:218）到紫色（R:81，G:16，B:87）的线性渐变，如图3.71所示。

图3.71 填充渐变

步骤07 单击工具箱中的【椭圆形工具】○按钮，按住Ctrl键绘制一个正圆，设置其【填充】为黄色（R:255，G:174，B:0），【轮廓】为无，如图3.72所示。

步骤08 选中图形并按住鼠标左键，向右侧移动后单击鼠标右键将其复制，将复制生成的正圆【填充】更改为黑色并适当缩小，如图3.73所示。

图3.72 绘制正圆

图3.73 复制图形

步骤09 同时选中两个图形，单击属性栏中的【修剪】凸按钮，对图形进行修剪，再将不需要的图形删除，这样就完成了效果的制作，如图3.74所示。

图3.74 最终效果

3.7 制作约惠春天主题艺术字

设计构思

　　本例讲解制作约惠春天主题艺术字，该主题字具有不错的视觉效果，以约惠为主题，以春天为点缀，在制作过程中采用绿色图形与之相结合，最终效果如图3.75所示。

● 难易程度：★★★☆☆
● 最终文件：源文件\第3章\制作约惠春天主题艺术字.cdr
● 视频位置：movie\3.7 制作约惠春天主题艺术字.avi

图3.75 最终效果

操作步骤

步骤01 单击工具箱中的【文本工具】**字**按钮，输入文字（MStiffHei PRC UltraBold），如图3.76所示。

图3.76 输入文字

步骤02 在文字上单击鼠标右键，从弹出的快捷菜单中选择【转换为曲线】命令，转换为曲线。

步骤03 单击工具箱中的【形状工具】按钮，拖动节点将文字变形，如图3.77所示。

图3.77 将文字变形

步骤04 单击工具箱中的【贝塞尔工具】按钮，绘制一个三角形，设置其【填充】为无，【轮廓】为绿色（R:34, G:102, B:0），【宽度】为5，如图3.78所示。

图3.78 绘制图形

步骤05 执行菜单栏中的【对象】|【将轮廓转换为对象】命令。单击工具箱中的【矩形工具】□按钮，绘制一个矩形，如图3.79所示。

步骤06 同时选中矩形及三角形，单击属性栏中的【修剪】按钮，对图形进行修剪，再将不需要的矩形删除，如图3.80所示。

图3.79 绘制矩形   图3.80 修剪图形

步骤07 单击工具箱中的【文本工具】**字**按钮，在适当的位置输入文字（方正兰亭黑_GBK），这样就完成了效果的制作，如图3.81所示。

图3.81 最终效果

3.8 制作投影特效字

设计构思

　　本例讲解制作投影特效字，在制作过程中将输入的字体复制，同时更改部分文字颜色，并利用更改透明度的方法制作出投影效果，整个制作过程比较简单，重点注意文字变形及透明度效果的处理，最终效果如图3.82所示。

- 难易程度：★★☆☆☆
- 最终文件：源文件\第3章\制作投影特效字.cdr
- 视频位置：movie\3.8 制作投影特效字.avi

图3.82 最终效果

操作步骤

步骤01　单击工具箱中的【矩形工具】□按钮，绘制一个矩形，设置其【填充】为红色（R:201，G:43，B:66），【轮廓】为无，如图3.83所示。

图3.83 绘制矩形

步骤02　选中矩形并按住鼠标左键，向上方移动后单击鼠标右键将其复制，如图3.84所示。

图3.84 复制矩形

步骤03　选中上方矩形，单击工具箱中的【交互式填充工具】◇按钮，再单击属性栏中的【渐变填充】▨按钮，在图形上拖动，填充红色（R:227，G:22，B:22）到红色（R:122，G:5，B:4）的椭圆形渐变，如图3.85所示。

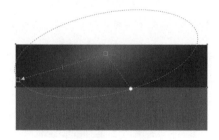

图3.85 填充渐变

步骤04　单击工具箱中的【文本工具】字按钮，输入文字（汉仪菱心体简），如图3.86所示。

图3.86 输入文字

步骤05　选中文字，执行菜单栏中的【对象】|【将轮廓转换为对象】命令，适当增加文字高度，如图3.87所示。

图3.87 增加文字高度

步骤06　单击工具箱中的【形状工具】◣按钮，拖动文字节点，将其变形，如图3.88所示。

图3.88 拖动节点

步骤07　选中文字，按Ctrl+C组合键复制，按Ctrl+V组合键粘贴。按住Alt键单击原文字，选中其下方文字，将其【填充】更改为黑色，再将其斜切变形，如图3.89所示。

图3.89 将文字变形

步骤08　选中黑色文字，单击工具箱中的【透明度工具】▨按钮，在文字上拖动，降低其透明度，这样就完成了效果的制作，如图3.90所示。

图3.90 最终效果

3.9 | 制作立体特效字

设计构思

　　本例讲解制作立体特效字，在制作过程中以普通的平面化字体为基础，将文字复制并通过绘制图形的方法将其连接，整体视觉效果很出色，最终效果如图3.91所示。

● 难易程度：★★★☆☆
● 最终文件：源文件\第3章\制作立体特效字.cdr
● 视频位置：movie\3.9 制作立体特效字.avi

图3.91 最终效果

操作步骤

步骤01 单击工具箱中的【文本工具】**字**按钮，输入文字（汉真广标），如图3.92所示。

步骤02 适当缩小文字高度，并拖动顶部控制点，将其斜切变形，如图3.93所示。

图3.92 输入文字　　　　图3.93 将文字变形

步骤03 选中文字，按Ctrl+C组合键复制，按Ctrl+V组合键粘贴，将粘贴的文字更改为黄色（R:252, G:230, B:66），再将文字向上稍微移动，如图3.94所示。

图3.94 复制文字

步骤04 单击工具箱中的【贝塞尔工具】✐按钮，在两个文字之间绘制不规则图形，设置其【填充】为红色（R:237, G:24, B:72），【轮廓】为无，如图3.95所示。

图3.95 绘制不规则图形

步骤05 在其他位置绘制青色（R:109, G:208, B:247）图形，如图3.96所示。

图3.96 绘制图形

步骤06 同时选中所有的不规则图形并按住鼠标左键，向右侧移动至文字对应位置后单击鼠标右键将其复制，以制作出完整的立体效果，如图3.97所示。

图3.97 复制图形

步骤07 单击工具箱中的【贝塞尔工具】 按钮，在左侧文字部分位置绘制不规则线段，设置其【填充】为无，【轮廓】为红色（R:255，G:77，B:151），【宽度】为0.5，如图3.98所示。

图3.98 绘制线段

步骤08 同时选中所有线段并按住鼠标左键，

向右侧移动至文字对应位置后单击鼠标右键将其复制，单击属性栏中的【水平镜像】 按钮，将其水平镜像并更改【轮廓】为其他任意颜色，这样就完成了效果的制作，如图3.99所示。

图3.99 最终效果

3.10 制作复合效果艺术字

设计构思

本例讲解制作复合效果艺术字，此款艺术字以基础文字为基础，通过绘制矩形制作出穿插效果，形成完美的复合艺术字，最终效果如图3.100所示。

- 难易程度：★★☆☆☆
- 最终文件：源文件\第3章\制作复合效果艺术字.cdr
- 视频位置：movie\3.10 制作复合效果艺术字.avi

图3.100 最终效果

操作步骤

步骤01 单击工具箱中的【文本工具】**字**按钮，输入文字（微软雅黑 粗体），如图3.101所示。

图3.101 输入文字

步骤02 选中所有文字，按Ctrl+C组合键复制，将原文字更改为深红色（R:84，G:15，B:10），如图3.102所示。

步骤03 选中【S】文字，执行菜单栏中的【位图】|【转换为位图】命令，在弹出的对话框中分别选中【光滑处理】及【透明背景】复选框，完成之后单击【确定】按钮。

步骤04 执行菜单栏中的【位图】|【模糊】|【高斯式模糊】命令，在弹出的对话框中将【半径】更改为20像素，完成之后单击【确定】按钮。

步骤05 以同样的方法将其他几个文字转换为位图，并添加相同的高斯模糊效果，如图3.103所示。

图3.102 复制文字　　　　图3.103 添加高斯模糊

步骤06 按Ctrl+V组合键粘贴文字，如图3.104所示。

步骤07 同时选中【S】和【L】文字，将其移至其他两个文字上方，如图3.105所示。

图3.104 粘贴文字　　　　图3.105 更改顺序

步骤08 单击工具箱中的【矩形工具】□按钮，绘制一个矩形，设置其【填充】为红色（R:94, G:13, B:7），【轮廓】为无，并将矩形移至文字之间的位置，如图3.106所示。

图3.106 绘制矩形

步骤09 在矩形上单击鼠标右键，从弹出的快捷菜单中选择【转换为曲线】命令，转换为曲

线。单击工具箱中的【钢笔工具】✒按钮，在矩形左侧边缘中间位置单击添加节点，如图3.107所示。

步骤10 单击工具箱中的【形状工具】⬑按钮，拖动节点将其变形，如图3.108所示。

图3.107 添加节点　　　　图3.108 拖动节点

步骤11 以同样的方法在矩形右侧边缘相对位置添加节点，并将其变形，如图3.109所示。

图3.109 将图形变形

步骤12 单击工具箱中的【文本工具】字按钮，在适当的位置输入文字（方正兰亭黑_GBK），这样就完成了效果的制作，如图3.110所示。

图3.110 最终效果

3.11 制作草莓饼干字

设计构思

　　本例讲解制作草莓饼干字，此款字体制作比较简单，主要以特定字体为主视觉，然后为其绘制装饰元素图形即可完成效果制作，最终效果如图3.111所示。

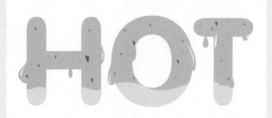

- 难易程度：★★★☆☆
- 最终文件：源文件\第3章\制作草莓饼干字.cdr
- 视频位置：movie\3.11 制作草莓饼干字.avi

图3.111 最终效果

操作步骤

步骤01 单击工具箱中的【文本工具】**字**按钮，输入文字（VAGRounded BT），如图3.112所示。

步骤02 单击工具箱中的【贝塞尔工具】按钮，绘制一个不规则图形，设置其【填充】为浅红色（R:246, G:169, B:179），【轮廓】为无，如图3.113所示。

图3.112 输入文字 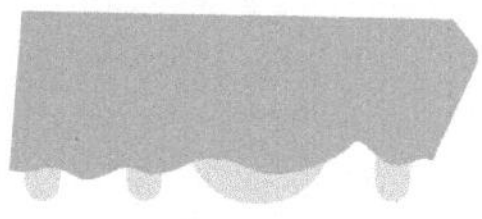　　　　图3.113 绘制图形

步骤03 选中图形，执行菜单栏中的【对象】|【PowerClip】|【置于图文框内部】命令，将图像放置到文字内部，如图3.114所示。

图3.114 置于图文框内部

步骤04 单击工具箱中的【贝塞尔工具】按钮，在【H】文字左下角位置绘制一个不规则图形，设置其【填充】为浅红色（R:246, G:169, B:179），【轮廓】为无，如图3.115所示。

步骤05 以同样的方法在其他几个字母位置绘制相似的图形。

图3.115 绘制图形

步骤06 单击工具箱中的【贝塞尔工具】按钮，在刚才绘制的凸出图形位置绘制一个不规则图形，设置其【填充】为白色，【轮廓】为无。

步骤07 以同样的方法在其他位置绘制相似的白色不规则图形，如图3.116所示。

图3.116 绘制图形

步骤 08 单击工具箱中的【贝塞尔工具】按钮，在【H】文字左上角位置绘制一个不规则图形，设置其【填充】为红色（R:224, G:59, B:101），【轮廓】为无，如图3.117所示。

步骤 09 将图形复制多份并适当变形或缩放，这样就完成了效果的制作，如图3.118所示。

图3.117 绘制图形

图3.118 最终效果

3.12 制作狂欢特效字

设计构思

　　本例讲解制作狂欢特效字，该字体主要以体现出时间特征的表盘与主体字相结合的形式进行制作，最终效果如图3.119所示。

- 难易程度：★★★☆☆
- 最终文件：源文件\第3章\制作狂欢特效字.cdr
- 视频位置：movie\3.12 制作狂欢特效字.avi

图3.119 最终效果

操作步骤

3.12.1 绘制主题图像

步骤 01 单击工具箱中的【椭圆形工具】○按钮，按住Ctrl键绘制一个正圆，设置其【填充】为红色（R:231, G:21, B:55），【轮廓】为无，如图3.120所示。

步骤 02 选中图形，按Ctrl+C组合键复制，按Ctrl+V组合键粘贴，将粘贴的正圆等比例缩小，再将其【填充】更改为黄色（R:255, G:180, B:0），如图3.121所示。

图3.120 绘制正圆

图3.121 复制图形

步骤 03 以同样的方法再次按Ctrl＋V组合键粘贴两份图形，并分别更改其颜色及等比例缩小，如图3.122所示。

图3.122　复制图形

步骤 04 单击工具箱中的【矩形工具】□按钮，绘制一个矩形，设置其【填充】为天蓝色（R:0, G:204, B:255），【轮廓】为无，如图3.123所示。

步骤 05 单击工具箱中的【形状工具】⬙按钮，拖动矩形右上角节点，将其转换为圆角矩形，如图3.124所示。

图3.123　绘制矩形　　　　图3.124　转换为圆角矩形

步骤 06 选中圆角矩形并按住鼠标左键，向底部移动后单击鼠标右键将其复制，如图3.125所示。

步骤 07 选中图形，按Ctrl＋G组合键组合对象，按Ctrl＋C组合键复制，按Ctrl＋V组合键粘贴，在属性栏的【旋转角度】文本框中输入90，如图3.126所示。

图3.125　复制图形　　　　图3.126　旋转图形

步骤 08 单击工具箱中的【矩形工具】□按钮，绘制一个矩形，设置其【填充】为红色（R:230, G:20, B:54），【轮廓】为无，如图3.127所示。

步骤 09 再绘制一个稍短的紫色（R:185, G:53, B:216）矩形并适当旋转，如图3.128所示。

图3.127　绘制矩形　　　　图3.128　绘制图形并旋转

3.12.2　制作主文字

步骤 01 单击工具箱中的【椭圆形工具】○按钮，按住Ctrl键绘制一个正圆，设置其【填充】为天蓝色（R:0, G:204, B:255），【轮廓】为无，如图3.129所示。

步骤 02 单击工具箱中的【文本工具】**字**按钮，输入文字（MStiffHei PRC UltraBold），如图3.130所示。

图3.129　绘制正圆　　　　图3.130　输入文字

步骤 03 选中【狂】字，按Ctrl＋C组合键复制，将其移至表盘靠左侧位置。单击工具箱中的【阴影工具】▢按钮，拖动添加阴影，在属性栏中将【阴影的不透明度】更改为50，【阴影羽化】更改为15，如图3.131所示。

步骤 04 按Ctrl＋V组合键粘贴，将粘贴的文字更改为天蓝色（R:0, G:204, B:255），向左上角稍微移动，如图3.132所示。

步骤 05 按Ctrl＋V组合键粘贴，将粘贴的文字更改为白色并向左上角稍微移动，如图3.133所示。

步骤 06 在文字上双击，拖动右侧控制点，将其斜切变形，如图3.134所示。

图3.131 添加阴影 　　图3.132 复制文字

图3.133 粘贴文字 　　图3.134 将文字斜切变形

步骤07 以刚才同样的方法输入多个文字，制作出立体效果后将其斜切变形，如图3.135所示。

图3.135 输入文字

步骤08 单击工具箱中的【矩形工具】口按钮，制一个矩形，设置其【填充】为红色（R:231，G:21，B:55），【轮廓】为无，如图3.136所示。

步骤09 单击鼠标右键，从弹出的快捷菜单中选择【转换为曲线】命令，转换为曲线。单击工具箱中的【钢笔工具】 按钮，在矩形左侧边缘中间位置单击添加节点，单击工具箱中的【形状工具】 按钮，拖动节点将其变形，如图3.137所示。

图3.136 绘制矩形 　　图3.137 将矩形变形

步骤10 在图形上双击，拖动右侧控制点，将其斜切变形，如图3.138所示。

步骤11 选中图形并按住鼠标左键，向右侧移动后单击鼠标右键将其复制，单击属性栏中的【水平镜像】 按钮，将其水平镜像并向下稍微移动，如图3.139所示。

图3.138 将图形变形 　　图3.139 复制图形

步骤12 单击工具箱中的【贝塞尔工具】 按钮，在两个图形之间绘制一个不规则图形，设置其【填充】为红色（R:176，G:16，B:43），【轮廓】为无，如图3.140所示。

步骤13 单击工具箱中的【文本工具】字按钮，在适当的位置输入文字（方正兰亭中粗黑_GBK），并将其斜切变形，这样就完成了效果的制作，如图3.141所示。

图3.140 绘制图形 　　图3.141 最终效果

3.13 │ 制作时尚爆炸字

设计构思

　　本例讲解制作时尚爆炸字，此款字体以时尚元素为主视觉，首先绘制星形并添加变形效果，然后绘制装饰元素即可完成字体制作，最终效果如图3.142所示。

● 难易程度：★★★☆☆
● 最终文件：源文件\ 第3章\ 制作时尚爆炸字.cdr
● 视频位置：movie\3.13 制作时尚爆炸字.avi

图3.142 最终效果

操作步骤

3.13.1 制作爆炸图像

步骤01 单击工具箱中的【星形工具】☆按钮，绘制一个星形，设置其【填充】为青色（R:54, G:189, B:237），【轮廓】为灰色（R:77, G:77, B:77），【宽度】为3，在属性栏中将【边数】更改为7，【锐度】更改为20，如图3.143所示。

图3.143 绘制星形

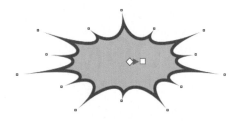

图3.144 将图形变形

步骤02 单击工具箱中的【变形】🗇按钮，在星形上拖动，将其变形，如图3.144所示。

步骤03 选中图形，按Ctrl+C组合键复制，按Ctrl+V组合键粘贴。按住Alt键单击图形，选中下方图形，将其【轮廓】更改为黄色（R:255, G:255, B:0），并将原图形等比例缩小，如图3.145所示。

图3.145 缩小图形

3.13.2 处理文字

步骤01 单击工具箱中的【文本工具】**字**按钮，输入文字（VAGRounded BT），如图3.146所示。

图3.146 输入文字

步骤 02 执行菜单栏中的【效果】|【斜角】命令，在弹出的面板中将【距离】更改为1.5，【强度】更改为75，【方向】更改为196，完成之后单击【应用】按钮，如图3.147所示。

图3.147 添加斜角效果

步骤 03 执行菜单栏中的【效果】|【封套】命令，在出现的【封套】泊坞窗中单击【添加新封套】按钮，在页面中拖动控制点，将文字变形，如图3.148所示。

图3.148 将文字变形

步骤 04 单击工具箱中的【阴影工具】□按钮，在文字上拖动，为其添加阴影，如图3.149所示。

图3.149 添加阴影

步骤 05 单击工具箱中的【贝塞尔工具】✐按钮，绘制一条线段，设置其【填充】为无，【轮廓】为灰色（R:51，G:51，B:51），【宽度】为1.5，如图3.150所示。

步骤 06 选中线段并按住鼠标左键，向左侧稍微移动后单击鼠标右键将其复制，如图3.151所示。

图3.150 绘制线段　　　图3.151 复制线段

步骤 07 同时选中两条线段，以同样的方法将其复制数份，如图3.152所示。

图3.152 复制线段

步骤 08 单击工具箱中的【贝塞尔工具】✐按钮，绘制一个不规则图形，设置其【填充】为无，【轮廓】为灰色（R:51，G:51，B:51），【宽度】为1，如图3.153所示。

图3.153 绘制图形

步骤 09 以同样的方法在其他位置绘制相似的图形，这样就完成了效果的制作，如图3.154所示。

图3.154 最终效果

3.14 制作牛货艺术字

　　本例讲解制作牛货艺术字，该字体在制作过程中以正圆为底部图形，配合其他形象化的特征图形，完美表现出牛货主题文字的特点，最终效果如图3.155所示。

- 难易程度：★★★☆☆
- 最终文件：源文件\第3章\制作牛货艺术字.cdr
- 视频位置：movie\3.14 制作牛货艺术字.avi

图3.155 最终效果

操作步骤

3.14.1 制作主视觉文字

步骤① 单击工具箱中的【椭圆形工具】○按钮，按住Ctrl键绘制一个正圆，设置其【填充】为红色（R:241, G:55, B:45），【轮廓】为紫色（R:48, G:25, B:62），【宽度】为2，如图3.156所示。

步骤② 单击工具箱中的【文本工具】**字**按钮，输入文字（MStiffHei PRC UltraBold），如图3.157所示。

图3.156 绘制正圆　　　　图3.157 输入文字

步骤③ 在文字上双击，拖动右侧控制点，将其斜切变形，如图3.158所示。

步骤④ 单击工具箱中的【矩形工具】□按钮，在文字区域右上角按住Ctrl键绘制一个矩形，设置其【填充】为黄色（R:255, G:233, B:2），【轮廓】为无，如图3.159所示。

图3.158 将文字变形　　　图3.159 绘制矩形

步骤⑤ 在矩形上双击，拖动右侧控制点，将其斜切变形，如图3.160所示。

步骤⑥ 单击工具箱中的【形状工具】⬫按钮，拖动矩形右上角节点，将其转换为圆角矩形，如图3.161所示。

图3.160 将矩形斜切变形　　　图3.161 转换为圆角矩形

步骤07 单击工具箱中的【文本工具】**字**按钮，在适当的位置输入文字（方正兰亭中粗黑_GBK），如图3.162所示。

步骤08 在文字上双击，拖动右侧控制点，将其斜切变形，如图3.163所示。

图3.162 输入文字　　　图3.163 将文字斜切变形

步骤09 以同样的方法在左下角区域输入文字

并变形，如图3.164所示。

步骤10 单击工具箱中的【贝塞尔工具】✐按钮，沿文字边缘绘制一个不规则图形，设置其【填充】为紫色（R:48, G:25, B:62），【轮廓】为无，如图3.165所示。

图3.164 输入文字　　　图3.165 绘制矩形

3.14.2 绘制装饰元素

步骤01 单击工具箱中的【贝塞尔工具】✐按钮，在图形左上角绘制一个不规则图形，设置其【填充】为浅红色（R:226, G:193, B:191），【轮廓】为紫色（R:48, G:25, B:62），【宽度】为0.5，如图3.166所示。

步骤02 选中图形并按住鼠标左键，向右侧移动后单击鼠标右键将其复制，单击属性栏中的【水平镜像】呷按钮，将其水平镜像，如图3.167所示。

图3.166 绘制矩形　　　图3.167 复制图形

步骤03 单击工具箱中的【星形工具】☆按钮，绘制一个星形，设置其【填充】为黄色（R:255, G:233, B:2），【轮廓】为紫色（R:48, G:25, B:62），【宽度】为0.5，如图3.168所示。

步骤04 在星形上双击，拖动右侧控制点，将

其斜切变形，如图3.169所示。

图3.168 绘制星形　　　图3.169 将星形斜切变形

步骤05 单击工具箱中的【文本工具】**字**按钮，在适当的位置输入文字（方正兰亭中粗黑_GBK），并将其斜切变形，这样就完成了效果的制作，如图3.170所示。

图3.170 最终效果

3.15 制作精选好货特效字

设计构思

　　本例讲解制作精选好货特效字，此款特效字在制作过程中，以彩色多边形作为背景，通过输入文字并对其进行变形制作出完美的特效字，最终效果如图3.171所示。

- 难易程度：★★★☆☆
- 调用素材：调用素材\第3章\制作精选好货特效字
- 最终文件：源文件\第3章\制作精选好货特效字.cdr
- 视频位置：movie\3.15 制作精选好货特效字.avi

图3.171 最终效果

操作步骤

3.15.1 处理变形文字

步骤01 执行菜单栏中的【文件】|【导入】命令，选择"调用素材\第3章\精选好货特效字制作\背景.jpg"文件，单击【导入】按钮，在页面中单击，导入素材。

步骤02 单击工具箱中的【文本工具】**字**按钮，输入文字（MStiffHei PRC UltraBold），如图3.172所示。

图3.172 输入文字

步骤03 选中文字，单击鼠标右键，从弹出的快捷菜单中选择【转换为曲线】命令，转换为曲线。

步骤04 在文字上双击，拖动右侧控制点，将其斜切变形，如图3.173所示。

步骤05 单击工具箱中的【形状工具】按钮，拖动文字节点，将其变形，如图3.174所示。

图3.173 将文字变形　　　　图3.174 拖动节点

步骤06 单击工具箱中的【文本工具】**字**按钮，在适当的位置输入文字（MStiffHei PRC UltraBold），如图3.175所示。

步骤07 选中文字，单击鼠标右键，从弹出的快捷菜单中选择【转换为曲线】命令，转换为曲线。

步骤08 在文字上双击，拖动右侧控制点，将其斜切变形，如图3.176所示。

图3.175 输入文字　　　　图3.176 将文字变形

步骤09 单击工具箱中的【形状工具】↖按钮，选中文字部分节点，将其删除，如图3.177所示。

步骤10 单击工具箱中的【贝塞尔工具】✐按钮，绘制一个不规则图形，设置其【填充】为紫色（R:235, G:5, B:151），【轮廓】为无，如图3.178所示。

图3.177 删除节点　　　　图3.178 绘制图形

步骤11 单击工具箱中的【贝塞尔工具】✐按钮，沿文字边缘绘制一个不规则图形，设置其

【填充】为紫色（R:94, G:33, B:140），【轮廓】为无，如图3.179所示。

图3.179 绘制图形

步骤12 同时选中所有文字，按Ctrl+G组合键组合对象，单击工具箱中的【阴影工具】▢按钮，拖动添加阴影；在属性栏中将【阴影的不透明度】更改为50，【阴影羽化】更改为5，如图3.180所示。

图3.180 添加阴影

3.15.2　添加光效及装饰

步骤01 执行菜单栏中的【文件】|【导入】命令，选择"调用素材\第3章\精选好货特效字\炫光.jpg"文件，单击【导入】按钮，在文字位置单击，导入素材，如图3.181所示。

步骤02 选中炫光图像，单击工具箱中的【透明度工具】▦按钮，在属性栏中将【合并模式】更改为屏幕，如图3.182所示。

图3.181 导入素材　　　　图3.182 更改合并模式

步骤03 单击工具箱中的【贝塞尔工具】✐按

钮，在文字左上角绘制一个不规则图形，设置其【填充】为白色，【轮廓】为紫色（R:70, G:24, B:104），【宽度】为3，如图3.183所示。

步骤04 选中图形并按住鼠标左键，向右侧移动后单击鼠标右键将其复制，单击属性栏中的【水平镜像】◨按钮，将其水平镜像并适当旋转，移至文字右下角位置，如图3.184所示。

图3.183 绘制图形　　　　图3.184 复制图形

步骤 05 同时选中除背景图片以外的所有图形，按Ctrl+G组合键组合对象。单击工具箱中的【阴影工具】□按钮，拖动添加阴影，在属性栏中将【阴影的不透明度】更改为50，【阴影羽化】更改为15，这样就完成了效果的制作，如图3.185所示。

图3.185 最终效果

3.16 制作时尚多边形字

设计构思

本例讲解制作时尚多边形字，该字体以彩块化多边形作为主视觉纹理，将其置于文字内部，制作出完美的时尚文字效果，最终效果如图3.186所示。

- 难易程度：★★★☆☆
- 最终文件：源文件\第3章\制作时尚多边形字.cdr
- 视频位置：movie\3.16 制作时尚多边形字.avi

图3.186 最终效果

操作步骤

3.16.1 制作多边形

步骤 01 单击工具箱中的【文本工具】**字**按钮，输入文字（汉真广标），并按Ctrl+C组合键将其复制，如图3.187所示。

图3.187 输入文字

步骤 02 单击工具箱中的【矩形工具】□按钮，按住Ctrl键绘制一个矩形，设置其【填充】为浅蓝色（R:204, G:204, B:255），【轮廓】为无，如图3.188所示。

步骤 03 在属性栏的【旋转角度】文本框中输入45，如图3.189所示。

图3.188 绘制矩形　　　　图3.189 旋转图形

步骤 04 单击鼠标右键，从弹出的快捷菜单中选择【转换为曲线】命令，转换为曲线。单击工具箱中的【形状工具】按钮，选中矩形右侧节点，将其删除，如图3.190所示。

步骤05 选中图形并按住鼠标左键，向右侧移动后单击鼠标右键将其复制，单击属性栏中的【水平镜像】按钮，将其水平镜像，并更改其【填充】为蓝色（R:153, G:153, B:255），如图3.191所示。

图3.190 删除节点 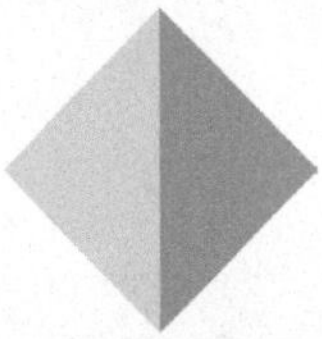　　图3.191 复制图形

步骤06 同时选中两个图形，以同样的方法向右侧移动复制一份，按Ctrl+D组合键将图形复制多份，如图3.192所示。

图3.192 复制图形

步骤07 同时选中所有图形，将其向下方移动复制一份，再将图形向右侧平移并与上方图形对齐，然后将其复制多份，如图3.193所示。

图3.193 复制图形

3.16.2 处理纹理字效果

步骤01 同时选中所有图形，按Ctrl+G组合键组合对象。执行菜单栏中的【对象】|【PowerClip】|【置于图文框内部】命令，将图形放置到矩形内部，如图3.194所示。

图3.194 置于图文框内部

步骤02 按Ctrl+V组合键粘贴文字，单击工具箱中的【交互式填充工具】按钮，再单击属性栏中的【渐变填充】按钮，在图形上拖动，填充紫色（R:167, G:36, B:255）到蓝色（R:80, G:133, B:197）的线性渐变，如图3.195所示。

图3.195 填充渐变

步骤03 选中文字，单击工具箱中的【透明度工具】按钮，在属性栏中将【合并模式】更改为叠加，这样就完成了效果的制作，如图3.196所示。

图3.196 最终效果

设计构思

　　本例讲解制作儿童节主题字，此款艺术字在制作过程中以漂亮的立体效果作为主视觉，同时在文字上绘制装饰图像，完成整个主题字的制作，最终效果如图3.197所示。

- 难易程度：★★★☆☆
- 最终文件：源文件\第3章\制作儿童节主题字.cdr
- 视频位置：movie\3.17 制作儿童节主题字.avi

图3.197 最终效果

操作步骤

3.17.1 处理主视觉

步骤01 单击工具箱中的【文本工具】**字**按钮，输入文字（Vogue、苏新诗卵石体），如图3.198所示。

图3.198 输入文字

步骤02 同时选中所有文字，按Ctrl＋G组合键组合对象。单击工具箱中的【轮廓图】回按钮，在对象上拖动，创建轮廓图效果，如图3.199所示。

图3.199 创建轮廓图

步骤03 选中对象，执行菜单栏中的【对象】|【拆分轮廓图群组】命令，拆分轮廓图群组。单击工具箱中的【交互式填充工具】◇按钮，再单击属性栏中的【渐变填充】▨按钮，在图

形上拖动，填充蓝色（R:196, G:207, B:225）到紫色（R:69, G:70, B:118）的线性渐变，如图3.200所示。

图3.200 填充渐变

步骤04 选中轮廓图形，按Ctrl＋C组合键复制，按Ctrl＋V组合键粘贴。按住Alt键单击轮廓图形，选中原图形。

步骤05 单击工具箱中的【交互式填充工具】◇按钮，再单击属性栏中的【渐变填充】▨按钮，在图形上拖动，填充紫色系线性渐变，如图3.201所示。

图3.201 填充渐变

步骤06 选中文字下方图形，单击工具箱中的【阴影工具】□按钮，拖动添加阴影，在属性栏中将【阴影的不透明度】更改为100，【阴影羽化】更改为2，【颜色】更改为白色，【合并模式】更改为叠加，如图3.202所示。

捷菜单中选择【取消组合对象】命令，取消组合对象。选中左侧数字，将其颜色更改为黄色（R:252, G:221, B:71），选中右侧文字，将其颜色更改为青色（R:19, G:219, B:252），如图3.203所示。

图3.202 添加阴影

图3.203 更改颜色

步骤07 在文字上单击鼠标右键，从弹出的快

3.17.2 制作装饰纹理

步骤01 单击工具箱中的【矩形工具】□按钮，绘制一个矩形，设置其【填充】为黄色（R:253, G:241, B:169），【轮廓】为无，如图3.204所示。

图3.204 绘制矩形

步骤02 单击工具箱中的【2点线工具】✐按钮，绘制一条倾斜线段，设置其【轮廓】为橙色（R:247, G:141, B:0），【宽度】为2，如图3.205所示。

图3.205 绘制线段

步骤03 选中线段并按住鼠标左键，向左下角移动后单击鼠标右键将其复制，如图3.206所示。

图3.206 复制线段

步骤04 按Ctrl+D组合键将线段复制多份，如图3.207所示。

图3.207 复制多份

步骤05 选中所有线段，执行菜单栏中的【对象】|【PowerClip】|【置于图文框内部】命令，将图像放置到其下方黄色矩形内部。

步骤06 选中条纹图形，执行菜单栏中的【对象】|【PowerClip】|【置于图文框内部】命令，将图像放置到其下方【儿】字内部，如图3.208所示。

图3.208 置于图文框内部

步骤07 同时选中所有文字，按Ctrl+G组合键组合对象，单击工具箱中的【阴影工具】□按钮，拖动添加阴影，在属性栏中将【阴影的不透明度】更改为100，【阴影羽化】更改为5，【合并模式】更改为柔光，如图3.209所示。

图3.209 添加阴影

步骤08 单击工具箱中的【贝塞尔工具】✎按钮，在【6】数字左上角绘制一个不规则图形，设置其【填充】为白色，【轮廓】为无，如图3.210所示。

步骤09 执行菜单栏中的【位图】|【模糊】|【高斯式模糊】命令，在弹出的对话框中将【半径】更改为10像素，完成之后单击【确定】按钮，如图3.211所示。

图3.210 绘制图形　　　　图3.211 添加高斯模糊

步骤10 以同样的方法在文字其他区域绘制相似图形，转换为位图后添加高斯模糊效果，以制作高光，这样就完成了效果的制作，如图3.212所示。

图3.212 最终效果

第4章
网店装修设计

本章介绍

本章讲解网店装修设计，网店装修作为一种平面视觉化的装修形式，它与传统的设计相同，需要向人们传达一种视觉上的享受。网店装修包括多种主题，比如主题广告图设计、优惠活动banner设计、手机购物欢迎页设计、手机店铺装修设计等，通过对本章内容的学习，可以掌握常见的网店装修设计。

要点索引

- 学习服饰主题广告图设计
- 了解时尚美妆促销banner设计的思路
- 学习手机购物欢迎页设计
- 学习旅行折扣促销图设计
- 了解手机运动店铺装修设计的过程

4.1 服饰主题广告图设计

设计构思

　　本例讲解服饰主题广告图设计，此款广告图形制作过程比较简单，主要以时尚美女作为背景，绘制相似颜色的图形，令整个图像更富有层次感，最终效果如图4.1所示。

- 难易程度：★★★☆☆
- 调用素材：调用素材\第4章\服饰主题广告图设计
- 最终文件：源文件\第4章\服饰主题广告图设计.cdr
- 视频位置：movie\4.1 服饰主题广告图设计.avi

图4.1 最终效果

操作步骤

4.1.1 处理背景

步骤01 执行菜单栏中的【文件】|【导入】命令，选择"调用素材\第4章\服饰主题广告图设计\背景.jpg"文件，单击【导入】按钮，在页面中单击，导入素材，如图4.2所示。

图4.2 导入素材

步骤02 单击工具箱中的【贝塞尔工具】✐按钮，绘制一个三角形，设置其【填充】为紫色（R:51, G:24, B:69），【轮廓】为无，如图4.3所示。

步骤03 选中图形，单击工具箱中的【透明度工具】▧按钮，在属性栏中将【合并模式】更改为柔光，如图4.4所示。

图4.3 绘制图形　　　　图4.4 更改合并模式

步骤04 选中图形并按住鼠标左键，向右侧移动后单击鼠标右键将其复制，单击属性栏中的【水平镜像】唓按钮，将其水平镜像。

步骤05 将镜像后的图形【填充】更改为蓝色（R:62, G:79, B:148），如图4.5所示。

图4.5 复制图形

4.1.2 制作主题信息

步骤01 单击工具箱中的【文本工具】**字**按钮，在适当的位置输入文字（长城新艺体、MStiffHei PRC UltraBold、方正兰亭细黑_GBK、方正兰亭中粗黑），如图4.6所示。

步骤02 选中【BEAUTIFUL】并按住鼠标左键，向左侧移动后单击鼠标右键将其复制，将复制生成的文字更改为淡紫色（R:245, G:232, B:255），适当向左上角移动，如图4.7所示。

图4.6 输入文字　　　　　图4.7 复制文字

步骤03 单击工具箱中的【矩形工具】口按钮，在【抢免单万个名额就有你】文字位置绘制一个矩形，设置其【填充】为紫色（R:125, G:48, B:148），【轮廓】为无，如图4.8所示。

步骤04 单击工具箱中的【贝塞尔工具】✏按

钮，在文字左侧区域绘制一个三角形，设置其【填充】为白色，【轮廓】为无，如图4.9所示。

图4.8 绘制矩形　　　　　图4.9 绘制图形

步骤05 以同样的方法在其他位置绘制相似三角形，这样就完成了效果的制作，如图4.10所示。

图4.10 最终效果

4.2 时尚美妆促销banner设计

设计构思

本例讲解时尚美妆促销banner设计，该banner以紫色作为主体色，在版式布局上采用正圆与矩形相结合的形式，同时醒目的文字处理方式令整个banner更加出色，最终效果如图4.11所示。

- 难易程度：★★★☆☆
- 调用素材：调用素材\第4章\时尚美妆促销banner设计
- 最终文件：源文件\第4章\时尚美妆促销banner设计.cdr
- 视频位置：movie\4.2 时尚美妆促销banner设计.avi

图4.11 最终效果

█ **操作步骤**

4.2.1 绘制装饰图形

步骤01 单击工具箱中的【矩形工具】□按钮，绘制一个矩形，设置其【填充】为紫色（R:60, G:14, B:122），【轮廓】为无。

步骤02 单击工具箱中的【椭圆形工具】○按钮，在矩形中心位置按住Ctrl键绘制一个正圆，设置其【轮廓】为白色，【宽度】为10。

步骤03 单击工具箱中的【交互式填充工具】◇按钮，再单击属性栏中的【渐变填充】■按钮，在图形上拖动，填充浅红色（R:253, G:129, B:143）到红色（R:230, G:52, B:80）的线性渐变，如图4.12所示。

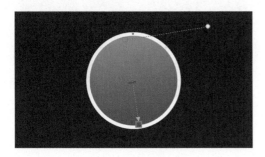

图4.12 填充渐变

步骤04 单击工具箱中的【椭圆形工具】○按钮，按住Ctrl键绘制一个正圆，设置其【填充】为紫色（R:129, G:8, B:206），【轮廓】为无，如图4.13所示。

步骤05 单击工具箱中的【2点线工具】／按钮，绘制一条倾斜线段，设置其【轮廓】为黑色，【宽度】为5，如图4.14所示。

图4.13 绘制正圆   图4.14 绘制线段

步骤06 选中线段并按住鼠标左键，向右下角方向移动后单击鼠标右键将其复制，如图4.15所示。

步骤07 按Ctrl+D组合键将图像复制多份，如图4.16所示。

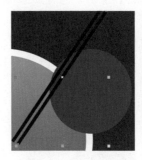 

图4.15 复制线段   图4.16 复制多份线段

步骤08 选中所有线段，执行菜单栏中的【对象】|【将轮廓转换为对象】命令，再按Ctrl+G组合键组合对象。同时选中线段及正圆图形，单击属性栏中的【修剪】▢按钮，对图形进行修剪，再将不需要的图形删除，如图4.17所示。

步骤09 选中正圆并将其移至大正圆下方，按Ctrl+C组合键复制，如图4.18所示。

图4.17 修剪图形   图4.18 更改顺序

步骤10 按Ctrl+V组合键粘贴正圆，将其向左侧移动并等比例缩小后移至大正圆下方，如图4.19所示。

图4.19 复制图像

步骤 11 单击工具箱中的【椭圆形工具】〇按钮，按住Ctrl键绘制一个正圆，设置其【填充】为无，【轮廓】为紫色（R:129, G:8, B:206），【宽度】为1.5。

步骤 12 在【轮廓笔】面板中选择一种虚线样式，完成之后单击【确定】按钮，再将图形移至大正圆下方，如图4.20所示。

图4.20 绘制正圆

步骤 13 单击工具箱中的【矩形工具】□按钮，绘制一个矩形，设置其【轮廓】为无。

步骤 14 单击工具箱中的【交互式填充工具】◇按钮，再单击属性栏中的【渐变填充】■按钮，在图形上拖动，填充彩色线性渐变，如图4.21所示。

图4.21 填充渐变

步骤 15 选中矩形并双击，拖动右侧控制点，将其斜切变形，再单击工具箱中的【透明度工具】▓按钮，在矩形上拖动，更改为两端透明的线性渐变透明效果，如图4.22所示。

图4.22 降低透明度

4.2.2 添加文字信息

步骤 01 单击工具箱中的【文本工具】字按钮，在适当的位置输入文字（MStiffHei PRC UltraBold），如图4.23所示。

步骤 02 在文字上双击，拖动右侧控制点，将其斜切变形，如图4.24所示。

图4.23 输入文字　　　　图4.24 将文字变形

步骤 03 选中文字，执行菜单栏中的【对象】|【拆分美术字】命令。

步骤 04 单击工具箱中的【透明度工具】▓按钮，在最左侧【欢】字上拖动，降低透明度；以同样的方法分别在其他几个文字上拖动，降低透明度，如图4.25所示。

图4.25 降低透明度

步骤 05 执行菜单栏中的【文件】|【导入】命令，选择"调用素材\第4章\时尚美妆促销banner设计\化妆品.png、化妆品2.png、化妆品3.png、化妆品4.png"文件，单击【导入】按钮，在适当的位置单击，导入素材，并将素材移至斜切后的矩形下方，如图4.26所示。

步骤 06　选中部分素材图像，将其复制，如图 4.27所示。

图4.26　导入素材

图4.27　复制图像

步骤 07　单击工具箱中的【矩形工具】□按钮，绘制一个矩形，设置其【填充】为紫色（R:218, G:6, B:172），【轮廓】为无，如图4.28所示。

步骤 08　在适当的位置单击工具箱中的【文本工具】**字**按钮，输入文字（方正兰亭中粗黑_GBK），如图4.29所示。

步骤 09　同时选中矩形及文字，在对象上双击，拖动右侧控制点，将其斜切变形，如图 4.30所示。

图4.28　绘制矩形

图4.29　输入文字

步骤 10　单击工具箱中的【透明度工具】▨按钮，在矩形上拖动，将矩形左侧更改为线性渐变透明效果，如图4.31所示。

图4.30　将图文变形

图4.31　更改不透明度

4.2.3　处理细节元素

步骤 01　单击工具箱中的【椭圆形工具】○按钮，在图形右侧位置按住Ctrl键绘制一个正圆，设置其【填充】为黄色（R:248, G:187, B:2），【轮廓】为无，如图4.32所示。

步骤 02　单击工具箱中的【文本工具】**字**按钮，在适当的位置输入文字（方正兰亭中粗黑_GBK），如图4.33所示。

图4.32　绘制正圆

图4.33　输入文字

步骤 03　在文字上双击，拖动右侧控制点，将其斜切变形，如图4.34所示。

步骤 04　同时选中文字及下方圆形，单击属性栏中的【修剪】凸按钮，对图形进行修剪，再将文字删除，如图4.35所示。

图4.34　将文字变形

图4.35　修剪图形

步骤 05　单击工具箱中的【贝塞尔工具】✐按钮，绘制一个不规则线段，设置其【填充】为无，【轮廓】为黄色（R:248, G:187, B:2），【宽度】为1，如图4.36所示。

步骤 06　选中线段并按住鼠标左键，向右侧移动后单击鼠标右键将其复制，如图4.37所示。

图4.36 绘制线段　　　　图4.37 复制线段

步骤07 单击工具箱中的【文本工具】**字**按钮，在适当的位置输入文字（方正正粗黑简体），如图4.38所示。

步骤08 在文字上双击，拖动右侧控制点，将其斜切变形，如图4.39所示。

图4.38 输入文字　　　　图4.39 将文字变形

步骤09 单击工具箱中的【矩形工具】□按钮，在图像左上角绘制一个矩形，设置其【填充】为白色，【轮廓】为无，如图4.40所示。

步骤10 在矩形上单击鼠标右键，从弹出的快捷菜单中选择【转换为曲线】命令，转换为曲线。

步骤11 单击工具箱中的【钢笔工具】✒按钮，在矩形底部边缘中间位置单击添加节点，如图4.41所示。

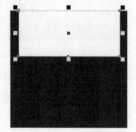

图4.40 绘制矩形　　　　图4.41 添加节点

步骤12 单击工具箱中的【形状工具】✎按钮，选中节点并向下拖动，将其变形，如图4.42所示。

步骤13 单击工具箱中的【文本工具】**字**按钮，在适当的位置输入文字（方正兰亭中粗黑_GBK），如图4.43所示。

图4.42 拖动节点　　　　图4.43 输入文字

步骤14 单击工具箱中的【矩形工具】□按钮，在图像左下角绘制一个矩形，设置其【填充】为无，【轮廓】为黄色（R:250, G:211, B:13），【宽度】为1.5，如图4.44所示。

步骤15 单击工具箱中的【文本工具】**字**按钮，在适当的位置输入文字（方正兰亭中粗黑_GBK），如图4.45所示。

图4.44 绘制矩形　　　　图4.45 输入文字

步骤16 同时选中矩形及文字，在对象上双击，拖动右侧控制点，将其斜切变形，如图4.46所示。

步骤17 同时选中图形及文字并按住鼠标左键，向右侧移动后单击鼠标右键，将其复制，如图4.47所示。

图4.46 将图文斜切　　　　图4.47 复制图文

步骤18 单击工具箱中的【文本工具】**字**按钮，在复制生成的文字上双击，更改文字内容，再分别将文字颜色和轮廓颜色更改为青色（R:0, G:255, B:255），这样就完成了效果的制作，如图4.48所示。

图4.48 最终效果

4.3 家装节优惠活动banner设计

设计构思

　　本例讲解家装节优惠活动banner设计，该banner以矩形为主图形，以木质颜色为图形主体色，绘制形象化的纸质图像，给人一种舒适自然的视觉感受，最终效果如图4.49所示。

图4.49 最终效果

- 难易程度：★★★★☆
- 调用素材：调用素材\第4章\家装节优惠活动banner设计
- 最终文件：源文件\第4章\家装节优惠活动banner设计.cdr
- 视频位置：movie\4.3 家装节优惠活动banner设计.avi

操作步骤

4.3.1 制作主背景

步骤01 单击工具箱中的【矩形工具】□按钮，绘制一个矩形，设置其【轮廓】为无。

步骤02 单击工具箱中的【交互式填充工具】◇按钮，再单击属性栏中的【渐变填充】◢按钮，在图形上拖动，填充黄色（R:255, G:233, B:207）到黄色（R:185, G:128, B:72）的椭圆形渐变，如图4.50所示。

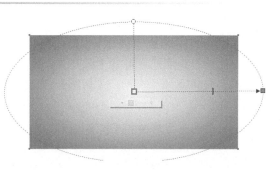

图4.50 填充渐变

步骤03 单击工具箱中的【矩形工具】▢按钮，绘制一个矩形，设置其【填充】为白色，【轮廓】为无，如图4.51所示。

步骤04 选中矩形，执行菜单栏中的【效果】|【添加透视】命令，按住Ctrl+Shift组合键将矩形透视变形，如图4.52所示。

图4.54 将图形复制多份

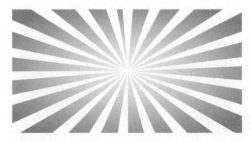

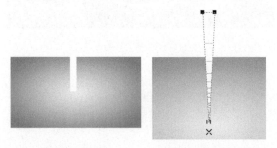

图4.51 绘制矩形　　　　图4.52 添加透视效果

步骤05 在图上双击，将中心点移至底端位置，再将其旋转复制，如图4.53所示。

图4.55 将图形变形

步骤08 选中放射图形，单击工具箱中的【透明度工具】▨按钮，在属性栏中将【合并模式】更改为柔光。

步骤09 分别单击属性栏中【渐变透明度】▧及【椭圆形渐变透明度】▨按钮，在图像上拖动，降低其透明度，如图4.56所示。

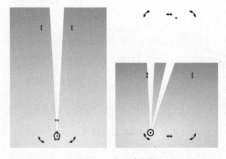

图4.53 旋转复制

步骤06 按Ctrl+D组合键将图像复制多份，如图4.54所示。

步骤07 选中所有复制的放射图形，单击属性栏中的【合并】▱按钮，将图形合并，分别增加其宽度和缩小其高度，如图4.55所示。

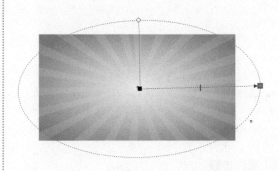

图4.56 降低透明度

4.3.2 绘制主视觉图像

步骤01 单击工具箱中的【矩形工具】▢按钮，绘制一个矩形，设置其【填充】为浅黄色（R:254，G:245，B:233），【轮廓】为无，如图4.57所示。

步骤02 单击工具箱中的【贝塞尔工具】✒按钮，在矩形底部绘制一个不规则图形，设置其【填充】为黑色，【轮廓】为无，如图4.58所示。

图4.57 绘制矩形　　　　图4.58 绘制图形

步骤03 在图形右下角绘制一个三角形，如图4.59所示。

步骤04 同时选中三角形及下方浅黄色矩形，单击属性栏中的【修剪】按钮，对图形进行修剪，再将不需要的图形删除，如图4.60所示。

步骤05 同时选中黑色图形及下方矩形，单击属性栏中的【合并】按钮，将图形合并。

图4.59 绘制图形   图4.60 修剪图形

步骤06 单击工具箱中的【贝塞尔工具】按钮，在修剪后的图形空缺位置绘制一个不规则图形。

步骤07 单击工具箱中的【交互式填充工具】按钮，再单击属性栏中的【渐变填充】按钮，在图形上拖动，填充黄色（R:232, G:195, B:136）到黄色（R:242, G:215, B:182）的线性渐变，如图4.61所示。

步骤08 选中图形，执行菜单栏中的【对象】|【PowerClip】|【置于图文框内部】命令，将图像放置到下方图形内部，如图4.62所示。

图4.61 绘制图形   图4.62 置于图文框内部

步骤09 单击工具箱中的【矩形工具】按钮，在图形顶部绘制一个矩形，设置其【填充】为黄色（R:243, G:212, B:149），【轮廓】为无，如图4.63所示。

步骤10 选中矩形，执行菜单栏中的【效果】|【添加透视】命令，按住Ctrl+Shift组合键，将矩形透视变形，如图4.64所示。

图4.63 绘制矩形   图4.64 将图形透视变形

步骤11 单击工具箱中的【贝塞尔工具】按钮，在矩形底部绘制一个不规则图形，设置其【填充】为橘红色（R:255, G:102, B:0），【轮廓】为深红色（R:126, G:38, B:3），【宽度】为1，如图4.65所示。

步骤12 同时选中透视图形及刚才绘制的不规则图形，单击属性栏中的【修剪】按钮，对图形进行修剪，再将不规则图形顺序向下移动，如图4.66所示。

图4.65 绘制图形   图4.66 更改顺序

步骤13 选中橘红色图形，执行菜单栏中的【对象】|【将轮廓转换为对象】命令，将轮廓与填充图形分离，并将轮廓图形移至填充图形上方，如图4.67所示。

步骤14 单击工具箱中的【矩形工具】按钮，在轮廓图形下方绘制一个矩形，如图4.68所示。

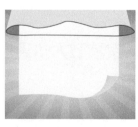 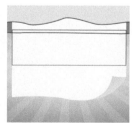

图4.67 将轮廓转换为对象   图4.68 绘制矩形

步骤15 同时选中刚才绘制的图形及其下方轮廓图形，单击属性栏中的【修剪】按钮，对图形进行修剪，再将不需要的图形删除，如图4.69所示。

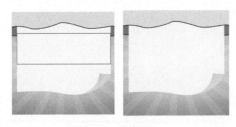

图4.69 修剪图形

步骤16 选中橘红色图形，单击工具箱中的【交互式填充工具】◇按钮，再单击属性栏中的【渐变填充】▨按钮，在图形上拖动，填充深黄色（R:107, G:43, B:0）到黄色（R:255, G:102, B:0）的线性渐变，如图4.70所示。

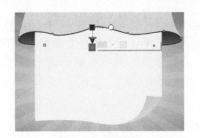

图4.70 填充渐变

步骤17 单击工具箱中的【贝塞尔工具】✐按钮，在图形底部绘制一个不规则图形，设置其【填充】为深黄色（R:159, G:64, B:0），【轮廓】为无，如图4.71所示。

图4.71 绘制图形

步骤18 执将其转换为位图，然后行菜单栏中的【位图】|【模糊】|【高斯式模糊】命令，在弹出的对话框中将【半径】更改为30像素，完成之后单击【确定】按钮，再将图像适当缩小，如图4.72所示。

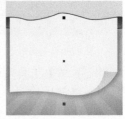

图4.72 添加高斯模糊

4.3.3 处理文字信息

步骤01 选中模糊图像，单击工具箱中的【透明度工具】▨按钮，将其【透明度】更改为60，如图4.73所示。

步骤02 单击工具箱中的【文本工具】字按钮，在适当的位置输入文字（汉真广标、方正兰亭中粗黑_GBK），如图4.74所示。

图4.73 更改透明度　　　图4.74 输入文字

步骤03 选中橘红色图形，单击工具箱中的【交互式填充工具】◇按钮，再单击属性栏中的【渐变填充】▨按钮，在图形上拖动，填充黄色（R:246, G:203, B:123）到红色（R:212,

G:37, B:14）的线性渐变，如图4.75所示。

步骤04 单击工具箱中的【矩形工具】□按钮，在部分文字位置绘制一个矩形，设置其【填充】为无，【轮廓】为红色（R:202, G:36, B:21），【宽度】为细线，如图4.76所示。

图4.75 填充渐变　　　图4.76 绘制矩形

步骤05 执行菜单栏中的【文件】|【导入】命令，选择"调用素材\第4章\家装节优惠活动banner设计\红包.png"文件，单击【导入】按钮，在图像左侧位置单击，导入素材，如图4.77所示。

步骤06 执行菜单栏中的【位图】|【模糊】|【动态模糊】命令，在弹出的对话框中将【间距】更改为20像素，【方向】更改为30，完成之后单击【确定】按钮，如图4.78所示。

图4.77 导入素材

图4.78 添加动态模糊

步骤07 将红包图像复制多份，并为其他部分图像添加动态模糊效果，这样就完成了效果的制作，如图4.79所示。

图4.79 最终效果

提示与技巧

为部分图像添加动态模糊后，如果图像超出广告图范围，可执行菜单栏中的【对象】|【PowerClip】|【置于图文框内部】命令，将图像置于图文框内部即可。

4.4 | 光棍盛宴促销广告图设计

设计构思

本例讲解光棍盛宴促销广告图设计，此款广告图在制作过程中主要突出图像的视觉冲击力，以多种图形元素与文字相结合，完美表现出促销的主题，最终效果如图4.80所示。

- 难易程度：★★★☆☆
- 最终文件：源文件\第4章\光棍盛宴促销广告图设计.cdr
- 视频位置：movie\4.4 光棍盛宴促销广告图设计.avi

图4.80 最终效果

操作步骤

4.4.1 制作主视觉背景

步骤01 单击工具箱中的【交互式填充工具】按钮，再单击属性栏中的【渐变填充】按钮，在图形上拖动，填充黄色（R:255, G:171, B:122）到橙色（R:233, G:73, B:41）的椭圆形渐变，如图4.81所示。

图4.81 填充渐变

步骤02 单击工具箱中的【椭圆形工具】○按钮，按住Ctrl键绘制一个正圆，设置其【填充】为紫色（R:69, G:31, B:153），【轮廓】为无，如图4.82所示。

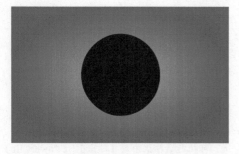

图4.82 绘制正圆

步骤03 单击工具箱中的【矩形工具】□按钮，绘制一个矩形并旋转移至紫色图形下方，设置其【填充】为白色，【轮廓】为无，如图4.83所示。

图4.83 绘制矩形

步骤04 选中矩形图形，单击工具箱中的【透明度工具】▨按钮，在属性栏中将【合并模式】更改为柔光，【透明度】更改为50，如图4.84所示。

图4.84 更改透明度

步骤05 单击工具箱中的【矩形工具】□按钮，在矩形靠顶部位置绘制一个矩形并旋转，设置其【填充】为白色，【轮廓】为无，如图4.85所示。

图4.85 绘制矩形

步骤06 单击工具箱中的【形状工具】按钮，拖动矩形左下角节点，将其转换为圆角矩形，如图4.86所示。

步骤07 选中圆角矩形，单击工具箱中的【透明度工具】▨按钮，在属性栏中将【合并模式】更改为柔光，【透明度】更改为50，如图4.87所示。

图4.86 转换为圆角矩形　　图4.87 更改透明度

步骤08 选中圆角矩形并按住左键，向右侧移动后单击鼠标右键将其复制，如图4.88所示。

图4.88 复制图形

4.4.2 绘制装饰元素

步骤01 单击工具箱中的【椭圆形工具】〇按钮，按住Ctrl键绘制一个正圆，设置其【填充】为黄色（R:252，G:251，B:57），【轮廓】为无，如图4.89所示。

步骤02 选中正圆，按Ctrl+C组合键复制，按Ctrl+V组合键粘贴。按住Alt键单击正圆，选中下方图形，将其【填充】更改为黄色（R:237，G:166，B:12），并向右侧稍微移动，如图4.90所示。

图4.89 绘制正圆　　　　图4.90 复制图形

步骤03 单击工具箱中的【文本工具】**字**按钮，在适当的位置输入文字（微软雅黑 粗体），如图4.91所示。

图4.91 输入文字

步骤04 同时选中两个圆及文字，按Ctrl+G组合键组合对象，按住鼠标左键移动将其复制数份并适当旋转及缩放，如图4.92所示。

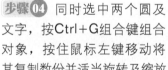

图4.92 复制图形

步骤05 单击工具箱中的【2点线工具】✎按钮，绘制一条线段，设置其【轮廓】为黄色（R:252，G:251，B:57），【宽度】为1，如图4.93所示。

图4.93 绘制线段

步骤06 将线段复制数份，如图4.94所示。

图4.94 复制线段

步骤07 同时选中所有超出广告图轮廓的图形，执行菜单栏中的【对象】|【PowerClip】|【置于图文框内部】命令，将图形放置到下方矩形内部，如图4.95所示。

图4.95 置于图文框内部

步骤08 单击工具箱中的【椭圆形工具】〇按钮，按住Ctrl键绘制一个正圆，设置其【填充】为无，【轮廓】为冰蓝色（R:153，G:255，B:255），【宽度】为1。执行菜单栏中的【对象】|【将轮廓转换为对象】命令，如图4.96所示。

步骤09 单击工具箱中的【矩形工具】□按钮，绘制一个矩形，如图4.97所示。

图4.96 绘制正圆　　　　图4.97 绘制矩形

步骤⑩ 同时选中矩形及下方正圆，单击属性栏中的【修剪】🗗按钮，对图形进行修剪，再将不需要的图形删除，如图4.98所示。

图4.98 修剪图形

4.4.3 处理主视觉文字

步骤① 单击工具箱中的【文本工具】**字**按钮，在适当的位置输入文字（MStiffHei PRC UltraBold），如图4.99所示。

步骤② 单击工具箱中的【贝塞尔工具】✏️按钮，沿文字边缘绘制一个不规则图形并移至文字下方，设置其【填充】为紫色（R:45, G:10, B:98），【轮廓】为无，如图4.100所示。

图4.99 输入文字　　　　图4.100 绘制图形

步骤③ 单击工具箱中的【文本工具】**字**按钮，在图形上方输入文字（方正兰亭中粗黑_GBK），如图4.101所示。

图4.101 输入文字

步骤④ 单击工具箱中的【矩形工具】□按钮，绘制一个矩形，设置其【填充】为黄色（R:252, G:251, B:57），【轮廓】为无，如图4.102所示。

步骤⑤ 单击鼠标右键，从弹出的快捷菜单中选择【转换为曲线】命令，转换为曲线。

步骤⑥ 单击工具箱中的【钢笔工具】🖊按钮，在矩形左侧边缘中间位置单击添加节点，如图4.103所示。

图4.102 绘制矩形　　　　图4.103 添加节点

提示与技巧

按Ctrl+Shift+O组合键可快速执行【转换为曲线】命令。

步骤⑦ 单击工具箱中的【形状工具】✎按钮，选中节点并向内侧拖动，将其变形，如图4.104所示。

步骤⑧ 以同样的方法在矩形右侧相对位置添加节点并将其变形，如图4.105所示。

图4.104 添加节点　　　　图4.105 将图形变形

步骤09 选中图形，按Ctrl+C组合键复制，按Ctrl+V组合键粘贴。按住Alt键单击图形，选中下方图形，单击工具箱中的【透明度工具】▨按钮，在属性栏中将【合并模式】更改为柔光，并将其向右下方移动，如图4.106所示。

步骤10 单击工具箱中的【文本工具】**字**按钮，在适当的位置输入文字（方正正粗黑简体），如图4.107所示。

图4.108 绘制图形

步骤12 将三角形复制多份，将其放在图像适当位置并旋转及缩放，这样就完成了效果的制作，如图4.109所示。

图4.106 复制图形　　　　图4.107 输入文字

步骤11 单击工具箱中的【贝塞尔工具】✐按钮，绘制一个三角形，设置其【填充】为冰蓝色（R:153, G:255, B:255），【轮廓】为无，如图4.108所示。

图4.109 最终效果

4.5 手机购物欢迎页设计

设计构思

本例讲解手机购物欢迎页设计，以手机购物主题为主视觉，在制作过程中采用纹理化背景与彩色化图形相结合，完美表现出购物的氛围，最终效果如图4.110所示。

- 难易程度：★★★★☆
- 调用素材：调用素材\第4章\手机购物欢迎页设计
- 最终文件：源文件\第4章\手机购物欢迎页设计.cdr
- 视频位置：movie\4.5 手机购物欢迎页设计.avi

图4.110 最终效果

4.5.1 处理店铺背景

步骤01 单击工具箱中的【矩形工具】□按钮，绘制一个【宽度】为254，【高度】为452的矩形，按Ctrl+C组合键复制，如图4.111所示。

步骤02 执行菜单栏中的【文件】|【导入】命令，选择"调用素材\第4章\手机购物欢迎页设计\纹理.jpg"文件，单击【导入】按钮，在页面矩形位置单击，导入素材，如图4.112所示。

图4.111 绘制矩形　　　　图4.112 导入素材

步骤03 选中图像，执行菜单栏中的【对象】|【PowerClip】|【置于图文框内部】命令，将图像放置到矩形内部，再将矩形【轮廓】更改为无，如图4.113所示。

图4.113 置于图文框内部

步骤04 按Ctrl+V组合键粘贴矩形，并将粘贴的矩形【填充】更改为紫色（R:38，G:5，

B:59），如图4.114所示。

步骤05 选中图形，单击工具箱中的【透明度工具】▨按钮，在属性栏中将【合并模式】更改为叠加，如图4.115所示。

图4.114 复制图形　　　图4.115 更改合并模式

步骤06 选中矩形，按Ctrl+C组合键复制，按Ctrl+V组合键粘贴，单击工具箱中的【透明度工具】▨按钮，将粘贴的矩形【透明度】更改为30，如图4.116所示。

图4.116 复制图形

步骤07 单击工具箱中的【椭圆形工具】○按钮，在矩形左上角按住Ctrl键绘制一个正圆，设置其【填充】为白色，【轮廓】为无，如图4.117所示。

步骤08 选中正圆，单击工具箱中的【透明度工具】▨按钮，在属性栏中将【合并模式】更改为叠加，如图4.118所示。

图4.117 绘制正圆　　　图4.118 更改合并模式

步骤09 选中正圆并按住鼠标左键，向右侧移动后单击鼠标右键将其复制。同时选中两个正圆，执行菜单栏中的【对象】|【PowerClip】|【置于图文框内部】命令，将图形放置到下方图像内部，如图4.119所示。

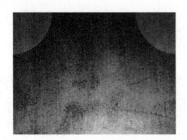

图4.119 置于图文框内部

步骤10 单击工具箱中的【2点线工具】✐按钮，绘制一条线段，设置其【轮廓】为白色，【宽度】为3，如图4.120所示。

步骤11 选中线段，单击工具箱中的【透明度工具】▨按钮，在属性栏中将【合并模式】更改为叠加，如图4.121所示。

图4.120 绘制线段　　　图4.121 更改合并模式

步骤12 执行菜单栏中的【文件】|【打开】命令，选择"调用素材\第4章\手机购物欢迎页设计\电话和相机.cdr"文件，单击【打开】按钮，将打开的素材拖入当前页面中界面左上角和右上角位置，并将颜色更改为白色，如图4.122所示。

步骤13 同时选中两个图标，单击工具箱中的【透明度工具】▨按钮，在属性栏中将【合并模式】更改为柔光，如图4.123所示。

图4.122 打开素材　　　图4.123 更改合并模式

4.5.2 处理素材及文字

步骤01 执行菜单栏中的【文件】|【打开】命令，选择"调用素材\第4章\手机购物欢迎页设计\手机.cdr"文件，单击【打开】按钮，将打开的素材拖入当前页面中界面中间靠底部位置，如图4.124所示。

步骤02 选中手机图像，执行菜单栏中的【对象】|【PowerClip】|【置于图文框内部】命令，将图像放置到下方图像内部，如图4.125所示。

图4.124 添加素材　　　图4.125 置于图文框内部

步骤 03 单击工具箱中的【文本工具】**字**按钮，在适当的位置输入文字（汉仪菱心体简、方正兰亭中粗黑_），如图4.126所示。

步骤 04 同时选中所有文字，在对象中间位置单击，拖动右侧控制点，将其斜切变形，如图4.127所示。

图4.126 输入文字　　　　图4.127 将文字斜切变形

步骤 05 单击工具箱中的【贝塞尔工具】按钮，绘制一个不规则图形，设置其【填充】为无，【轮廓】为蓝色（R:0, G:23, B:83），【宽度】为5，如图4.128所示。

步骤 06 在图形内部再绘制两条短线段，如图4.129所示。

图4.128 绘制图形　　　　图4.129 绘制短线段

步骤 07 选中图文，按Ctrl+C组合键复制，按Ctrl+V组合键粘贴。按Ctrl+G组合键组合对象，将对象中文字、图形及线段颜色更改为白色，如图4.130所示。

步骤 08 执行菜单栏中的【位图】|【转换为位图】命令，在弹出的对话框中分别选中【光滑处理】及【透明背景】复选框，完成之后单击【确定】按钮，再将其移至原文字和对象下方。

步骤 09 执行菜单栏中的【位图】|【模糊】|【高斯式模糊】命令，在弹出的对话框中将【半径】更改为3像素，完成之后单击【确定】按钮。

步骤 10 单击工具箱中的【透明度工具】按钮，在属性栏中将【合并模式】更改为叠加，制作阴影效果，如图4.131所示。

图4.130 复制图文　　　　图4.131 制作阴影

步骤 11 单击工具箱中的【矩形工具】□按钮，绘制一个矩形，设置其【填充】为蓝色（R:0, G:23, B:83），【轮廓】为无，如图4.132所示。

步骤 12 单击工具箱中的【形状工具】按钮，拖动矩形右上角节点，将其转换为圆角矩形，如图4.133所示。

图4.132 绘制矩形　　　　图4.133 转换为圆角矩形

步骤 13 单击工具箱中的【星形工具】☆按钮，在圆角矩形左侧绘制一个星形，设置其【填充】为白色，【轮廓】为无，如图4.134所示。

步骤 14 选中星形并按住鼠标左键，向右侧移动后单击鼠标右键将其复制，如图4.135所示。

图4.134 绘制星形　　　　图4.135 复制图形

步骤⑮ 单击工具箱中的【文本工具】**字**按钮，在适当的位置输入文字（方正兰亭中粗黑_GBK），如图4.136所示。

步骤⑯ 同时选中图形及文字，在对象中间位置单击，拖动右侧控制点，将其斜切变形，如图4.137所示。

图4.136 输入文字　　图4.137 将图文变形

4.5.3 制作标签

步骤01 单击工具箱中的【矩形工具】□按钮，绘制一个矩形，设置其【填充】为橙色（R:255, G:187, B:2），【轮廓】为无，如图4.138所示。

步骤02 选中矩形，按Ctrl+C组合键复制，按Ctrl+V组合键粘贴，将粘贴的矩形【填充】更改为橙色（R:254, G:155, B:0）并移至原矩形下方，适当缩短其宽度及向左侧平移，如图4.139所示。

图4.138 绘制矩形　　图4.139 复制图形

步骤03 在短矩形上单击鼠标右键，从弹出的快捷菜单中选择【转换为曲线】命令，转换为曲线。

步骤04 单击工具箱中的【钢笔工具】✎按钮，在矩形左侧边缘中间单击添加节点，如图4.140所示。

步骤05 单击工具箱中的【形状工具】✎按钮，拖动节点，将图形变形，如图4.141所示。

图4.140 添加节点　　图4.141 拖动节点

步骤06 单击工具箱中的【贝塞尔工具】✎按钮，在两个图形之间绘制一个不规则图形，设置其【填充】为橙色（R:179, G:87, B:0），【轮廓】为无，如图4.142所示。

步骤07 同时选中两个图形并按住鼠标左键，向右侧移动后单击鼠标右键将其复制，单击属性栏中的【水平镜像】◖◗按钮，将其水平镜像，如图4.143所示。

图4.142 绘制图形　　图4.143 复制图形

步骤08 单击工具箱中的【文本工具】**字**按钮，在适当的位置输入文字（方正兰亭中粗黑），如图4.144所示。

步骤09 同时选中所有和标签相关的图文，在对象中间位置单击，拖动右侧控制点，将其斜切变形，这样就完成了效果的制作，如图4.145所示。

图4.144 将图文斜切变形　　　图4.145 最终效果

4.6 旅行折扣促销图设计

设计构思

　　本例讲解旅行折扣促销图设计，该促销图形以城市剪影为主体背景，通过绘制大降价图形，完美表现出促销图形的特征，最终效果如图4.146所示。

- 难易程度：★★★☆☆
- 调用素材：调用素材\第4章\旅行折扣促销图设计
- 最终文件：源文件\第4章\旅行折扣促销图设计.cdr
- 视频位置：movie\4.6 旅行折扣促销图设计.avi

图4.146 最终效果

操作步骤

4.6.1 制作背景

步骤01 单击工具箱中的【矩形工具】□按钮，按住Ctrl键绘制一个矩形，设置其【填充】为紫色（R:65, G:61, B:112），【轮廓】为无，如图4.147所示。

图4.147 绘制矩形

步骤02 执行菜单栏中的【文件】|【打开】命令，选择"调用素材\第4章\旅行折扣促销图设计\剪影.cdr"文件，单击【打开】按钮，将打开的文件拖入当前页面中，如图4.148所示。

图4.148 添加素材

步骤03 选中剪影图形，单击工具箱中的【透明度工具】▨按钮，在属性栏中将【合并模式】更改为柔光，【透明度】更改为50，如图4.149所示。

图4.149 更改合并模式

步骤04 单击工具箱中的【椭圆形工具】○按钮，绘制一个椭圆，设置其【填充】为紫色

（R:133, G:128, B:210），【轮廓】为无，如图4.150所示。

步骤05 将椭圆复制多份，并将部分图形适当缩放，如图4.151所示。

图4.150 绘制椭圆　　　　图4.151 复制图形

步骤06 选中所有超出下方矩形的图形，执行菜单栏中的【对象】|【PowerClip】|【置于图文框内部】命令，将图形放置到下方矩形内部，如图4.152所示。

图4.152 置于图文框内部

4.6.2 制作箭头

步骤01 单击工具箱中的【贝塞尔工具】✒按钮，绘制一个不规则图形，设置其【填充】为红色（R:232, G:60, B:124），【轮廓】为无。

步骤02 在图形底部绘制一个三角形，如图4.153所示。

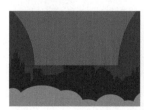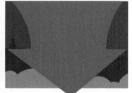

图4.153 绘制图形

步骤03 选中两个图形，单击属性栏中的【合并】⬚按钮，将图形合并。按Ctrl+C组合键复制，按Ctrl+V组合键粘贴，将粘贴的图形【填充】更改为白色并等比例缩小，如图4.154所示。

步骤04 执行菜单栏中的【位图】|【转换为位图】命令，在弹出的对话框中分别选中【光滑处理】及【透明背景】复选框，完成之后单击【确定】按钮。

步骤05 执行菜单栏中的【位图】|【模糊】|【高斯式模糊】命令，在弹出的对话框中将【半径】更改为80像素，完成之后单击【确定】按钮，如图4.155所示。

图4.154 复制图形

图4.155 添加高斯模糊

步骤06 选中白色图像，单击工具箱中的【透明度工具】按钮，在属性栏中将【合并模式】更改为柔光，【透明度】更改为70，如图4.156所示。

步骤07 选中下方红色图形，单击工具箱中的【阴影工具】按钮，拖动添加阴影，在属性栏中将【阴影的不透明度】更改为30，【阴影羽化】更改为10，如图4.157所示。

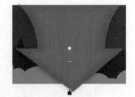

图4.156 更改合并模式   图4.157 添加阴影

4.6.3 输入文字信息

步骤01 同时选中两个图形，执行菜单栏中的【对象】|【PowerClip】|【置于图文框内部】命令，将图形放置到下方矩形内部，如图4.158所示。

步骤02 单击工具箱中的【文本工具】**字**按钮，在适当的位置输入文字（方正兰亭中粗黑_GBK），如图4.159所示。

图4.158 置于图文框内部   图4.159 输入文字

步骤03 单击工具箱中的【2点线工具】按钮，绘制一条线段，设置其【轮廓】为红色（R:148, G:15, B:63），【宽度】为5，如图4.160所示。

步骤04 选中线段并按住鼠标左键，向下方移动后单击鼠标右键将其复制，将复制生成的线段【宽度】更改为1，如图4.161所示。

步骤05 同时选中两条线段并按住鼠标左键，向下方拖动后单击鼠标右键将其复制，单击属性栏中的【垂直镜像】按钮，将其垂直镜像，如图4.162所示。

图4.162 复制线段

步骤06 单击工具箱中的【星形工具】☆按钮，按住Ctrl键绘制一个星形，设置其【填充】为红色（R:148, G:15, B:63），【轮廓】为无，如图4.163所示。

步骤07 选中星形并按住鼠标左键，向左侧移动后单击鼠标右键将其复制，如图4.164所示。

图4.163 绘制星形   图4.164 复制图形

步骤08 按Ctrl+D组合键将星形再复制一份，如图4.165所示。

图4.160 绘制线段   图4.161 复制线段

步骤09 单击工具箱中的【2点线工具】✏按钮，在星形左侧位置绘制一条线段，设置其【轮廓】为红色（R:148, G:15, B:63），【宽度】为0.5，如图4.166所示。

步骤10 同时选中线段及星形并按住鼠标左键，向下方拖动后单击鼠标右键将其复制，单击属性栏中的【水平镜像】┅按钮，将图形水平镜像，如图4.167所示。

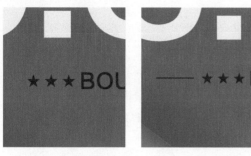

图4.165 复制图形　　图4.166 绘制线段

图4.167 复制图形

4.6.4 制作小标签

步骤01 单击工具箱中的【椭圆形工具】○按钮，按住Ctrl键绘制一个正圆，设置其【填充】为黄色（R:254, G:240, B:164），【轮廓】为无，如图4.168所示。

步骤02 单击工具箱中的【贝塞尔工具】✐按钮，在正圆左下角绘制一个不规则图形，设置其【填充】为黄色（R:254, G:240, B:164），【轮廓】为无，如图4.169所示。

步骤04 单击工具箱中的【文本工具】**字**按钮，在适当的位置输入文字（方正兰亭中粗黑_GBK），如图4.171所示。

图4.170 复制图形　　图4.171 输入文字

步骤05 将输入的文字适当旋转，这样就完成了效果的制作，如图4.172所示。

图4.168 复制正圆　　图4.169 绘制图形

步骤03 同时选中两个图形，单击属性栏中的【合并】┗┓按钮，将两个图形合并，按Ctrl+C组合键复制，按Ctrl+V组合键粘贴，将原图形【填充】更改为黄色（R:194, G:115, B:50），再将粘贴的图形向右稍微移动，如图4.170所示。

图4.172 最终效果

4.7 手机节日主题店铺装修设计

设计构思

　　本例讲解手机节日主题店铺装修设计，该设计重点在于突出手机店铺装修的特点，以节日主题为主线，通过绘制装饰元素及主视觉图像，完成整个店铺装修的制作，最终效果如图4.173所示。

- 难易程度：★★★★☆
- 调用素材：调用素材\第4章\手机节日主题店铺装修设计
- 最终文件：源文件\第4章\手机节日主题店铺装修设计.cdr
- 视频位置：movie\4.7 手机节日主题店铺装修设计.avi

图4.173 最终效果

操作步骤

4.7.1 处理状态信息

步骤01 单击工具箱中的【矩形工具】□按钮，绘制一个【宽度】为265，【高度】为470的矩形，设置其【填充】为灰色（R:240, G:240, B:240），【轮廓】为无，如图4.174所示。

步骤02 选中矩形，按Ctrl+C组合键复制，按Ctrl+V组合键粘贴，将粘贴的矩形更改为白色并缩小其高度，如图4.175所示。

图4.174 绘制矩形　　　　　图4.175 缩小高度

步骤03 单击工具箱中的【椭圆形工具】○ 按钮，绘制一个椭圆，设置其【填充】为蓝色（R:0，G:183，B:237），【轮廓】为无，如图 4.176所示。

步骤04 选中图形，执行菜单栏中的【对象】|【PowerClip】|【置于图文框内部】命令，将图像放置到矩形内部，如图4.177所示。

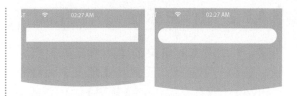

图4.179 绘制矩形 图4.180 转换为圆角矩形

步骤08 执行菜单栏中的【文件】|【打开】命令，选择"调用素材\第4章\手机节日主题店铺装修设计\搜索.cdr"文件，单击【打开】按钮，将打开的素材拖入当前页面中圆角矩形位置，如图4.181所示。

步骤09 单击工具箱中的【文本工具】**字**按钮，在适当的位置输入文字（方正兰亭黑_GBK），如图4.182所示。

图4.176 绘制椭圆 图4.177 置于图文框内部

步骤05 执行菜单栏中的【文件】|【打开】命令，选择"调用素材\第4章\手机节日主题店铺装修设计\状态栏.cdr"文件，单击【打开】按钮，将打开的素材拖入当前页面中图形顶部位置，如图4.178所示。

图4.181 添加素材 图4.182 输入文字

步骤10 单击工具箱中的【贝塞尔工具】 ∕ 按钮，绘制一个三角形，设置其【填充】为无，【轮廓】为白色，【宽度】为0.75，如图4.183所示。

图4.178 添加素材

步骤06 单击工具箱中的【矩形工具】□按钮，绘制一个矩形，设置其【填充】为白色，【轮廓】为无，如图4.179所示。

步骤07 单击工具箱中的【形状工具】 ⬚ 按钮，拖动矩形右上角节点，将其转换为圆角矩形，如图4.180所示。

图4.183 绘制图形

4.7.2 制作主标题

步骤01 单击工具箱中的【矩形工具】□按钮，绘制一个矩形，设置其【填充】为红色（R:245, G:77, B:95），【轮廓】为无，如图4.184所示。

步骤02 单击工具箱中的【形状工具】按钮，拖动矩形右上角节点，将其转换为圆角矩形，如图4.185所示。

图4.184 绘制矩形　　　图4.185 转换为圆角矩形

步骤03 选中圆角矩形，按Ctrl+C组合键复制，按Ctrl+V组合键粘贴，将粘贴的图形【填充】更改为红色（R:237, G:90, B:112）并适当缩小，如图4.186所示。

步骤04 执行菜单栏中的【文件】|【导入】命令，选择"调用素材\第4章\手机节日主题店铺装修设计\饼干.jpg"文件，单击【导入】按钮，在圆角矩形位置单击，导入素材，如图4.187所示。

图4.186 复制图形　　　图4.187 导入素材

步骤05 选中饼干图像，单击工具箱中的【透明度工具】按钮，在属性栏中将【合并模式】更改为柔光。

步骤06 执行菜单栏中的【对象】|【PowerClip】|【置于图文框内部】命令，将图像放置到矩形内部，如图4.188所示。

步骤07 单击工具箱中的【文本工具】**字**按钮，在适当的位置输入文字（VAGRounded BT、迷你简胖娃），如图4.189所示。

图4.188 置于图文框内部　　　图4.189 输入文字

步骤08 选中【517】，单击工具箱中的【交互式填充工具】按钮，再单击属性栏中的【渐变填充】按钮，在图形上拖动，填充黄色（R:255, G:226, B:163）到黄色（R:242, G:121, B:51）的线性渐变。

步骤09 单击工具箱中的【阴影工具】按钮，拖动添加阴影，在属性栏中将【阴影的不透明度】更改为100，【阴影羽化】更改为5，【合并模式】更改为柔光；以同样的方法为【吃货盛宴】文字添加相同阴影，如图4.190所示。

图4.190 添加渐变及阴影

步骤10 单击工具箱中的【星形工具】☆按钮，在属性栏中将【边数】更改为4，【锐度】更改为30，绘制一个星形，设置其【填充】为黄色（R:255, G:255, B:0），【轮廓】为无，如图4.191所示。

步骤11 选中星形并按住鼠标左键，向右下角移动后单击鼠标右键将其复制，将复制生成的星形更改为白色并等比例缩小，如图4.192所示。

图4.191 绘制星形　　　　图4.192 复制图形

步骤12 以同样的方法将星形复制数份，如图4.193所示。

图4.193 复制图形

4.7.3 制作交互图标

步骤01 单击工具箱中的【椭圆形工具】○按钮，按住Ctrl键绘制一个正圆，设置其【填充】为黄色（R:254，G:185，B:46），【轮廓】为无，如图4.194所示。

步骤02 选中正圆并按住鼠标左键，向右侧移动后单击鼠标右键将其复制，如图4.195所示。

图4.194 绘制正圆　　　　图4.195 复制图形

步骤03 按Ctrl＋D组合键将图形复制多份，同时选中所有正圆，以刚才同样的方法将其向下移动复制一份，如图4.196所示。

图4.196 复制图形

步骤04 分别将复制生成的正圆更改为不同的颜色，如图4.197所示。

步骤05 执行菜单栏中的【文件】|【打开】命令，选择"调用素材\第4章\手机节日主题店铺装修设计\应用图标.cdr"文件，单击【打开】按钮，将打开的素材拖入当前页面中正圆位置，如图4.198所示。

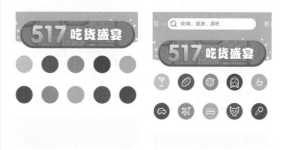

图4.197 更改颜色　　　　图4.198 添加素材

步骤06 单击工具箱中的【文本工具】**字**按钮，在适当的位置输入文字（方正兰亭黑_GBK），如图4.199所示。

图4.199 输入文字

步骤07 单击工具箱中的【矩形工具】□按钮，在应用图标下方绘制一个矩形，设置其【填充】为白色，【轮廓】为无，如图4.200所示。

步骤08 选中矩形并按住鼠标左键，向右侧移动后单击鼠标右键将其复制，如图4.201所示。

图4.200 绘制矩形　　　　图4.201 复制图形

4.7.4 添加店铺详细信息

步骤01 单击工具箱中的【文本工具】**字**按钮，输入文字（MStiffHei PRC UltraBold），如图4.202所示。

步骤02 在【团购】文字上双击，拖动右侧控制点，将其斜切变形；以同样的方法将【热点】文字斜切变形，如图4.203所示。

图4.202 输入文字 　　　　图4.203 将文字斜切变形

步骤03 执行菜单栏中的【文件】|【打开】命令，选择"调用素材\第4章\手机节日主题店铺装修设计\喇叭.cdr"文件，单击【打开】按钮，将打开的素材拖入当前页面中并更改其颜色，如图4.204所示。

步骤04 单击工具箱中的【文本工具】**字**按钮，在适当的位置输入文字（方正兰亭黑_GBK），如图4.205所示。

图4.204 添加素材　　　　图4.205 输入文字

步骤05 单击工具箱中的【矩形工具】□按钮，按住Ctrl键绘制一个矩形，设置其【填充】为红色（R:254, G:68, B:81），【轮廓】为无，如图4.206所示。

步骤06 单击工具箱中的【文本工具】**字**按钮，在适当的位置输入文字（方正兰亭黑_GBK），如图4.207所示。

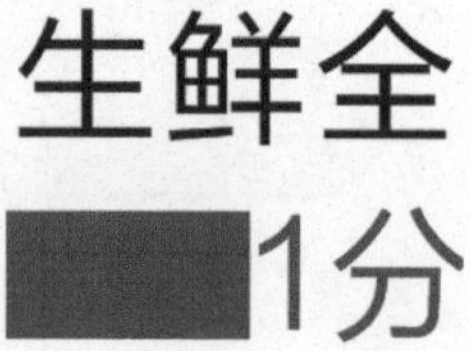

图4.206 绘制矩形 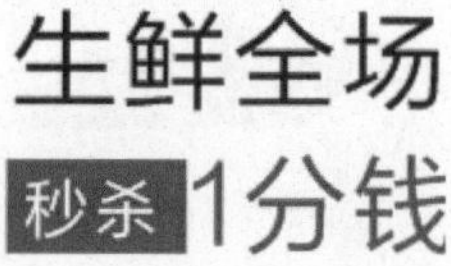　　　　图4.207 输入文字

步骤07 单击工具箱中的【矩形工具】□按钮，在刚才输入的文字下方绘制一个矩形，设置其【填充】为白色，【轮廓】为无，如图4.208所示。

步骤08 选中矩形并按住鼠标左键，向右侧移动后单击鼠标右键将其复制，如图4.209所示。

图4.208 绘制矩形　　　　图4.209 复制图形

步骤 09 执行菜单栏中的【文件】|【导入】命令，选择"调用素材\第4章\手机节日主题店铺装修设计\草莓.png、鞋子.png"文件，单击【导入】按钮，分别在刚才绘制的矩形适当位置单击，导入素材，如图4.210所示。

步骤 10 单击工具箱中的【文本工具】**字**按钮，在适当的位置输入文字（方正兰亭黑_GBK、时尚中黑简体），如图4.211所示。

图4.210 导入素材　　　图4.211 输入文字

步骤 11 单击工具箱中的【矩形工具】□按钮，在刚才导入的素材图像下方绘制一个矩形，设置其【填充】为白色，【轮廓】为无。

步骤 12 执行菜单栏中的【文件】|【导入】命令，选择"调用素材\第4章\手机节日主题店铺装修设计\礼物.png、优惠信息.png"文件，单击【导入】按钮，在绘制的矩形适当位置单击，导入素材，如图4.212所示。

步骤 13 单击工具箱中的【文本工具】**字**按钮，在适当的位置输入文字（方正兰亭黑_GBK、时尚中黑简体），如图4.213所示。

图4.212 导入素材　　　图4.213 输入文字

步骤 14 单击工具箱中的【矩形工具】□按钮，在刚才输入的文字位置绘制一个矩形，设置其【填充】为无，【轮廓】为红色（R:254, G:68, B:81），【宽度】为0.2，如图4.214所示。

步骤 15 单击工具箱中的【形状工具】⬚按钮，拖动矩形右上角节点，将其转换为圆角矩形，如图4.215所示。

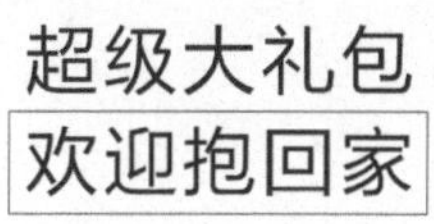

超级大礼包
欢迎抱回家

超级大礼包
欢迎抱回家

图4.214 绘制矩形 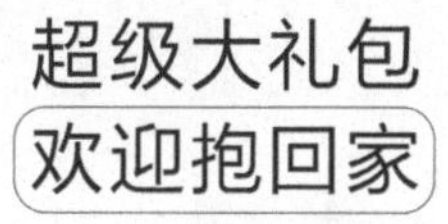　　　图4.215 转换为圆角矩形

步骤 16 单击工具箱中的【矩形工具】□按钮，在界面底部绘制一个与其宽度相同的矩形，设置其【填充】为浅蓝色（R:245, G:253, B:255），【轮廓】为无，如图4.216所示。

步骤 17 执行菜单栏中的【文件】|【打开】命令，选择"调用素材\第4章\手机节日主题店铺装修设计\界面状态图标.cdr"文件，单击【打开】按钮，将打开的素材拖入当前页面中界面底部位置，如图4.217所示。

图4.216 绘制矩形　　　图4.217 添加素材

步骤 18 单击工具箱中的【文本工具】**字**按钮，在适当的位置输入文字（方正兰亭黑_GBK），如图4.218所示。

步骤 19 同时选中最左侧的图标及文字，将其颜色更改为红色（R:254, G:68, B:81），这样就完成了效果的制作，如图4.219所示。

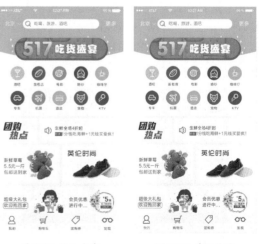

图4.218 输入文字　　　图4.219 最终效果

4.8 手机运动店铺装修设计

设计构思

　　本例讲解手机运动店铺装修设计，该设计思路十分前卫，以双色作为对比，完美衬托出背景的主题性，将色彩化图形与店铺装修元素相结合，最终效果如图4.220所示。

- 难易程度：★★★★☆
- 调用素材：调用素材\第4章\手机运动店铺装修设计
- 最终文件：源文件\第4章\手机运动店铺装修设计.cdr
- 视频位置：movie\4.8 手机运动店铺装修设计.avi

图4.220 最终效果

操作步骤

4.8.1 处理主视觉图像

步骤01 单击工具箱中的【矩形工具】□按钮，绘制一个【宽度】为254，【高度】为452的矩形，设置其【填充】为紫色（R:76, G:22, B:159），【轮廓】为无，如图4.221所示。

步骤02 选中矩形，按Ctrl+C组合键复制，按Ctrl+V组合键粘贴，将粘贴的矩形【填充】更改为蓝色（R:76, G:22, B:189）并缩短其高度，如图4.222所示。

图4.221 绘制矩形　　　图4.222 复制图形

步骤03 选中矩形，单击工具箱中的【透明度工具】▨按钮，在图形上拖动，降低其透明度，如图4.223所示。

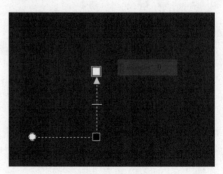

图4.223 降低透明度

步骤04 单击工具箱中的【表格】田按钮，绘制一个表格，在属性栏中将【行数】更改为10，【列数】更改为15，如图4.224所示。

步骤05 执行菜单栏中的【对象】|【拆分表

格】命令，将表格【轮廓】更改为白色，如图4.225所示。

图4.224 绘制表格　　　图4.225 更改颜色

步骤06 选中表格图像，执行菜单栏中的【效果】|【添加透视】命令，按住Ctrl+Shift组合键将矩形透视变形，如图4.226所示。

步骤07 单击工具箱中的【透明度工具】▨按钮，在图像上拖动，降低其透明度，如图4.227所示。

图4.226 将图形透视变形　　　图4.227 降低透明度

步骤08 选中图像，执行菜单栏中的【对象】|【PowerClip】|【置于图文框内部】命令，将图像放置到下方图形内部，如图4.228所示。

图4.228 置于图文框内部

步骤09 单击工具箱中的【椭圆形工具】○按钮，绘制一个椭圆，设置其【填充】为紫色（R:181，G:14，B:237），【轮廓】为无，按Ctrl+C组合键复制，如图4.229所示。

步骤10 执行菜单栏中的【位图】|【转换为位图】命令，在弹出的对话框中分别选中【光滑处理】及【透明背景】复选框，完成之后单击【确定】按钮。

步骤11 执行菜单栏中的【位图】|【模糊】|【高斯式模糊】命令，在弹出的对话框中将【半径】更改为200像素，完成之后单击【确定】按钮，如图4.230所示。

图4.229 绘制椭圆　　　图4.230 添加高斯模糊

步骤12 执行菜单栏中的【位图】|【模糊】|【动态模糊】命令，在弹出的对话框中将【间距】更改为999像素，【方向】更改为90，完成之后单击【确定】按钮，如图4.231所示。

步骤13 按Ctrl+V组合键粘贴椭圆，将其向右侧平移，并更改其【填充】为青色（R:0，G:234，B:248），如图4.232所示。

图4.231 添加动态模糊　　　图4.232 复制椭圆

步骤14 以同样的方法将青色椭圆转换为位图，并分别为其添加高斯模糊及动态模糊，如图4.233所示。

步骤15 选中青色图像，单击工具箱中的【透明度工具】▨按钮，在图像上拖动，降低其透明度，如图4.234所示。

步骤16 执行菜单栏中的【文件】|【导入】命令，选择"调用素材\第4章\手机运动店铺装修设计\颜料.png"文件，单击【导入】按钮，在界面中间单击，导入素材，如图4.235所示。

图4.233 添加模糊效果　　　　图4.234 降低透明度

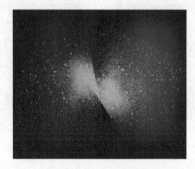

图4.235 导入素材

步骤17 选中图像，单击工具箱中的【透明度工具】按钮，在属性栏中将【合并模式】更改为添加，如图4.236所示。

步骤18 单击工具箱中的【透明度工具】按钮，分别单击属性栏中【渐变透明度】及【椭圆形渐变透明度】按钮，在图像上拖动，降低边缘透明度，如图4.237所示。

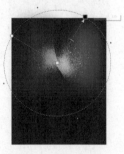

图4.236 更改合并模式　　　　图4.237 降低透明度

步骤19 执行菜单栏中的【文件】|【导入】命令，选择"调用素材\第4章\手机运动店铺装修设计\运动鞋.png"文件，单击【导入】按钮，在界面中间单击，导入素材，如图4.238所示。

步骤20 单击工具箱中的【椭圆形工具】〇按钮，绘制一个椭圆，设置其【填充】为蓝色（R:15, G:18, B:45），【轮廓】为无，如图4.239所示。

图4.238 导入素材　　　　图4.239 绘制椭圆

步骤21 执行菜单栏中的【位图】|【转换为位图】命令，在弹出的对话框中分别选中【光滑处理】及【透明背景】复选框，完成之后单击【确定】按钮。

步骤22 执行菜单栏中的【位图】|【模糊】|【高斯式模糊】命令，在弹出的对话框中将【半径】更改为30像素，完成之后单击【确定】按钮，如图4.240所示。

步骤23 执行菜单栏中的【位图】|【模糊】|【动态模糊】命令，在弹出的对话框中将【间距】更改为500像素，【方向】更改为0，完成之后单击【确定】按钮，如图4.241所示。

图4.240 添加高斯模糊　　　　图4.241 添加动态模糊

步骤24 选中图像，单击工具箱中的【透明度工具】按钮，将【透明度】更改为50，如图4.242所示。

图4.242 降低透明度

4.8.2 添加信息

步骤01 单击工具箱中的【矩形工具】□按钮，绘制一个矩形并移至运动鞋图像下方，设置其【填充】为紫色（R:181, G:14, B:237），【轮廓】为无，如图4.243所示。

步骤02 选中矩形，单击工具箱中的【透明度工具】▨按钮，在图形上拖动，降低其透明度，如图4.244所示。

图4.243 绘制矩形　　　　图4.244 降低透明度

步骤03 以同样的方法在右侧绘制一个青色（R:0, G:174, B:248）矩形，并降低其透明度，如图4.245所示。

步骤04 单击工具箱中的【文本工具】**字**按钮，在适当的位置输入文字（MStiffHei PRC

UltraBold），如图4.246所示。

图4.245 绘制矩形　　　　图4.246 输入文字

步骤05 在左侧文字上双击，拖动右侧控制点，将其斜切变形；以同样的方法将右侧文字斜切变形，如图4.247所示。

图4.247 将文字变形

4.8.3 绘制优惠券

步骤01 单击工具箱中的【矩形工具】□按钮，绘制一个矩形，设置其【填充】为紫色（R:90, G:19, B:185），【轮廓】为无，如图4.248所示。

步骤02 按Ctrl+C组合键复制矩形，按Ctrl+V组合键粘贴矩形。将粘贴的矩形【填充】更改为橙色（R:254, G:147, B:2），再将其等比例缩小并向左侧平移，如图4.249所示。

步骤03 单击工具箱中的【椭圆形工具】○按钮，在橙色矩形左上角按住Ctrl键绘制一个小正圆，设置其【填充】为黑色，【轮廓】为无，如图4.250所示。

图4.248 绘制矩形　　　　图4.249 复制矩形

步骤04 选中小正圆并按住鼠标左键，向下方移动后单击鼠标右键将其复制，如图4.251所示。

图4.250 绘制正圆　　　　图4.251 复制图形

步骤05 按Ctrl+D组合键将图像复制多份。同时选中所有小正圆并按住鼠标左键，向右侧移动后单击鼠标右键将其复制，如图4.252所示。

图4.252 复制图形

步骤06 同时选中两侧小正圆及橙色矩形，单击属性栏中的【修剪】□按钮，对图形进行修剪，再将不需要的小正圆删除，如图4.253所示。

步骤07 选中橙色图形并按住鼠标左键，向右侧移动后单击鼠标右键将其复制，如图4.254所示。

图4.253 修剪图形　　　　图4.254 复制图形

步骤08 按Ctrl+D组合键将图形再次复制一份，如图4.255所示。

步骤09 分别将右侧两个图形【填充】更改为红色（R:255，G:82，B:76）和蓝色（R:66，G:112，B:251），如图4.256所示。

图4.255 复制图形　　　　图4.256 更改颜色

步骤10 单击工具箱中的【文本工具】**字**按钮，在适当的位置输入文字（方正兰亭中粗黑_GBK、方正兰亭黑_GBK），如图4.257所示。

步骤11 单击工具箱中的【矩形工具】□按钮，在文字下方绘制一个矩形，设置其【填充】为黑色，【轮廓】为无，如图4.258所示。

图4.257 输入文字　　　　图4.258 绘制矩形

步骤12 单击工具箱中的【形状工具】按钮，拖动矩形右上角节点，将其转换为圆角矩形，如图4.259所示。

步骤13 单击工具箱中的【文本工具】**字**按钮，在圆角矩形位置输入文字（方正兰亭黑_GBK），如图4.260所示。

图4.259 转换为圆角矩形　　　　图4.260 输入文字

步骤14 同时选中橙色图形上所有图文并按住鼠标左键，向右侧移动后单击鼠标右键将其复制，并更改复制生成的文字信息；按Ctrl+D组合键再次复制多份并更改信息，如图4.261所示。

步骤⑮ 单击工具箱中的【矩形工具】□按钮，绘制一个矩形，设置其【填充】为紫色（R:90, G:19, B:185），【轮廓】为无，如图4.262所示。

图4.261 复制图文　　图4.262 绘制矩形

4.8.4 添加图文信息

步骤① 单击工具箱中的【椭圆形工具】○按钮，在矩形左侧按住Ctrl键绘制一个正圆，设置其【填充】为紫色（R:90, G:19, B:185），【轮廓】为无，如图4.263所示。

步骤② 单击工具箱中的【贝塞尔工具】╱按钮，在正圆位置绘制一个箭头样式线段，设置其【填充】为无，【轮廓】为白色，【宽度】为1，如图4.264所示。

图4.263 绘制正圆　　图4.264 绘制线段

步骤③ 同时选中正圆及其上方线段并按住鼠标左键，向右侧移动后单击鼠标右键将其复制，单击属性栏中的【水平镜像】◁▷按钮，将其水平镜像，如图4.265所示。

图4.265 复制图形

步骤④ 单击工具箱中的【多边形工具】○按钮，按住Ctrl键绘制一个多边形，设置其【填充】为白色，【轮廓】为白色，【宽度】为2，如图4.266所示。

步骤⑤ 选中图形，执行菜单栏中的【对象】|【将轮廓转换为对象】命令，将轮廓转换为对象；单击工具箱中的【透明度工具】▨按钮，在属性栏中将【合并模式】更改为柔光，如图4.267所示。

图4.266 绘制图形　　图4.267 更改合并模式

步骤⑥ 选中两个图形并按住鼠标左键，向右侧移动后单击鼠标右键将其复制，按Ctrl+D组合键将对象再次复制一份，如图4.268所示。

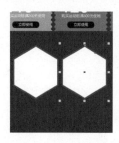

图4.268 复制图形

步骤⑦ 执行菜单栏中的【文件】|【导入】命令，选择"调用素材\第4章\手机运动店铺装修设计\黄色鞋子.jpg"文件，单击【导入】按钮，在最左侧多边形位置单击，导入素材，如图4.269所示。

步骤⑧ 选中图像，执行菜单栏中的【对象】|【PowerClip】|【置于图文框内部】命令，将图形放置到多边形内部，如图4.270所示。

图4.269 导入素材　　　图4.270 置于图文框内部

步骤09 执行菜单栏中的【文件】|【导入】命令，选择"调用素材\第4章\手机运动店铺装修设计\银色鞋子.jpg、蓝色鞋子.jpg"文件，单击【导入】按钮，在其他两个多边形位置单击，执行【置于图文框内部】命令，如图4.271所示。

图4.271 导入素材

步骤10 单击工具箱中的【矩形工具】□按钮，绘制一个矩形，设置其【填充】为白色，【轮廓】为无，如图4.272所示。

步骤11 单击工具箱中的【形状工具】\按钮，拖动矩形右上角节点，将其转换为圆角矩形，如图4.273所示。

图4.272 绘制矩形　　　图4.273 转换为圆角矩形

步骤12 选中圆角矩形并按住鼠标左键，向右侧移动后单击鼠标右键将其复制，按Ctrl+D组合键将对象再次复制1份，如图4.274所示。

步骤13 单击工具箱中的【文本工具】**字**按钮，在适当的位置输入文字（方正兰亭黑_GBK），如图4.275所示。

图4.274 复制图形　　　图4.275 输入文字

步骤14 单击工具箱中的【矩形工具】□按钮，在图像下方绘制一个矩形，设置其【填充】为紫色（R:90, G:19, B:185），【轮廓】为无，如图4.276所示。

步骤15 单击工具箱中的【文本工具】**字**按钮，在适当的位置输入文字（方正兰亭中粗黑），如图4.277所示。

图4.276 绘制矩形　　　图4.277 输入文字

步骤16 单击工具箱中的【2点线工具】✎按钮，在文字左侧绘制一条线段，设置其【轮廓】为白色，【宽度】为2，如图4.278所示。

步骤17 选中线段并按住鼠标左键，向右侧移动后单击鼠标右键将其复制，这样就完成了效果的制作，如图4.279所示。

图4.278 绘制线段　　　图4.279 最终效果

第5章
视觉交互图标及界面设计

本章介绍

本章讲解视觉交互图标及界面设计，在当今智能设备流行的时代，各类触摸交互形式几乎随处可见，从智能手机、平板电脑到智能电视机甚至到触摸式车载导航设备等。交互功能的实现是由屏幕图标或控件作为引导进行触发相对应的功能，而界面作为功能呈现的视觉载体，也是必不少的组成部分，比如智能手机中常见的信息图标、照片图标、应用商店图标、音乐电台界面、健身应用界面等，通过对本章内容的学习，可以掌握常见的视觉交互图标及界面设计。

要点索引

- 学习信息图标的制作
- 学习温度计应用图标的制作
- 掌握云存储图标的制作方法
- 了解应用商店图标的制作过程
- 学会制作主题市场应用界面
- 学习待机主题界面的制作
- 了解健身应用界面的制作过程

5.1 信息图标设计

设计构思

　　本例讲解信息图标设计，该图标色彩十分柔和，在制作过程中以两个正圆相组合，同时对细节图形进行修剪，完美表现出图标的特点，最终效果如图5.1所示。

- 难易程度：★★☆☆☆
- 最终文件：源文件\第5章\信息图标设计.cdr
- 视频位置：movie\5.1 信息图标设计.avi

图5.1 最终效果

操作步骤

步骤01 单击工具箱中的【椭圆形工具】○按钮，按住Ctrl键绘制一个正圆，设置其【轮廓】为无。

步骤02 单击工具箱中的【交互式填充工具】◇按钮，再单击属性栏中的【渐变填充】▰按钮，在图形上拖动，填充紫色（R:254, G:240, B:239）到紫色（R:239, G:161, B:245）的线性渐变，如图5.2所示。

步骤03 选中图形，按Ctrl+C组合键复制，按Ctrl+V组合键粘贴，将其渐变颜色更改为紫色（R:235, G:142, B:252）到紫色（R:166, G:124, B:254），并等比例缩小，并如图5.3所示。

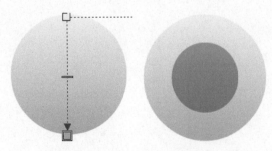

图5.2 填充渐变　　　　图5.3 复制图形

步骤04 单击工具箱中的【贝塞尔工具】✐按钮，

在正圆左下角绘制一个不规则图形，如图5.4所示。

步骤05 同时选中正圆及左下角图形，单击属性栏中的【合并】⛶按钮，将图形合并，如图5.5所示。

图5.4 绘制图形　　　　图5.5 合并图形

步骤06 单击工具箱中的【椭圆形工具】○按钮，按住Ctrl键绘制一个正圆，设置其【轮廓】为无。

步骤07 单击工具箱中的【交互式填充工具】◇按钮，再单击属性栏中的【渐变填充】▰按钮，在图形上拖动，填充紫色（R:252, G:215, B:246）到紫色（R:253, G:165, B:251）的线性渐变，如图5.6所示。

步骤08 选中小正圆并按住鼠标左键，向右侧移动后单击鼠标右键，复制图形；按Ctrl+D组合键将图形再次复制一份，这样就完成了的效果制作，如图5.7所示。

图5.6 绘制图形　　　　图5.7 最终效果

5.2　温度计应用图标设计

设计构思

　　本例讲解温度计应用图标设计，该图标以圆角矩形作为轮廓图形，以漂亮的温度计图形作为辅助图形，最终效果如图5.8所示。

- 难易程度：★★★☆☆
- 最终文件：源文件\第5章\温度计应用图标设计.cdr
- 视频位置：movie\5.2 温度计应用图标设计.avi

图5.8 最终效果

操作步骤

步骤01 单击工具箱中的【矩形工具】□按钮，按住Ctrl键绘制一个矩形，设置其【填充】为灰色（R:232, G:232, B:236），【轮廓】为无，如图5.9所示。

步骤02 单击工具箱中的【形状工具】按钮，拖动矩形右上角节点，将其转换为圆角矩形，如图5.10所示。

图5.9 绘制矩形　　　　图5.10 转换为圆角矩形

步骤03 单击工具箱中的【椭圆形工具】○按钮，按住Ctrl键绘制一个正圆，设置其【填充】

为灰色（R:213, G:212, B:217），【轮廓】为无，如图5.11所示。

步骤04 单击工具箱中的【2点线工具】✏按钮，绘制一条线段，设置其【轮廓】为灰色（R:213, G:212, B:217），【宽度】为12。

步骤05 在【轮廓笔】面板中单击【圆形端头】按钮，完成之后按Enter键确认，如图5.12所示。

图5.11 绘制正圆　　　　图5.12 绘制线段

步骤06 单击工具箱中的【椭圆形工具】○按钮，按住Ctrl键绘制一个正圆，设置其【填充】为红色（R:199, G:74, B:80），【轮廓】为无，如图5.13所示。

步骤07 单击工具箱中的【矩形工具】□按钮，绘制一个矩形，如图5.14所示。

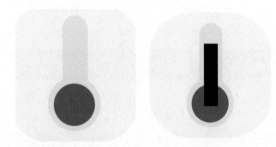

图5.13 绘制正圆　　　　　图5.14 绘制矩形

步骤08 同时选中矩形及其下方正圆，单击属性栏中的【合并】⬡按钮，将图形合并，如图5.15所示。

图5.15 合并图形

步骤09 单击工具箱中的【椭圆形工具】○按钮，按住Ctrl键绘制一个正圆，设置其【填充】为白色，【轮廓】为无，如图5.16所示。

图5.16 绘制正圆

步骤10 选中图形，单击工具箱中的【透明度工具】▨按钮，在图形上拖动，降低其透明度，如图5.17所示。

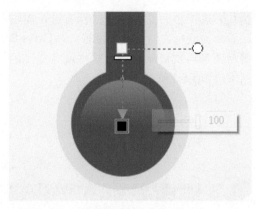

图5.17 降低图形透明度

步骤11 单击工具箱中的【2点线工具】✎按钮，绘制一条线段，设置其【轮廓】为灰色（R:179, G:179, B:179），【宽度】为1，如图5.18所示。

步骤12 选中线段并按住鼠标左键，向下方垂直移动后单击鼠标右键将其复制；按Ctrl+D组合键将其再复制两份，如图5.19所示。

图5.18 绘制线段　　　　　图5.19 复制线段

步骤13 选中所有线段并按住鼠标左键，向右侧平移后单击鼠标右键将其复制，这样就完成了效果的制作，如图5.20所示。

图5.20 最终效果

5.3 简洁照片图标设计

设计构思

　　本例讲解简洁照片图标设计，该图标在制作过程中以矩形为基础图形，通过将其变形并绘制装饰图像，完成整个图标的制作，最终效果如图5.21所示。

- 难易程度：★★☆☆☆
- 最终文件：源文件\第5章\简洁照片图标设计.cdr
- 视频位置：movie\5.3 简洁照片图标设计.avi

图5.21 最终效果

操作步骤

步骤01 单击工具箱中的【矩形工具】□按钮，按住Ctrl键绘制一个矩形，设置其【轮廓】为无。

步骤02 单击工具箱中的【交互式填充工具】◇按钮，再单击属性栏中的【渐变填充】▧按钮，在图形上拖动，填充紫色（R:81, G:73, B:199）到紫色（R:180, G:110, B:255）的线性渐变，如图5.22所示。

步骤03 单击工具箱中的【形状工具】✎按钮，拖动矩形右上角节点，将其转换为圆角矩形，如图5.23所示。

图5.22 填充渐变　　　　图5.23 转换为圆角矩形

步骤04 单击工具箱中的【贝塞尔工具】✐按钮，在图形底部绘制一个不规则图形，设置其【填充】为白色，【轮廓】为无，如图5.24所示。

步骤05 选中图形，单击工具箱中的【透明度工具】▨按钮，在属性栏中将【合并模式】更改为叠加，如图5.25所示。

图5.24 绘制图形　　　　图5.25 更改合并模式

步骤06 选中图形并按住鼠标左键，向右侧移动后单击鼠标右键，复制图形；再单击属性栏中的【水平镜像】◫按钮，将图形水平镜像，如图5.26所示。

步骤07 将复制生成的图形【透明度】更改为40，如图5.27所示。

 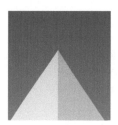

图5.26 复制图形　　　　图5.27 更改透明度

步骤08 同时选中两个图形并按住鼠标左键，向右侧移动后单击鼠标右键，复制图形。单击工具箱中的【透明度工具】▨按钮，在属性栏中将【合并模式】更改为正常，再将图形等比例放大，如图5.28所示。

步骤09 执行菜单栏中的【对象】|【PowerClip】|【置于图文框内部】命令,将图形放置到圆角矩形内部,如图5.29所示。

图5.28 复制图形

图5.29 置于图文框内部

步骤10 单击工具箱中的【椭圆形工具】○按钮,按住Ctrl键绘制一个正圆,设置其【填充】为白色,【轮廓】为无。选中正圆,按Ctrl+C组合键复制,按Ctrl+V组合键粘贴,如图5.30所示。

步骤11 按住Alt键在正圆上单击,选中其下方

图形,执行菜单栏中的【位图】|【转换为位图】命令,在弹出的对话框中分别选中【光滑处理】及【透明背景】复选框,完成之后单击【确定】按钮。

步骤12 执行菜单栏中的【位图】|【模糊】|【高斯式模糊】命令,在弹出的对话框中将【半径】更改为100像素,完成之后单击【确定】按钮,这样就完成了效果的制作,如图5.31所示。

图5.30 绘制图形

图5.31 最终效果

5.4 云存储图标设计

设计构思

本例讲解云存储图标设计,该图标在制作过程中以金属质感云图形作为主视觉,将彩色圆角矩形作为底座,整个图标具有很强的科技感,最终效果如图5.32所示。

- 难易程度:★★★☆☆
- 最终文件:源文件\第5章\云存储图标设计.cdr
- 视频位置:movie\5.4 云存储图标设计.avi

图5.32 最终效果

操作步骤

步骤01 单击工具箱中的【矩形工具】□按钮,按住Ctrl键绘制一个矩形,设置其【轮廓】为无。

步骤02 单击工具箱中的【交互式填充工具】◇按钮,再单击属性栏中的【渐变填充】▨按钮,在图形上拖动,填充紫色(R:227, G:186, B:254)到紫色(R:101, G:61, B:160)的线性渐变,如图5.33所示。

步骤03 单击工具箱中的【形状工具】按钮，拖动矩形右上角节点，将其转换为圆角矩形，如图5.34所示。

图5.33 填充渐变　　图5.34 转换为圆角矩形

步骤04 单击工具箱中的【椭圆形工具】○按钮，绘制一个椭圆，设置其【填充】为青色（R:0, G:206, B:243），【轮廓】为无，如图5.35所示。

步骤05 执行菜单栏中的【位图】|【转换为位图】命令，在弹出的对话框中分别选中【光滑处理】及【透明背景】复选框，完成之后单击【确定】按钮。

步骤06 执行菜单栏中的【位图】|【模糊】|【高斯式模糊】命令，在弹出的对话框中将【半径】更改为200像素，完成之后单击【确定】按钮，如图5.36所示。

图5.35 绘制椭圆　　图5.36 添加高斯模糊

步骤07 执行菜单栏中的【位图】|【模糊】|【动态模糊】命令，在弹出的对话框中将【间距】更改为400像素，【方向】更改为90，完成之后单击【确定】按钮，如图5.37所示。

步骤08 选中图像，执行菜单栏中的【对象】|【PowerClip】|【置于图文框内部】命令，将图形放置到矩形内部，如图5.38所示。

图5.37 添加动态模糊　　图5.38 置于图文框内部

步骤09 单击工具箱中的【椭圆形工具】○按钮，在图标底部绘制一个椭圆，设置其【填充】为蓝色（R:6, G:17, B:88），【轮廓】为无，如图5.39所示。

步骤10 以刚才同样的方法将椭圆转换为位图，分别添加高斯模糊及动态模糊，如图5.40所示。

图5.39 绘制椭圆　　图5.40 添加模糊效果

步骤11 单击工具箱中的【矩形工具】□按钮，按住Ctrl键绘制一个矩形，设置其【填充】为白色，【轮廓】为无，如图5.41所示。

步骤12 单击工具箱中的【形状工具】按钮，拖动矩形右上角节点，将其转换为圆角矩形，如图5.42所示。

图5.41 绘制矩形　　图5.42 转换为圆角矩形

步骤13 单击工具箱中的【椭圆形工具】○按钮，在圆角矩形右上角按住Ctrl键绘制一个正圆，在左上角再次绘制一个正圆，如图5.43所示。

图5.43 绘制正圆

步骤14 在两个正圆之间再次绘制一个正圆。选中4个图形，单击属性栏中的【合并】按钮，将图形合并，如图5.44所示。

步骤⑮ 单击工具箱中的【椭圆形工具】○按钮，按住Ctrl键绘制一个正圆，设置其【轮廓】为无。

步骤⑯ 单击工具箱中的【交互式填充工具】◇按钮，再单击属性栏中的【渐变填充】▨按钮，在图形上拖动，填充灰色系的圆锥形渐变，以制作金属拉丝图像，如图5.45所示。

步骤⑰ 选中金属拉丝图像，执行菜单栏中的【对象】|【PowerClip】|【置于图文框内部】命令，将图形放置到云图像内部，这样就完成了效果的制作，如图5.46所示。

图5.44 绘制正圆

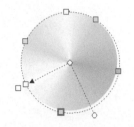

图5.45 制作金属拉丝图像

图5.46 最终效果

5.5 无线应用图标设计

设计构思

本例讲解无线应用图标设计，其制作过程比较简单，首先将两个图形组合，然后添加无线符号即可完成图标制作，最终效果如图5.47所示。

- 难易程度：★★★☆☆
- 最终文件：源文件\第5章\无线应用图标设计.cdr
- 视频位置：movie\5.5 无线应用图标设计.avi

图5.47 最终效果

操作步骤

步骤① 单击工具箱中的【矩形工具】□按钮，按住Ctrl键绘制一个矩形，设置其【填充】为蓝色（R:102, G:153, B:255），【轮廓】为无，如图5.48所示。

步骤② 单击工具箱中的【形状工具】↖按钮，拖动矩形右上角节点，将其转换为圆角矩形，如图5.49所示。

图5.48 绘制矩形

图5.49 转换为圆角矩形

步骤03 单击工具箱中的【矩形工具】□按钮，绘制一个矩形，设置其【填充】为黄色（R:255, G:255, B:0），【轮廓】为无，如图5.50所示。

步骤04 选中矩形，执行菜单栏中的【对象】|【PowerClip】|【置于图文框内部】命令，将其放置到圆角矩形内部，如图5.51所示。

图5.50 绘制矩形 　　　　图5.51 置于图文框内部

步骤05 单击工具箱中的【矩形工具】□按钮，绘制一个矩形，设置其【填充】为黑色，【轮廓】为无，如图5.52所示。

步骤06 执行菜单栏中的【效果】|【添加透视】命令，按住Ctrl+Shift组合键将矩形透视变形，如图5.53所示。

图5.52 绘制矩形 　　　　图5.53 添加透视

步骤07 单击工具箱中的【交互式填充工具】◇按钮，再单击属性栏中的【渐变填充】◢按钮，在图形上拖动，填充橙色（R:255, G:132, B:0）到黄色（R:255, G:184, B:0）的线性渐变，如图5.54所示。

步骤08 单击工具箱中的【贝塞尔工具】✐按钮，绘制一条弧形线段，设置其【轮廓】为白色，【宽度】为10，在【轮廓笔】面板中单击【圆形端头】⬭按钮，完成之后按Enter键确认，如图5.55所示。

图5.54 绘制矩形 　　　　图5.55 绘制弧线

步骤09 选中弧线并按住左键，向下方移动后单击鼠标右键将其复制，然后将复制生成的线段等比例缩小，如图5.56所示。

步骤10 单击工具箱中的【椭圆形工具】○按钮，在弧线下方按住Ctrl键绘制一个正圆，制作出无线符号，如图5.57所示。

图5.56 复制线段 　　　　图5.57 绘制正圆

步骤11 单击工具箱中的【椭圆形工具】○按钮，绘制一个椭圆，设置其【填充】为深黄色（R:150, G:91, B:27），【轮廓】为无，如图5.58所示。

步骤12 执行菜单栏中的【位图】|【转换为位图】命令，在弹出的对话框中分别选中【光滑处理】及【透明背景】复选框，完成之后单击【确定】按钮。

步骤13 执行菜单栏中的【位图】|【模糊】|【高斯式模糊】命令，在弹出的对话框中将【半径】更改为20像素，完成之后单击【确定】按钮，这样就完成了效果的制作，如图5.59所示。

图5.58 绘制椭圆 　　　　图5.59 最终效果

5.6 文件管理图标设计

设计构思

　　本例讲解文件管理图标设计，该图标以黄色矩形为主体轮廓，完美刻画出图标主体特征，然后绘制细节图形完成图标制作，最终效果如图5.60所示。

- 难易程度：★★☆☆☆
- 最终文件：源文件\第5章\文件管理图标设计.cdr
- 视频位置：movie\5.6 文件管理图标设计.avi

图5.60 最终效果

操作步骤

　步骤01 单击工具箱中的【矩形工具】□按钮，按住Ctrl键绘制一个矩形，设置其【填充】为黄色（R:255, G:176, B:0），【轮廓】为深灰色（R:26, G:26, B:26），【宽度】为2，如图5.61所示。

　步骤02 单击工具箱中的【形状工具】（、按钮，拖动矩形右上角节点，将其转换为圆角矩形，如图5.62所示。

图5.61 绘制矩形　　　　图5.62 转换为圆角矩形

　步骤03 单击工具箱中的【矩形工具】□按钮，绘制一个矩形，设置其【填充】为橘红色（R:241, G:70, B:0），【轮廓】为无，如图5.63所示。

　步骤04 单击工具箱中的【形状工具】（、按钮，拖动矩形右上角节点，将其转换为圆角矩形，如图5.64所示。

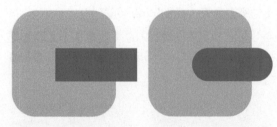

图5.63 绘制矩形　　　　图5.64 转换为圆角矩形

　步骤05 选中圆角矩形，执行菜单栏中的【对象】|【PowerClip】|【置于图文框内部】命令，将图形放置到矩形内部，如图5.65所示。

　步骤06 单击工具箱中的【椭圆形工具】○按钮，按住Ctrl键绘制一个正圆，设置其【填充】为白色，【轮廓】为无，这样就完成了效果的制作，如图5.66所示。

图5.65 置于图文框内部　　图5.66 最终效果

5.7 应用商店图标设计

设计构思

本例讲解应用商店图标设计，该图标在设计过程中以圆角矩形的为主视觉图形，将圆角矩形分割为4种不同的颜色，表现出图标的视觉特点，最终效果如图5.67所示。

- 难易程度：★★☆☆☆
- 最终文件：源文件\第5章\应用商店图标设计.cdr
- 视频位置：movie\5.7 应用商店图标设计.avi

图5.67 最终效果

操作步骤

步骤01 单击工具箱中的【矩形工具】□按钮，按住Ctrl键绘制一个矩形，设置其【填充】为黑色，【轮廓】为无，如图5.68所示。

步骤02 单击工具箱中的【形状工具】↖按钮，拖动矩形右上角节点，将其转换为圆角矩形，如图5.69所示。

图5.68 绘制矩形　　　图5.69 转换为圆角矩形

步骤03 单击工具箱中的【矩形工具】□按钮，在圆角矩形左下角按住Ctrl键绘制一个矩形，设置其【填充】为蓝色（R:86, G:184, B:191），【轮廓】为无，如图5.70所示。

步骤04 选中图形按住鼠标左键，向右侧移动后单击鼠标右键将其复制。将复制生成的矩形更改为红色（R:200, G:114, B:129），如图5.71所示。

图5.70 绘制矩形　　　图5.71 复制图形

步骤05 以同样的方法同时选中两个矩形并向上方复制一份，分别将其【填充】更改为浅绿色（R:185, G:239, B:196）和黄色（R:243, G:197, B:164），如图5.72所示。

步骤06 选中4个矩形，按Ctrl+G组合键组合对象，在属性栏的【旋转角度】文本框中输入45，如图5.73所示。

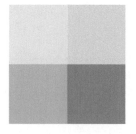

图5.72 复制图形　　　图5.73 旋转图形

步骤07 选中图形，执行菜单栏中的【对象】|【PowerClip】|【置于图文框内部】命令，将图形放置到圆角矩形内部，如图5.74所示。

步骤08 选中图形，将其【填充】更改为无，如图5.75所示。

图5.74 旋转图形　　　　　图5.75 更改填充

步骤09 单击工具箱中的【矩形工具】□按钮，按住Ctrl键绘制一个矩形，设置其【填充】为白色，【轮廓】为无，如图5.76所示。

步骤10 单击工具箱中的【形状工具】⬦.按钮，拖动矩形右上角节点，将其转换为圆角矩形，如图5.77所示。

图5.76 绘制矩形　　　　　图5.77 转换为圆角矩形

步骤11 单击工具箱中的【椭圆形工具】○按钮，绘制一个椭圆，设置其【填充】为无，【轮廓】为白色，【宽度】为1。执行菜单栏中的【对象】|【将轮廓转换为对象】命令。

步骤12 同时选中椭圆及圆角图形，单击属性栏中的【合并】🖵按钮，将图形合并，如图5.78所示。

步骤13 单击工具箱中的【贝塞尔工具】✐按钮，绘制一个三角图形，设置其【填充】为黑色，【轮廓】为无，如图5.79所示。

图5.78 绘制椭圆　　　　　图5.79 绘制三角形

步骤14 同时选中三角形及下方图形，单击属性栏中的【修剪】🖵按钮，对图形进行修剪，并删除不需要的三角形，如图5.80所示。

步骤15 选中购物袋图形，按Ctrl+G组合键组合对象，单击工具箱中的【阴影工具】🖵按钮，拖动添加阴影；在属性栏中将【阴影的不透明度】更改为30，这样就完成了效果的制作，如图5.81所示。

图5.80 修剪图形　　　　　图5.81 最终效果

5.8 游戏应用图标设计

▌设计构思

　　本例讲解游戏应用图标设计，该图标以形象化的卡通企鹅造型为主视觉，首先绘制矩形并转换为圆角矩形，然后绘制企鹅特征图像即可完成效果制作，最终效果如图5.82所示。

- 难易程度：★★★☆☆
- 最终文件：源文件\第5章\游戏应用图标设计.cdr
- 视频位置：movie\5.8 游戏应用图标设计.avi

图5.82 最终效果

操作步骤

步骤01 单击工具箱中的【矩形工具】□按钮，按住Ctrl键绘制一个矩形，设置其【填充】为深灰色（R:34，G:34，B:34），【轮廓】为无，如图5.83所示。

步骤02 单击工具箱中的【形状工具】✎按钮，拖动矩形右上角节点，将其转换为圆角矩形，如图5.84所示。

图5.83 绘制矩形

图5.84 转换为圆角矩形

步骤03 单击工具箱中的【贝塞尔工具】✐按钮，在图形底部绘制一个不规则图形，设置其【填充】为红色（R:255，G:0，B:0），【轮廓】为无，如图5.85所示。

步骤04 选中图形，执行菜单栏中的【对象】|【PowerClip】|【置于图文框内部】命令，将图像放置到下方圆角矩形内部，如图5.86所示。

图5.85 绘制图形

图5.86 置于图文框内部

步骤05 单击工具箱中的【椭圆形工具】〇按钮，绘制一个椭圆，设置其【填充】为白色，【轮廓】为无，如图5.87所示。

步骤06 选中椭圆，按Ctrl+C组合键复制，按Ctrl+V组合键粘贴。将粘贴的图形【填充】更改为深灰色（R:34，G:34，B:34）并等比例缩小，如图5.88所示。

图5.87 绘制椭圆 　 图5.88 复制图形

步骤07 按Ctrl+V组合键再次粘贴图形，将粘贴的图形【填充】更改为白色并等比例缩小，如图5.89所示。

步骤08 选中三个椭圆并按住鼠标左键，向右侧移动后单击鼠标右键将其复制，如图5.90所示。

图5.89 粘贴图形 　 图5.90 复制图形

步骤09 单击工具箱中的【贝塞尔工具】 ✐ 按钮，绘制一个不规则图形，设置其【填充】为黄色（R:255, G:191, B:0），【轮廓】为深灰色（R:26, G:26, B:26），【宽度】为2，如图5.91所示。

步骤10 单击工具箱中的【椭圆形工具】 ◯ 按钮，绘制一个椭圆，设置其【填充】为深黄色（R:145, G:46, B:0），【轮廓】为无，如图5.92所示。

步骤11 选中椭圆并按住左键，向上方移动后单击鼠标右键将其复制。将复制生成的图形【填充】更改为任意一种明显的颜色，再放大图形，如图5.93所示。

步骤12 同时选中两个图形，单击属性栏中的【修剪】 ⊡ 按钮，对图形进行修剪，并删除不需要的图形，这样就完成了效果制作，如图5.94所示。

图5.91 绘制图形

图5.92 绘制椭圆

图5.93 绘制椭圆

图5.94 最终效果

5.9 质感音乐播放器图标设计

设计构思

本例讲解质感音乐播放器图标设计，该图标在制作过程中采用质感灰色系作为图标主体色调，将圆角矩形底座与正圆质感图像相结合，整个图标具有出色的科技感与品质感，最终效果图如5.95所示。

- 难易程度：★★★☆☆
- 最终文件：源文件\第5章\质感音乐播放器图标设计.cdr
- 视频位置：movie\5.9 质感音乐播放器图标设计.avi

图5.95 最终效果

操作步骤

步骤01 单击工具箱中的【矩形工具】 □ 按钮，绘制一个矩形，设置其【填充】为无。

步骤02 单击工具箱中的【交互式填充工具】 ◇ 按钮，再单击属性栏中的【渐变填充】 ▰ 按钮，在图形上拖动，填充灰色（R:240, G:240, B:240）到灰色（R:208, G:208, B:208）的线性渐变，如图5.96所示。

步骤03 单击工具箱中的【形状工具】↖按钮，拖动矩形右上角节点，将其转换为圆角矩形，如图5.97所示。

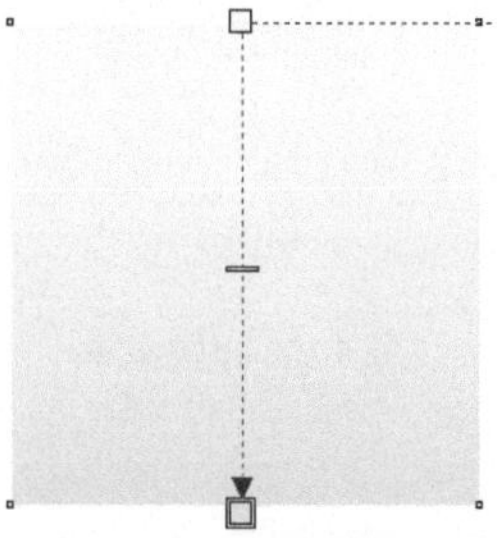

图5.96 填充渐变

图5.97 转换为圆角矩形

步骤04 单击工具箱中的【椭圆形工具】○按钮，按住Ctrl键绘制一个正圆。

步骤05 单击工具箱中的【交互式填充工具】◈按钮，再单击属性栏中的【渐变填充】◢，及【圆锥形渐变填充】▩按钮，在图形上拖动，填充灰色系渐变，如图5.98所示。

步骤06 选中正圆，按Ctrl+C组合键复制，按Ctrl+V组合键粘贴。将粘贴的正圆等比例缩小，并更改其【填充】为黑色，【轮廓】为灰色（R:51, G:51, B:51），【宽度】为2，如图5.99所示。

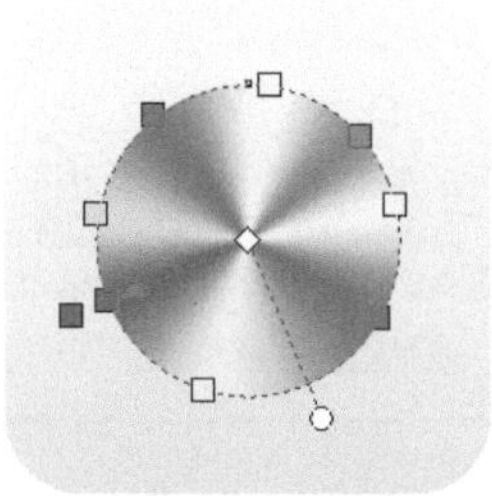

图5.98 填充渐变

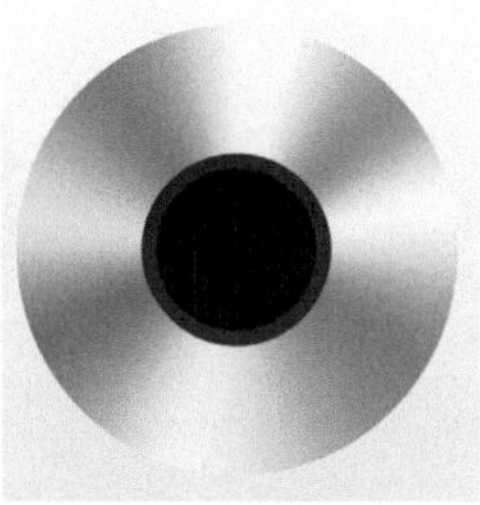

图5.99 复制图形

步骤07 单击工具箱中的【交互式填充工具】◈按钮，再单击属性栏中的【渐变填充】◢按钮，在图形上拖动，填充黄色（R:253, G:191, B:56）到黄色（R:251, G:152, B:59）的线性渐变，如图5.100所示。

步骤08 选中黄色正圆，按Ctrl+C组合键复制，按Ctrl+V组合键粘贴。将粘贴的正圆等比放大，并更改其【填充】为无，【轮廓】为灰色（R:51, G:51, B:51），【宽度】为2，如图5.101所示。

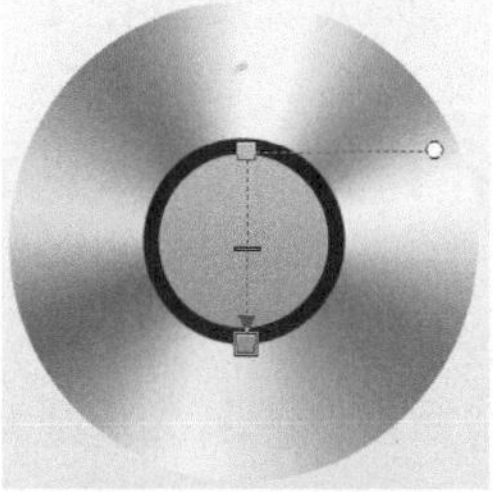

图5.100 填充渐变

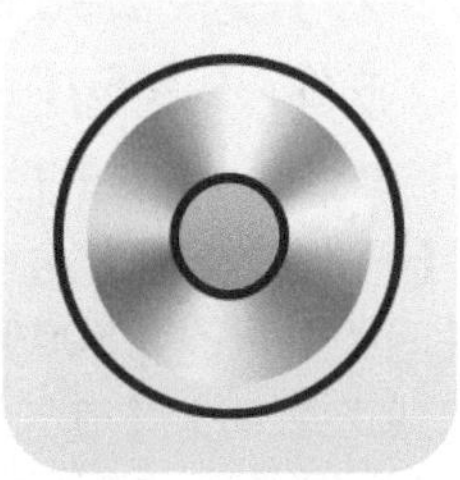

图5.101 等比例缩小

步骤09 选中正圆，执行菜单栏中的【对象】|【将轮廓转换为对象】命令。

步骤10 单击工具箱中的【交互式填充工具】◈按钮，再单击属性栏中的【渐变填充】◢按钮，在图形上拖动，填充黄色（R:251, G:154, B:59）到黄色（R:253, G:190, B:56）的线性渐变，如图5.102所示。

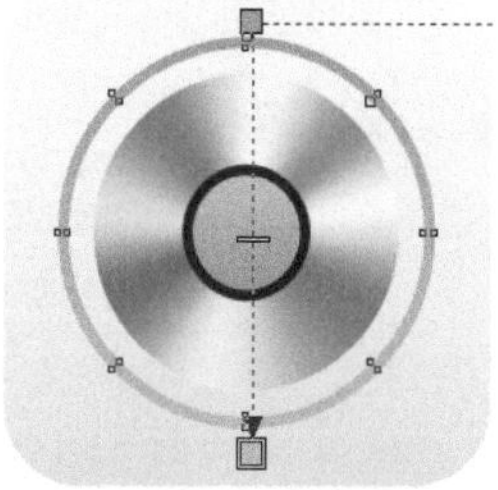

图5.102 填充渐变

步骤11 单击工具箱中的【椭圆形工具】○按钮，在图标底部绘制一个椭圆，设置其【填充】为灰色（R:51, G:51, B:51），【轮廓】为无，如图5.103所示。

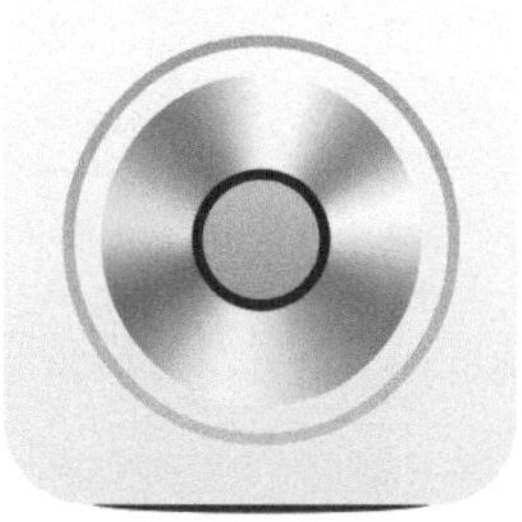

图5.103 绘制椭圆

步骤12 执行菜单栏中的【位图】|【转换为位图】命令，在弹出的对话框中分别选中【光滑处理】及【透明背景】复选框，完成之后单击【确定】按钮。执行菜单栏中的【位图】|【模糊】|【高斯式模糊】命令，在弹出的对话框中将【半径】更改为10像素，完成之后单击【确定】按钮。

步骤13 执行菜单栏中的【位图】|【模糊】|【高斯式模糊】命令，在弹出的对话框中将

【半径】更改为30像素，完成之后单击【确定】按钮，如图5.104所示。

步骤⑭ 执行菜单栏中的【位图】|【模糊】|【高斯式模糊】命令，在弹出的对话框中将【间距】更改为500像素，【方向】更改为0，完成之后单击【确定】按钮，这样就完成了效果的制作，如图5.105所示。

图5.104 添加高斯模糊　　　　图5.105 最终效果

5.10 卡通天气主题界面设计

设计构思

本例讲解卡通天气主题界面设计，该界面以卡通化图形为主视觉，同时添加文字信息并绘制其他细节图像，完成效果制作，最终效果如图5.106所示。

- 难易程度：★★☆☆☆
- 调用素材：调用素材\第5章\卡通天气主题界面设计
- 最终文件：源文件\第5章\卡通天气主题界面设计.cdr
- 视频位置：movie\5.10 卡通天气主题界面设计.avi

图5.106 最终效果

操作步骤

步骤① 单击工具箱中的【矩形工具】□按钮，绘制一个【宽度】为254，【高度】为452的矩形，设置其【填充】为红色（R:255, G:104, B:109），【轮廓】为无，如图5.107所示。

步骤② 单击工具箱中的【贝塞尔工具】✐按钮，绘制一个不规则图形，设置其【填充】为蓝色（R:107, G:219, B:241），【轮廓】为无，如图5.108所示。

图5.107 绘制矩形　　　　图5.108 绘制图形

步骤03 选中图形，执行菜单栏中的【对象】|【PowerClip】|【置于图文框内部】命令，将图像放置到下方矩形内部，如图5.109所示。

步骤04 单击工具箱中的【椭圆形工具】〇按钮，绘制一个椭圆，设置其【填充】为蓝色（R:59, G:181, B:202），【轮廓】为无，如图5.110所示。

图5.109 置于图文框内部　　　　图5.110 绘制椭圆

步骤05 选中椭圆，执行菜单栏中的【对象】|【PowerClip】|【置于图文框内部】命令，将图像放置到下方矩形内部，如图5.111所示。

步骤06 单击工具箱中的【文本工具】**字**按钮，在适当的位置输入文字（方正兰亭中粗黑_GBK），如图5.112所示。

图5.111 置于图文框内部　　　　图5.112 输入文字

步骤07 执行菜单栏中的【文件】|【打开】命令，选择"调用素材\第5章\卡通天气主题界面设计\设置.cdr"文件，单击【打开】按钮，将打开的文件拖入当前页面中界面左上角并更改其颜色为蓝色（R:59, G:181, B:202），如图5.113所示。

步骤08 单击工具箱中的【文本工具】**字**按钮，在适当的位置输入文字（方正兰亭中粗黑_GBK），如图5.114所示。

图5.113 添加素材　　　　图5.114 输入文字

步骤09 单击工具箱中的【椭圆形工具】〇按钮，按住Ctrl键绘制一个正圆，设置其【填充】为黄色（R:254, G:232, B:48），【轮廓】为蓝色（R:62, G:181, B:203），【宽度】为6，如图5.115所示。

步骤10 单击工具箱中的【椭圆形工具】〇按钮，绘制一个椭圆，设置其【填充】为黑色，【轮廓】为无，如图5.116所示。

图5.115 绘制正圆　　　　图5.116 绘制椭圆

步骤11 选中黑色椭圆，单击工具箱中的【透明度工具】▧按钮，在属性栏中将【合并模式】更改为柔光，如图5.117所示。

步骤12 执行菜单栏中的【对象】|【PowerClip】|【置于图文框内部】命令，将图形放置到矩形内部，如图5.118所示。

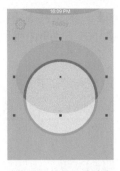

图5.117 更改合并模式　　　图5.118 置于图文框内部

步骤⑬ 单击工具箱中的【椭圆形工具】○按钮，按住Ctrl键绘制一个正圆，设置其【填充】为红色（R:233, G:74, B:70），【轮廓】为无，如图5.119所示。

步骤⑭ 选中正圆并按住鼠标左键，向右侧移动后单击鼠标右键将其复制，如图5.120所示。

图5.119 绘制正圆　　　　图5.120 复制图形

步骤⑮ 单击工具箱中的【2点线工具】✏按钮，绘制一条水平线段，设置其【轮廓】为红色（R:233, G:74, B:70），【宽度】为2，如图5.121所示。

步骤⑯ 单击工具箱中的【贝塞尔工具】✏按钮，在两个正圆之间绘制一条弧形线段，设置其【填充】为无，【轮廓】为红色（R:233, G:74, B:70），【宽度】为2，如图5.122所示。

图5.121 绘制水平线段　　　图5.122 绘制弧形线段

步骤⑰ 单击工具箱中的【文本工具】**字**按钮，在适当的位置输入文字（方正兰亭中粗黑_GBK），如图5.123所示。

图5.123 输入文字

步骤⑱ 执行菜单栏中的【文件】|【打开】命令，选择"调用素材\第5章\卡通天气主题界面设计\天气图示.cdr"文件，单击【打开】按钮，将打开的文件拖入当前页面中界面底部位置，如图5.124所示。

步骤⑲ 分别选中部分图示，并更改为不同的颜色，如图5.125所示。

图5.124 打开素材　　　　图5.125 更改颜色

步骤⑳ 单击工具箱中的【椭圆形工具】○按钮，按住Ctrl键绘制一个正圆，设置其【填充】为白色，【轮廓】为无，如图5.126所示。

步骤㉑ 选中正圆，单击工具箱中的【透明度工具】▩按钮，在属性栏中将【合并模式】更改为柔光，如图5.127所示。

图5.126 绘制正圆　　　　图5.127 更改合并模式

步骤㉒ 选中图形并按住鼠标左键，向右侧移动后单击鼠标右键将其复制；再按Ctrl+D组合键再将图形复制多份，如图5.128所示。

图5.128 复制图形

步骤23 选中最右侧图形，将其【填充】更改为黑色，再单击工具箱中的【透明度工具】✖按钮，将【透明度】更改为40，如图5.129所示。

图5.129 更改颜色

步骤24 单击工具箱中的【文本工具】**字**按钮，在适当的位置输入文字（方正兰亭黑_GBK），这样就完成了效果的制作，如图5.130所示。

图5.130 最终效果

5.11 主题市场应用界面设计

设计构思

本例讲解主题市场应用界面设计，该界面遵循规范化的设计原则，以规范排列的图标与主视觉图像相结合，并加入特定的搜索框，方便快速寻找所需应用，最终效果如图5.131所示。

- 难易程度：★★★★☆
- 调用素材：调用素材\第5章\主题市场应用界面设计
- 最终文件：源文件\第5章\主题市场应用界面设计.cdr
- 视频位置：movie\5.11 主题市场应用界面设计.avi

图5.131 最终效果

5.11.1 制作主视觉图像

步骤01 单击工具箱中的【矩形工具】□按钮，绘制一个【宽度】为254，【高度】为452的矩形，设置其【填充】为白色，【轮廓】为无，按Ctrl+C组合键复制，如图5.132所示。

步骤02 执行菜单栏中的【文件】|【导入】命令，选择"调用素材\第5章\主题市场应用界面设计\游戏截图.jpg"文件，单击【导入】按钮，在页面矩形顶部位置单击，导入素材，如图5.133所示。

图5.132 绘制矩形　　图5.133 导入素材

步骤03 选中图像，单击工具箱中的【透明度工具】▨按钮，将其【透明度】更改为80，如图5.134所示。

步骤04 执行菜单栏中的【对象】|【PowerClip】|【置于图文框内部】命令，将图像放置到下方矩形内部，如图5.135所示。

图5.134 更改透明度　　图5.135 置于图文框内部

步骤05 按Ctrl+V组合键粘贴矩形。将粘贴的矩形【填充】更改为紫色（R:86，G:13，B:181），适当修改其高度，再单击工具箱中的

【透明度工具】▨按钮，将其【透明度】更改为50，如图5.136所示。

步骤06 执行菜单栏中的【文件】|【打开】命令，选择"调用素材\第5章\主题市场应用界面设计\状态栏.cdr"文件，单击【打开】按钮，将打开的文件拖入当前页面中界面顶部位置，如图5.137所示。

图5.136 粘贴图形　　图5.137 添加素材

步骤07 单击工具箱中的【文本工具】**字**按钮，在适当的位置输入文字（方正兰亭黑_GBK），如图5.138所示。

步骤08 单击工具箱中的【2点线工具】✑按钮，在【游戏】文字底部绘制一条线段，设置其【轮廓】为白色，【宽度】为1，如图5.139所示。

图5.138 输入文字　　图5.139 绘制线段

步骤09 执行菜单栏中的【文件】|【打开】命令，选择"调用素材\第5章\主题市场应用界面设计\用户和更多.cdr"文件，单击【打开】按

钮，将打开的文件拖入当前页面中界面顶部左右两侧位置，并更改颜色为白色，如图5.140所示。

图5.140 添加素材

步骤⑩ 单击工具箱中的【矩形工具】□按钮，绘制一个矩形，设置其【填充】为白色，【轮廓】为无，如图5.141所示。

步骤⑪ 单击工具箱中的【形状工具】⬚按钮，拖动矩形右上角节点，将其转换为圆角矩形，如图5.142所示。

图5.141 绘制矩形　　图5.142 转换为圆角矩形

步骤⑫ 执行菜单栏中的【文件】|【打开】命令，选择"调用素材\第5章\主题市场应用界面设计\搜索.cdr"文件，单击【打开】按钮，将打开的文件拖入当前页面中界面圆角矩形左侧位置，如图5.143所示。

步骤⑬ 单击工具箱中的【文本工具】**字**按钮，在适当的位置输入文字（方正兰亭黑_GBK），如图5.144所示。

图5.143 添加素材　　图5.144 输入文字

步骤⑭ 单击工具箱中的【矩形工具】□按钮，绘制一个矩形，设置其【填充】为白色，【轮廓】为无，如图5.145所示。

步骤⑮ 单击工具箱中的【形状工具】⬚按钮，拖动矩形右上角节点，将其转换为圆角矩形，如图5.146所示。

图5.145 绘制矩形　　图5.146 转换为圆角矩形

步骤⑯ 执行菜单栏中的【文件】|【导入】命令，选择"调用素材\第5章\主题市场应用界面设计\游戏截图.jpg"文件，单击【导入】按钮，在圆角矩形位置单击，导入素材，如图5.147所示。

步骤⑰ 执行菜单栏中的【对象】|【PowerClip】|【置于图文框内部】命令，将图像放置到圆角矩形内部，如图5.148所示。

图5.147 导入素材　　图5.148 置于图文框内部

步骤⑱ 选中图像，按Ctrl+C组合键复制，按Ctrl+V组合键粘贴，单击属性栏中的【垂直镜像】⬚按钮，将图像垂直镜像并向下移动，如图5.149所示。

步骤⑲ 选中下方图像，单击【编辑PowerClip】⬚按钮，单击工具箱中的【透明度工具】⬚按钮，在图像上拖动，降低其透明度，以制作倒影效果，如图5.150所示。

图5.149 复制图像　　图5.150 制作倒影

5.11.2 绘制交互图标

步骤01 单击工具箱中的【椭圆形工具】〇按钮，按住Ctrl键绘制一个正圆，设置其【填充】为紫色（R:162, G:142, B:255），【轮廓】为无，如图5.151所示。

步骤02 选中图形并按住鼠标左键，向右侧移动后单击鼠标右键将其复制，如图5.152所示。

图5.151 绘制正圆　　　　图5.152 复制图形

步骤03 按Ctrl+D组合键将图像复制多份，分别将复制生成的正圆更改为不同的颜色，如图5.153所示。

图5.153 复制图形

提示与技巧

在更改颜色时，可随意选择几种颜色。

步骤04 执行菜单栏中的【文件】|【打开】命令，选择"调用素材\第5章\主题市场应用界面设计\交互图标.cdr"文件，单击【打开】按钮，将打开的文件拖入当前页面中正圆位置，更改颜色为白色，如图5.154所示。

步骤05 单击工具箱中的【文本工具】**字**按钮，在适当的位置输入文字（方正兰亭黑_GBK），如图5.155所示。

步骤06 单击工具箱中的【矩形工具】□按钮，在交互图标下方绘制一个矩形，设置其【填充】为浅紫色（R:249, G:242, B:255），【轮廓】为无，如图5.156所示。

步骤07 选中矩形并按住鼠标左键，向右侧移动后单击鼠标右键将其复制，如图5.157所示。

图5.154 打开素材　　　　图5.155 输入文字

图5.156 绘制矩形　　　　图5.157 复制图形

步骤08 执行菜单栏中的【文件】|【打开】命令，选择"调用素材\第5章\主题市场应用界面设计\新品发布.png、排行应用.png"文件，单击【打开】按钮，将打开的文件拖入当前页面中刚才绘制的矩形位置，如图5.158所示。

步骤09 单击工具箱中的【文本工具】**字**按钮，在适当的位置输入文字（方正兰亭中粗黑_GB、方正兰亭黑_GBK），如图5.159所示。

图5.158 导入素材　　　　图5.159 输入文字

步骤10 执行菜单栏中的【文件】|【打开】命令，选择"调用素材\第5章\主题市场应用界面设计\游戏图标.png"文件，单击【打开】按钮，将打开的文件拖入当前页面中刚才绘制的矩形下方位置，如图5.160所示。

步骤11 单击工具箱中的【文本工具】**字**按钮，在适当的位置输入文字（方正兰亭黑_GBK），如图5.161所示。

图5.164 输入文字

图5.160 导入素材　　　**图5.161 输入文字**

步骤12 单击工具箱中的【矩形工具】□按钮，绘制一个矩形，设置其【填充】为紫色（R:152，G:113，B:201），【轮廓】为无，如图5.162所示。

步骤13 单击工具箱中的【形状工具】按钮，拖动矩形右上角节点，将其转换为圆角矩形，如图5.163所示。

步骤15 执行菜单栏中的【文件】|【打开】命令，选择"调用素材\第5章\主题市场应用界面设计\底部图标.cdr"文件，单击【打开】按钮，将打开的文件拖入当前页面中界面底部位置，如图5.165所示。

步骤16 单击工具箱中的【文本工具】**字**按钮，在适当的位置输入文字（方正兰亭黑_GBK），这样就完成了效果的制作，如图5.166所示。

图5.162 绘制矩形　　**图5.163 转换为圆角矩形**

步骤14 单击工具箱中的【文本工具】**字**按钮，在适当的位置输入文字（方正兰亭黑_GBK），如图5.164所示。

图5.165 添加素材　　**图5.166 最终效果**

5.12　音乐电台界面设计

设计构思

　　本例讲解音乐电台界面设计，该界面以精美的电台音乐主题图像为主视觉，通过完美的配色与直观的交互按钮制作出完整的界面效果，最终效果如图5.167所示。

- 难易程度：★★★☆☆
- 调用素材：调用素材\第5章\音乐电台界面设计
- 最终文件：源文件\第5章\音乐电台界面设计.cdr
- 视频位置：movie\5.12 音乐电台界面设计.avi

图5.167 最终效果

操作步骤

5.12.1 制作主题背景

步骤01 单击工具箱中的【矩形工具】□按钮，绘制一个【宽度】为254，【高度】为452的矩形，设置【填充】为白色，【轮廓】为无。

步骤02 单击工具箱中的【矩形工具】□按钮，在矩形顶部绘制一个矩形，设置其【填充】为黑色，【轮廓】为无，如图5.168所示。

图5.168 绘制矩形

步骤03 执行菜单栏中的【文件】|【导入】命令，选择"调用素材\第5章\音乐电台界面设计\状态栏.psd"文件，单击【导入】按钮，在界面顶部位置单击，如图5.169所示。

图5.169 导入素材

步骤04 选中白色矩形，按Ctrl+C组合键复制，按Ctrl+V组合键粘贴，将粘贴的矩形更改为橙色（R:236, G:105, B:65），将矩形高度缩小，如图5.170所示。

步骤05 单击工具箱中的【椭圆形工具】○按钮，按住Ctrl键绘制一个正圆，设置其【填充】为橙色（R:185, G:54, B:15），【轮廓】为无，如图5.171所示。

图5.170 复制图形　　　图5.171 绘制正圆

步骤06 单击工具箱中的【2点线工具】✏按钮，在正圆位置绘制一条线段，设置其【轮廓】为白色，【宽度】为2，如图5.172所示。

步骤07 选中线段并按住鼠标左键，向下方移动后单击鼠标右键将其复制；按Ctrl+D组合键再将其复制一份，如图5.173所示。

图5.172 绘制线段　　　图5.173 再次复制

5.12.2 绘制播放状态图像

步骤01 单击工具箱中的【椭圆形工具】○按钮，按住Ctrl键绘制一个正圆，设置其【填充】为黑色，【轮廓】为橙色（R:236, G:105, B:65），【宽度】为6，如图5.174所示。

步骤02 执行菜单栏中的【文件】|【导入】命令，选择"调用素材\第5章\音乐电台界面设计\专辑封面.jpg"文件，单击【导入】按钮，在正圆位置单击，导入素材，如图5.175所示。

 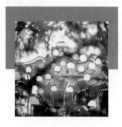

图5.174 绘制正圆　　　　　图5.175 导入素材

步骤03 选中图像，执行菜单栏中的【对象】|【PowerClip】|【置于图文框内部】命令，将图像放置到正圆内部，如图5.176所示。

图5.176 置于图文框内部

提示与技巧

在执行【置于图文框内部】命令，不方便观察箭头时，可以先将素材图像移至一侧，执行完命令再单击图像底部的【选择PowerClip内容】按钮，选中素材图像移至原位置即可。

步骤04 单击工具箱中的【椭圆形工具】○按钮，按住Ctrl键绘制一个正圆，设置其【填充】为橙色（R:236, G:105, B:65），【轮廓】为浅橙色（R:232, G:161, B:138），【宽度】为2，如图5.177所示。

步骤05 选中正圆并按住鼠标左键，向右下角移动后单击鼠标右键将其复制，以同样的方法再复制三份。

步骤06 将中间圆等比例放大，并更改其【填充】为绿色（R:110, G:171, B:56），【轮廓】为浅绿色（R:181, G:232, B:127），如图5.178所示。

图5.177 绘制正圆　　　　　图5.178 复制图形

步骤07 执行菜单栏中的【文件】|【打开】命令，选择"调用素材\第5章\音乐电台界面设计\播放控件图示.cdr"文件，单击【打开】按钮，将打开的文件拖入当前页面中刚才绘制的正圆位置，颜色更改为白色，如图5.179所示。

步骤08 单击工具箱中的【文本工具】**字**按钮，在适当的位置输入文字（Arial），如图5.180所示。

图5.179 添加素材　　　　　图5.180 输入文字

步骤09 选中文字，单击工具箱中的【透明度工具】按钮，在文字上拖动，并将两端透明度色标更改为黑色，降低文字两端的透明度，如图5.181所示。

步骤10 单击工具箱中的【椭圆形工具】○按钮，在界面底部按住Ctrl键绘制一个小正圆，设置其【填充】为无，【轮廓】为灰色（R:153, G:153, B:153），【宽度】为0.2，如图5.182所示。

图5.181 降低文字透明度　　　　　图5.182 绘制图形

步骤 11 选中正圆并按住鼠标左键，向右下角移动后单击鼠标右键将其复制，以同样的方法再复制一份。选中最右侧正圆，将其【填充】更改为灰色（R:179, G:179, B:179），这样就完成了效果的制作，如图5.183所示。

图5.183 最终效果

5.13 待机主题界面设计

设计构思

本例讲解待机主题界面设计，该界面在制作过程中以漂亮的太空图像作为背景，为其添加模糊效果后，再绘制界面控件即可完成效果制作，最终效果如图5.184所示。

- 难易程度：★★★☆☆
- 调用素材：调用素材\第5章\待机主题界面设计
- 最终文件：源文件\第5章\待机主题界面设计.cdr
- 视频位置：movie\5.13 待机主题界面设计.avi

图5.184 最终效果

操作步骤

5.13.1 制作主题背景

步骤 01 单击工具箱中的【矩形工具】□按钮，绘制一个【宽度】为254，【高度】为452的矩形，如图5.185所示。

步骤 02 执行菜单栏中的【文件】|【导入】命令，选择"调用素材\第5章\待机主题界面设计\太空.jpg"文件，单击【导入】按钮，在页面中单击，导入素材，如图5.186所示。

图5.185 绘制矩形

图5.186 导入素材

步骤03 执行菜单栏中的【位图】|【模糊】|【高斯式模糊】命令，在弹出的对话框中将【半径】更改为20像素，完成之后单击【确定】按钮，如图5.187所示。

图像放置到矩形内部，如图5.188所示。

步骤05 选中图形，将其【轮廓】更改为无，如图5.189所示。

图5.187 添加高斯模糊

步骤04 选中图像，执行菜单栏中的【对象】|【PowerClip】|【置于图文框内部】命令，将

图5.188 置于图文框内部　　图5.189 取消轮廓

5.13.2 绘制钟表图像

步骤01 执行菜单栏中的【文件】|【导入】命令，选择"调用素材\第5章\待机主题界面设计\状态栏.psd文件，单击【导入】按钮，在界面顶部位置单击，导入素材并将其稍微缩小，如图5.190所示。

步骤02 单击工具箱中的【椭圆形工具】○按钮，在界面中心靠顶部位置按住Ctrl键绘制一个正圆。

步骤03 单击工具箱中的【交互式填充工具】◆按钮，再单击属性栏中的【渐变填充】▨按钮，在图形上拖动，填充蓝色（R:10, G:23, B:58）到蓝色（R:37, G:102, B:176）的线性渐变，如图5.191所示。

步骤05 选中图形并按住鼠标左键，向底部移动后单击鼠标右键将其复制，如图5.193所示。

图5.192 绘制正圆　　　　图5.193 复制图形

步骤06 同时选中两个小正圆，按Ctrl+C组合键复制，按Ctrl+V组合键粘贴，在属性栏的【旋转角度】文本框中输入90，如图5.194所示。

步骤07 单击工具箱中的【矩形工具】□按钮，绘制一个矩形，设置其【填充】为蓝色（R:33, G:104, B:170），【轮廓】为无，如图5.195所示。

图5.190 导入素材　　　图5.191 填充渐变

步骤04 单击工具箱中的【椭圆形工具】○按钮，按住Ctrl键绘制一个正圆，设置其【填充】为浅蓝色（R:202, G:229, B:241），【轮廓】为无，如图5.192所示。

图5.194 复制图形　　　　图5.195 绘制矩形

步骤08 单击工具箱中的【形状工具】按钮，拖动矩形右上角节点，将其转换为圆角矩形，如图5.196所示。

步骤09 单击工具箱中的【矩形工具】□按钮，再次绘制一个矩形，设置其【填充】为蓝色（R:33，G:104，B:170），【轮廓】为无，如图5.197所示。

【形状工具】按钮，拖动矩形右上角节点，将其转换为圆角矩形，如图5.198所示。

步骤11 单击工具箱中的【椭圆形工具】○按钮，在图形中心位置按住Ctrl键绘制一个正圆。

步骤12 单击工具箱中的【交互式填充工具】◇按钮，再单击属性栏中的【渐变填充】按钮，在图形上拖动，填充白色到黑色的椭圆形渐变，如图5.199所示。

 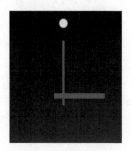

图5.196 转换为圆角矩形　　图5.197 绘制矩形

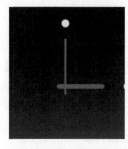 

图5.198 转换为圆角矩形　　图5.199 填充渐变

步骤10 以刚才同样的方法单击工具箱中的

5.13.3 制作解锁控件

步骤01 单击工具箱中的【椭圆形工具】○按钮，按住Ctrl键绘制一个正圆，设置其【填充】为浅蓝色（R:123，G:201，B:250），【轮廓】为无，如图5.200所示。

步骤02 选中正圆并按住鼠标左键，向左下角方向移动后单击鼠标右键将其复制并等比例缩小，如图5.201所示。

的文件拖入当前页面中三个正圆位置，颜色更改为白色，如图5.203所示。

图5.202 复制图形　　图5.203 添加素材

步骤05 单击工具箱中的【椭圆形工具】○按钮，按住Ctrl键绘制一个小正圆，设置其【填充】为白色，【轮廓】为无，如图5.204所示。

步骤06 选中小正圆并按住鼠标左键，向下方移动后单击鼠标右键将其复制，如图5.205所示。

图5.200 绘制正圆　　图5.201 复制图形

步骤03 选中正圆并按住鼠标左键，向右侧移动后单击鼠标右键将其复制，如图5.202所示。

步骤04 执行菜单栏中的【文件】|【打开】命令，选择"调用素材\第5章\待机主题界面设计\图标.cdr"文件，单击【打开】按钮，将打开

图5.204 绘制小正圆　　图5.205 复制图形

步骤07 按Ctrl+D组合键将小正圆复制多份。选中几个小正圆，单击属性栏中的【合并】按钮，将图形合并，如图5.206所示。

步骤08 选中小正圆，单击工具箱中的【透明度工具】按钮，在图形上拖动降低其透明度，如图5.207所示。

步骤09 单击工具箱中的【文本工具】**字**按钮，在适当的位置输入文字（方正兰亭黑_GBK、），这样就完成了效果的制作，如图5.208所示。

图5.206 复制多份图形　　图5.207 降低透明度

图5.208 最终效果

5.14 健身应用界面设计

设计构思

　　本例讲解健身应用界面设计，该界面在制作过程中以健康主题图像作为背景，通过叠加颜色的形式确定界面主色调，整体界面设计感很强，最终效果如图5.209所示。

- 难易程度：★★★☆☆
- 调用素材：调用素材\第5章\健身应用界面设计
- 最终文件：源文件\第5章\健身应用界面设计.cdr
- 视频位置：movie\5.14 健身应用界面设计.avi

图5.209 最终效果

操作步骤

5.14.1 处理背景图像

步骤01 单击工具箱中的【矩形工具】□按钮，绘制一个【宽度】为254，【高度】为452的矩形，按Ctrl+C组合键复制。

步骤02 执行菜单栏中的【文件】|【导入】命令，选择"调用素材\第5章\健身应用界面设计\背景.jpg"文件，单击【导入】按钮，在页面中单击，导入素材，如图5.210所示。

图5.210 导入素材

步骤03 选中图像，执行菜单栏中的【对象】|【PowerClip】|【置于图文框内部】命令，将图形放置到矩形内部，如图5.211所示。

步骤04 选中矩形，将其【轮廓】更改为无，如图5.212所示。

图5.211 置于图文框内部　图5.212 取消轮廓

步骤05 按Ctrl+V组合键粘贴矩形，将粘贴的矩形【填充】更改为紫色（R:23, G:5, B:56），如图5.213所示。

步骤06 选中矩形，单击工具箱中的【透明度工具】▨按钮，将其【透明度】更改为15，如图5.214所示。

图5.213 绘制矩形　　图5.214 更改透明度

步骤07 执行菜单栏中的【文件】|【导入】命令，选择"调用素材\第5章\健身应用界面设计\状态栏.psd"文件，单击【导入】按钮，在界面顶部单击，导入素材，如图5.215所示。

图5.215 导入素材

步骤08 单击工具箱中的【文本工具】**字**按钮，在适当的位置输入文字（Vrinda），如图5.216所示。

步骤09 执行菜单栏中的【文件】|【打开】命令，选择"调用素材\第5章\健身应用界面设计\列表和选择.cdr"文件，单击【打开】按钮，将打开的文件拖入当前页面中界面左上角和右上角位置，颜色更改为白色，如图5.217所示。

图5.216 输入文字　　图5.217 添加素材

步骤⑩ 单击工具箱中的【椭圆形工具】〇按钮，在右上角按住Ctrl键绘制一个正圆，设置其【填充】为幼蓝色（R:102, G:153, B:255），【轮廓】为无，如图5.218所示。

步骤⑪ 单击工具箱中的【文本工具】**字**按钮，在适当的位置输入文字（Vrinda），如图5.219所示。

图5.218 绘制正圆　　图5.219 输入文字

5.14.2 绘制主题视觉图像

步骤01 单击工具箱中的【椭圆形工具】〇按钮，在右上角位置按住Ctrl键绘制一个正圆，设置其【填充】为红色（R:248, G:59, B:109），【轮廓】为无，如图5.220所示。

步骤02 选中正圆，单击工具箱中的【透明度工具】▧按钮，将其【透明度】更改为90，如图5.221所示。

图5.220 绘制正圆　　图5.221 更改透明度

步骤03 选中正圆，按Ctrl+C组合键复制，按Ctrl+V组合键粘贴。将粘贴的图形等比例缩小，如图5.222所示。

步骤04 再次按Ctrl+V组合键粘贴图形数份。将粘贴的图形等比例缩小，并更改最内侧图形的【透明度】为0，如图5.223所示。

图5.222 缩小图形　　图5.223 复制图形

步骤05 单击工具箱中的【贝塞尔工具】✐按钮，绘制一个不规则图形，设置其【填充】为白色，【轮廓】为无，如图5.224所示。

步骤06 选中图形并按住鼠标左键，向右侧移动后单击鼠标右键将其复制，单击属性栏中的【水平镜像】▥按钮，将其水平镜像，如图5.225所示。

图5.224 绘制图形　　图5.225 复制图形

步骤07 单击工具箱中的【矩形工具】□按钮，在界面左下角绘制一个矩形，设置其【填充】为紫色（R:49, G:27, B:91），【轮廓】为无，如图5.226所示。

图5.226 绘制矩形

步骤08 选中矩形并按住鼠标左键，向右侧移动后单击鼠标右键将其复制，再按Ctrl+D组合键复制一份，如图5.227所示。

图5.227 复制图形

步骤09 选中最左侧矩形，单击工具箱中的【透明度工具】▨按钮，在图形上拖动，降低其透明度。

步骤10 以同样的方法在右侧矩形上拖动，降低其透明度，如图5.228所示。

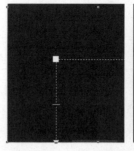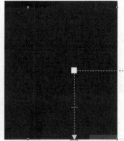

图5.228 降低不透明度

步骤11 选中心形并按住鼠标左键，向左下角移动后单击鼠标右键将其复制，再将复制生成的图形等比例缩小，如图5.229所示。

步骤12 单击工具箱中的【文本工具】字按钮，在适当的位置输入文字（方正兰亭细黑_GBK），如图5.230所示。

图5.229 复制图形　　　　图5.230 输入文字

5.14.3 绘制状态图像

步骤01 单击工具箱中的【椭圆形工具】○按钮，在左下角矩形位置按住Ctrl键绘制一个正圆，设置其【填充】为无，【轮廓】为深蓝色（R:43, G:59, B:119），【宽度】为5，如图5.231所示。

步骤02 选中正圆，按Ctrl+C组合键复制，按Ctrl+V组合键粘贴。将粘贴的正圆【轮廓】更改为青色（R:35, G:191, B:255），如图5.232所示。

图5.231 绘制正圆　　　　图5.232 复制正圆

步骤03 选中青色正圆,执行菜单栏中的【对象】|【将轮廓转换为对象】命令。

步骤04 单击工具箱中的【贝塞尔工具】按钮,在正圆右下角绘制一个三角形,如图5.233所示。

步骤05 同时选中三角形及其下方正圆,单击属性栏中的【修剪】按钮,对图形进行修剪并删除三角形,如图5.234所示。

图5.233 绘制三角形   图5.234 修剪图形

步骤06 单击工具箱中的【椭圆形工具】按钮,在修剪后的图形下方端点位置按住Ctrl键绘制一个正圆,设置其【填充】为青色(R:35, G:191, B:255),【轮廓】为无,如图5.235所示。

步骤07 选中正圆并按住鼠标左键,向另外一侧顶端位置移动后单击鼠标右键将其复制,如图5.236所示。

图5.235 绘制正圆   图5.236 复制图形

步骤08 以同样的方法在右侧两个矩形上制作相同的圆环进度效果,如图5.237所示。

图5.237 绘制图形

步骤09 执行菜单栏中的【文件】|【打开】命令,选择"调用素材\第5章\健身应用界面设计\健身状态图标.cdr"文件,单击【打开】按钮,将打开的文件拖入当前页面中界面适当位置并更改其颜色为白色,如图5.238所示。

步骤10 单击工具箱中的【文本工具】**字**按钮,在适当的位置输入文字(方正兰亭细黑_GBK),这样就完成了效果的制作,如图5.239所示。

图5.238 打开素材   图5.239 最终效果

第6章
企业标志设计

本章介绍

本章讲解企业标志设计，企业标志代表了当前企业主体及品牌文化，它向外界提供企业第一印象、经营主题等信息，代表着一定深度的含义，几乎每一家正式的企业都会有自己专属的标志。标志在设计过程中通常由图形及文字信息两部分组成，由图形作为视觉载体，文字信息作为辅助说明，在本章中列举了多种标志制作形式，比如投资公司标志、西餐厅标志、动感音乐标志传媒标志、科技标志等，通过对本章内容的学习，可以掌握大多数标志设计。

要点索引

◎ 学会新泰投资公司标志设计
◎ 学习影像工作室标志设计
◎ 学会制作西餐厅标志
◎ 了解环保科技标志的制作
◎ 学习动感音乐标志设计
◎ 了解畅想科技标志设计的流程
◎ 学习开心糖果标志设计

6.1 新泰投资公司标志设计

设计构思

　　本例讲解新泰投资公司标志设计，该标志制作过程比较简单，主要以正圆为基础图形，对其进行修剪并绘制多边形作为辅助图形，最终效果如图6.1所示。

- 难易程度：★★☆☆☆
- 最终文件：源文件\第6章\新泰投资公司标志设计.cdr
- 视频位置：movie\6.1 新泰投资公司标志设计.avi

图6.1 最终效果

操作步骤

步骤01 单击工具箱中的【椭圆形工具】○按钮，按住Ctrl键绘制一个椭圆，设置其【填充】为无，【轮廓】为海洋绿（R:102, G:153, B:153），【宽度】为12，如图6.2所示。

步骤02 单击工具箱中的【2点线工具】✐按钮，绘制一条线段，设置其【轮廓】为黑色，【宽度】为12，如图6.3所示。

图6.2 绘制椭圆　　　　图6.3 绘制线段

步骤03 选中线段并按住左键，向右下角移动后单击鼠标右键将其复制，如图6.4所示。

步骤04 同时选中所有对象，执行菜单栏中的【对象】|【将轮廓转换为对象】命令，将轮廓转换为对象；单击属性栏中的【修剪】卧按钮，对图形进行修剪，并删除线段图形，如图6.5所示。

图6.4 复制线段　　　　图6.5 修剪图形

步骤05 单击工具箱中的【多边形工具】○按钮，按住Ctrl键绘制一个多边形，设置其【填充】为海洋绿（R:102, G:153, B:153），【轮廓】为无，如图6.6所示。

步骤06 单击工具箱中的【文本工具】字按钮，在适当的位置输入文字（造字工房版黑），这样就完成了效果的制作，如图6.7所示。

图6.6 绘制图形　　　　图6.7 最终效果

6.2 魅光影像工作室标志设计

设计构思

　　本例讲解魅光影像工作室标志设计，该标志在制作过程中以矩形为基础图形，通过对其变形并复制后，制作完整的标志图像，最终效果如图6.8所示。

- 难易程度：★★☆☆☆
- 最终文件：源文件\第6章\魅光影像工作室标志设计.cdr
- 视频位置：movie\6.2 魅光影像工作室标志设计.avi

图6.8 最终效果

操作步骤

步骤01 单击工具箱中的【矩形工具】□按钮，按住Ctrl键绘制一个矩形，设置其【填充】为黄色（R:249，G:176，B:21），【轮廓】为无，如图6.9所示。

步骤02 单击工具箱中的【形状工具】┗按钮，拖动矩形右上角节点，将其转换为圆角矩形，如图6.10所示。

图6.9 绘制矩形　　图6.10 转换为圆角矩形

步骤03 在属性栏的【旋转角度】文本框中输入45，如图6.11所示。

步骤04 按Ctrl+C组合键复制，按Ctrl+V组合键粘贴。将粘贴的图形【填充】更改为深黄色（R:69，G:43，B:26）并等比例缩小，如图6.12所示。

图6.11 旋转图形 　　图6.12 复制图形

步骤05 以同样的方法将图形再次复制两份，并分别更改其【填充】为白色和青色（R:76，G:230，B:222），然后将图形等比例缩小，如图6.13所示。

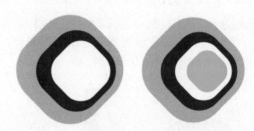

图6.13 复制图形

步骤06 单击工具箱中的【文本工具】字按钮，在适当的位置输入文字（方正正准黑简体），这样就完成了效果的制作，如图6.14所示。

图6.14 最终效果

6.3 美声数码科技标志设计

设计构思

　　本例讲解美声数码科技标志设计，该标志以正圆为基础图形，同时绘制图形与之相结合，整个标志表现出完美的视觉效果，最终效果如图6.15所示。

- 难易程度：★★☆☆☆
- 最终文件：源文件\第6章\美声数码科技标志设计.cdr
- 视频位置：movie\6.3 美声数码科技标志设计.avi

图6.15 最终效果

操作步骤

步骤01 单击工具箱中的【椭圆形工具】◯按钮，按住Ctrl键绘制一个正圆，设置其【填充】为无，【轮廓】为黑色，【宽度】为15，如图6.16所示。

步骤02 选中图形，按Ctrl+C组合键复制，按Ctrl+V组合键粘贴。将粘贴的正圆【填充】更改为黑色，【轮廓】更改为无，再将其等比例缩小，如图6.17所示。

图6.16 绘制正圆　　　　图6.17 复制正圆

步骤03 单击工具箱中的【贝塞尔工具】✏️按钮，在外侧正圆右下角绘制一个三角形，设置其【填充】为黑色，【轮廓】为无，如图6.18所示。

步骤04 同时选中所有对象，执行菜单栏中的【对象】|【将轮廓转换为对象】命令；单击属性栏中的【合并】🔲按钮，将图形合并，如图6.19所示。

图6.18 绘制图形　　　　图6.19 合并图形

步骤05 单击工具箱中的【交互式填充工具】◆按钮，再单击属性栏中的【渐变填充】◣按钮，在图形上拖动，填充紫色（R:61，G:9，B:59）到紫色（R:189，G:61，B:116）的线性渐变，如图6.20所示。

步骤06 单击工具箱中的【文本工具】**字**按钮，在适当的位置输入文字（方正正准黑简体），这样就完成了效果的制作，如图6.21所示。

图6.20 最终效果　　　　图6.21 最终效果

6.4 西餐厅标志设计

设计构思

　　本例讲解西餐厅标志设计，该标志在制作过程中以正圆为基础图形，对其变形后添加文字说明，最终效果如图6.22所示。

* 难易程度：★☆☆☆☆
* 最终文件：源文件\第6章\西餐厅标志设计.cdr
* 视频位置：movie\6.4 西餐厅标志设计.avi

图6.22 最终效果

操作步骤

步骤01 单击工具箱中的【椭圆形工具】○按钮，按住Ctrl键绘制一个正圆，设置其【填充】为棕色（R:94, G:68, B:53），【轮廓】为无，如图6.23所示。

步骤02 选中正圆，按Ctrl+C组合键复制，按Ctrl+V组合键粘贴。将粘贴的正圆【填充】更改为无，【轮廓】更改为白色，【宽度】更改为10，再将其等比例缩小，如图6.24所示。

步骤03 执行菜单栏中的【对象】|【将轮廓转换为对象】命令。

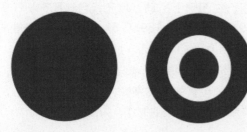

图6.23 绘制正圆　　　　图6.24 复制图形

步骤04 单击工具箱中的【贝塞尔工具】♪按钮，绘制一个三角形，如图6.25所示。

步骤05 同时选中两个图形，单击属性栏中的【修剪】凸按钮，对图形进行修剪，并删除三角形，如图6.26所示。

图6.25 绘制三角形　　　　图6.26 修剪图形

步骤06 单击工具箱中的【2点线工具】♪按钮，在内部正圆右下角绘制一条稍短的线段，设置其【轮廓】为白色，【宽度】为10。

步骤07 在【轮廓笔】面板中单击【圆形端头】▬按钮，完成之后按Enter键确认，如图6.27所示。

步骤08 单击工具箱中的【文本工具】字按钮，在适当的位置输入文字（CommercialScript BT、汉仪润圆-55W），如图6.28所示。

图6.27 绘制线段　　　　图6.28 输入文字

步骤09 单击工具箱中的【2点线工具】✏按钮，在底部文字左侧绘制一条线段，设置其【轮廓】为棕色（R:94, G:68, B:53），【宽度】为1。

步骤10 在【轮廓笔】面板中单击【圆形端头】▬按钮，完成之后按Enter键确认，如图6.29所示。

步骤11 选中线段并按住鼠标左键，向右侧移动后单击鼠标右键将其复制，如图6.30所示。

步骤12 单击工具箱中的【椭圆形工具】◯按钮，在文字中心位置按住Ctrl键绘制一个正圆，设置其【填充】为棕色（R:94, G:68, B:53），【轮廓】为无，这样就完成了效果的制作，如图6.31所示。

图6.29 绘制线段

图6.30 复制线段

图6.31 最终效果

6.5 绿园环保科技标志设计

设计构思

本例讲解绿园环保科技标志设计，该标志制作过程比较简单，主要将矩形进行变形并进行修剪，最终效果如图6.32所示。

- 难易程度：★★☆☆☆
- 最终文件：源文件\第6章\绿园环保科技标志设计.cdr
- 视频位置：movie\6.5 绿园环保科技标志设计.avi

图6.32 最终效果

操作步骤

步骤01 单击工具箱中的【矩形工具】□按钮，绘制一个矩形，设置其【填充】为黑色，【轮廓】为无，如图6.33所示。

步骤02 单击工具箱中的【形状工具】按钮，拖动矩形右上角节点，将其转换为圆角矩形，如图6.34所示。

图6.33 绘制矩形

图6.34 转换为圆角矩形

步骤03 单击工具箱中的【矩形工具】□按钮，绘制一个矩形，如图6.35所示。

步骤04 同时选中两个图形，单击属性栏中的【修剪】凸按钮，对图形进行修剪，并删除上方图形，如图6.36所示。

图6.35 绘制矩形　　　　图6.36 修剪图形

步骤05 选中图形，按Ctrl+C组合键复制，按Ctrl+V组合键粘贴，单击属性栏中的【垂直镜像】吕按钮，将图形垂直镜像，如图6.37所示。

图6.37 镜像图形

步骤06 单击工具箱中的【矩形工具】□按钮，在图形左侧位置绘制一个矩形，如图6.38所示。

步骤07 同时选中原图形及新绘制的两个图形，单击属性栏中的【修剪】凸按钮，对图形进行修剪，如图6.39所示。

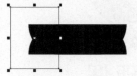

图6.38 绘制矩形　　　　图6.39 修剪图形

步骤08 将矩形向右侧移动，以同样的方法选中图形及复制生成的图形，单击属性栏中的【修剪】凸按钮，对图形进行修剪，如图6.40所示。

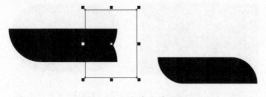

图6.40 移动并修剪图形

步骤09 选中图形并按住鼠标左键，向右侧移动后单击鼠标右键将其复制，如图6.41所示。

步骤10 按Ctrl+D组合键将图形再次复制一份，如图6.42所示。

图6.41 复制图形　　　　图6.42 再次复制

步骤11 选中中间图形，单击属性栏中的【水平镜像】吣按钮，将图形水平镜像，如图6.43所示。

步骤12 在三个图形中，从上至下依次将其颜色更改为浅绿（R:51, G:204, B:102）、肯德基绿（R:51, G:153, B:102）、深绿（R:0, G:51, B:51），如图6.44所示。

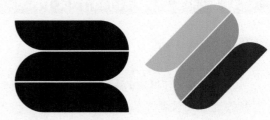

图6.43 将图形镜像　　　　图6.44 更改颜色

步骤13 单击工具箱中的【文本工具】**字**按钮，在适当的位置输入文字（时尚中黑简体），这样就完成了效果的制作，如图6.45所示。

图6.45 最终效果

6.6 泰达建筑事务所标志设计

　　本例讲解泰达建筑事务所标志设计，该标志设计过程比较简单，主要以矩形为基础图形，通过对其变形并与辅助图形相结合完成标志效果，最终效果如图6.46所示。

- 难易程度：★☆☆☆☆
- 最终文件：源文件\第6章\泰达建筑事务所标志设计.cdr
- 视频位置：movie\6.6 泰达建筑事务所标志设计.avi

图6.46 最终效果

■ 操作步骤

步骤01 单击工具箱中的【矩形工具】□按钮，绘制一个矩形，设置其【填充】为蓝色（R:0, G:204, B:255），【轮廓】为无，如图6.47所示。

步骤02 选中矩形，执行菜单栏中的【效果】|【添加透视】命令，按住Ctrl+Shift组合键将矩形透视变形，如图6.48所示。

图6.47 绘制矩形　　　　图6.48 透视变形

步骤03 选中图形，按Ctrl+C组合键复制，按Ctrl+V组合键粘贴，再单击属性栏中的【水平镜像】呬按钮，将图形水平镜像并向右侧平移，然后将其【填充】更改为蓝色（R:81, G:159, B:214），如图6.49所示。

步骤04 同时选中两个图形并按住鼠标左键，向左侧移动后单击鼠标右键，复制图形，再将复制生成的图形等比例缩小。选中右侧图形，将其【填充】更改为蓝色（R:69, G:145, B:199），如图6.50所示。

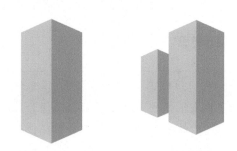

图6.49 复制图形　　　　图6.50 复制图形

步骤05 同时选中两个图形并按住鼠标左键，向左侧移动后单击鼠标右键将其复制，分别将左右两侧图形【填充】更改为蓝色（R:49, G:123, B:176）和蓝色（R:3, G:165, B:219），如图6.51所示。

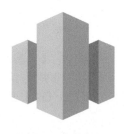

图6.51 复制图形

步骤06 单击工具箱中的【文本工具】**字**按钮，在适当的位置输入文字（张海山锐谐体），如图6.52所示。

步骤07 单击工具箱中的【矩形工具】口按钮，绘制一个矩形，设置其【填充】为黑色，【轮廓】为无，如图6.53所示。

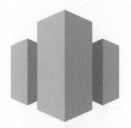

图6.54 将图形变形

步骤09 选中图形，按Ctrl+C组合键复制，按Ctrl+V组合键粘贴，单击属性栏中的【水平镜像】呐按钮，将其水平镜像并向右侧平移，这样就完成了效果的制作，如图6.55所示。

 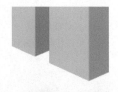

图6.52 输入文字　　　　图6.53 绘制矩形

步骤08 选中矩形，执行菜单栏中的【效果】|【添加透视】命令，按住Ctrl+Shift组合键将矩形透视变形，并将图形宽度适当缩小，如图6.54所示。

图6.55 最终效果

6.7 喜爱主题餐厅标志设计

设计构思

本例讲解喜爱主题餐厅标志设计，该标志具有很强的主题性，以心形作为基础图形，同时绘制餐具来突出标志特征，最终效果如图6.56所示。

- 难易程度：★★☆☆☆
- 最终文件：源文件\第6章\喜爱主题餐厅标志.cdr
- 视频位置：movie\6.7 喜爱主题餐厅标志.avi

图6.56 最终效果

操作步骤

步骤01 单击工具箱中的【贝塞尔工具】✐按钮，绘制一个不规则图形并适当旋转，设置其【填充】为红色（R:206, G:34, B:106），【轮廓】为无，如图6.57所示。

图6.57 绘制图形

步骤 02 选中心形，按Ctrl+C组合键复制，按Ctrl+V组合键粘贴。将粘贴的图形【填充】更改为浅红色（R:245, G:154, B:185），如图6.58所示。

步骤 03 单击工具箱中的【椭圆形工具】○按钮，在心形位置绘制一个椭圆，如图6.59所示。

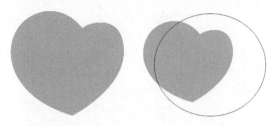

图6.58 复制图形　　　图6.59 绘制椭圆

步骤 04 同时选中椭圆及心形，单击属性栏中【相交】□按钮，将不需要的图形删除，如图6.60所示。

步骤 05 选中红色图形，将其移至上方，单击工具箱中的【透明度工具】▨按钮，将其【透明度】更改为20，如图6.61所示。

图6.60 简化图形　　　图6.61 更改透明度

步骤 06 单击工具箱中的【椭圆形工具】○按钮，在心形位置绘制一个椭圆，以刚才同样的方法将图形【相交】后删除不需要的部分，如图6.62所示。

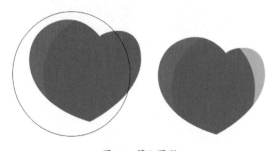

图6.62 简化图形

步骤 07 单击工具箱中的【贝塞尔工具】✒按钮，分别绘制一个叉子和勺子图形，设置其【填充】为黑色，【轮廓】为无，如图6.63所示。

图6.63 绘制图形

步骤 08 选中两个图形，单击属性栏中的【合并】□按钮，将图形合并，然后分别选择餐具和下方的心形；单击属性栏中的【修剪】□按钮，对图形进行修剪，并删除餐具图像，如图6.64所示。

图6.64 修剪图形

步骤 09 单击工具箱中的【文本工具】**字**按钮，在适当的位置输入文字（VAGRounded BT）。

步骤 10 将【Love】文字更改为红色（R:206, G:34, B:106），【Restaurant】文字更改为灰色（R:77, G:77, B:77），这样就完成了效果的制作，如图6.65所示。

图6.65 最终效果

6.8 蓝星国际标志设计

设计构思

本例讲解蓝星国际标志制作，此款Logo以星和圆图形相结合将公司名称与国际含义完美定义，最终效果如图6.66所示。

- 难易程度：★★☆☆☆
- 调用素材：无
- 最终文件：配套光盘\配套素材\源文件\第6章\蓝星国际标志设计.cdr
- 视频位置：配套光盘\movie\6.8 蓝星国际标志设计.avii

图6.66 最终效果

操作步骤

步骤01 单击工具箱中的【椭圆形工具】○按钮，绘制一个正圆，设置其【填充】为深绿色（R：36，G：37，B：32），【轮廓】为无，如图6.67所示。

步骤02 选中正圆，按Ctrl+C组合键复制，按Ctrl+V组合键粘贴，将粘贴的正圆【填充】更改为白色并等比缩小，如图6.68所示。

图6.67 绘制正圆　　　图6.68 复制并变换图形

步骤03 单击工具箱中的【星形工具】☆按钮，在正圆中心位置按住Ctrl键绘制一个星形，设置其【填充】为蓝色（R：77，G：192，B：255），【轮廓】为深绿色（R：36，G：37，

B：32），【轮廓宽度】为5，如图6.69所示。

图6.69 绘制星形

步骤04 选中星形，执行菜单栏中的【对象】|【将轮廓转换为对象】命令。

步骤05 同时选中星形的轮廓与最下方深绿色正圆，单击属性栏中的【合并】⅏按钮，将图形合并，如图6.70所示。

步骤06 选中最下方的正圆，设置其【轮廓】为白色，【轮廓宽度】为1。

图6.70 合并图形

步骤 07 选中星形，在【轮廓笔】面板中将【轮廓】更改为深绿色（R：36，G：37，B：32），【轮廓】更改为2，【位置】更改为【内部轮廓】，如图6.71所示。

图6.71 添加轮廓

步骤 08 单击工具箱中的【文本工具】**字**按钮，在图形位置输入文字（方正综艺简体），如图6.72所示。

图6.72 输入文字

步骤 09 选中文字，在【轮廓笔】面板中，将【轮廓】更改为白色，【宽度】更改为0.5，如图6.73所示。

步骤 10 在文字上单击，将其斜切变形，如图6.74示。

图6.73 添加轮廓　　　　图6.74 将文字斜切变形

步骤 11 选中文字，单击工具箱中的【阴影工具】按钮，拖动添加阴影效果，在属性栏中将【阴影羽化】更改为2，【不透明度】更改为30，如图6.75所示。

步骤 12 单击工具箱中的【星形工具】☆按钮，在图形左上角绘制一个星形，如图6.76所示。

图6.75 添加阴影　　　　图6.76 绘制星形

步骤 13 将绘制的星形复制多份，这样就完成了效果的制作，如图6.77所示。

图6.77 最终效果

6.9 | 星联国际标志设计

设计构思

本例讲解星联国际标志设计，该标志在设计过程中以星形作为基础图形，通过复制图形并对其进行修剪，制作出镂空星星图形，完美地诠释了标志的含义，最终效果如图6.78所示。

- 难易程度：★★★☆☆
- 最终文件：源文件\第6章\星联国际标志设计.cdr
- 视频位置：movie\6.9 星联国际标志设计.avi

图6.78 最终效果

操作步骤

步骤01 单击工具箱中的【星形工具】☆按钮，绘制一个星形图形，设置其【填充】为黑色，【轮廓】为无，如图6.79所示。

步骤02 选中星形，按Ctrl+C组合键复制，按Ctrl+V组合键粘贴。将粘贴的图形【填充】更改为其他任意明显的颜色，适当缩小并旋转，如图6.80所示。

图6.79 绘制星形　　　　图6.80 复制图形

步骤03 同时选中两个图形，单击属性栏中的【修剪】🗗按钮，对图形进行修剪，并删除上方图形，并将图形拆分，如图6.81所示。

步骤04 单击工具箱中的【交互式填充工具】◇按钮，再单击属性栏中的【渐变填充】▨按钮，在图形上拖动，填充黄色（R:246, G:188, B:28）到黄色（R:207, G:131, B:25）的线性渐变，如图6.82所示。

图6.81 修剪图形　　　　图6.82 填充渐变

步骤05 同时选中左上角两个黑色图形，执行菜单栏中的【编辑】|【复制属性至】命令，在弹出的对话框中选中【填充】复选框，完成之后单击【确定】按钮，在渐变图形上单击，如图6.83所示。

步骤06 在左侧新的渐变图形上重新拖动，更改其渐变方向，如图6.84所示。

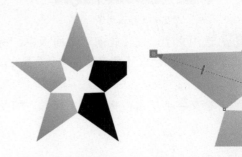

图6.83 复制渐变属性　　　图6.84 更改渐变方向

步骤07 以同样的方法在顶部图形位置再次拖动，更改渐变方向，如图6.85所示。

步骤08 单击工具箱中的【交互式填充工具】◆按钮，再单击属性栏中的【渐变填充】▰按钮，在右下角图形上拖动，填充灰色（R:163, G:163, B:163）到灰色（R:112, G:112, B:112）的线性渐变，如图6.86所示。

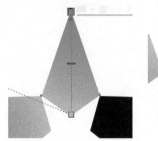

图6.85 更改渐变方向

图6.86 填充渐变

步骤09 以刚才复制属性的方法，再次为右上角图形填充渐变，如图6.87所示。

步骤10 单击工具箱中的【文本工具】按钮，在图形下方位置输入文字（方正兰亭细黑_GBK、方正兰亭黑），这样就完成了效果的制作，如图6.88所示。

图6.87 填充渐变

图6.88 最终效果

6.10 | 家庭保健护理标志设计

设计构思

本例讲解家庭保健护理标志设计，该标志以心形为基础图形，通过绘制形象化的小人图形，对心形进行修剪，制作出形象化的标志效果；再以手掌作为衬托，完美表现出标志的整体定义，最终效果如图6.89所示。

- 难易程度：★★★☆☆
- 最终文件：源文件\第6章\家庭保健护理标志设计.cdr
- 视频位置：movie\6.10 家庭保健护理标志设计.avi

图6.89 最终效果

操作步骤

步骤01 单击工具箱中的【贝塞尔工具】 📏 按钮，绘制半个心形图形，设置其【填充】为紫色（R:219, G:84, B:160），【轮廓】为无，如图6.90所示。

步骤02 选中图形，按Ctrl+C组合键复制，按Ctrl+V组合键粘贴，单击属性栏中的【水平镜像】 📖 按钮，将其水平镜像并向右侧平移，将其合并图形，如图6.91所示。

图6.90 绘制图形　　　　　　图6.91 复制图形

步骤03 单击工具箱中的【矩形工具】 □ 按钮，在心形左下角绘制一个矩形，设置其【填充】为任意颜色，【轮廓】为无，如图6.92所示。

步骤04 单击工具箱中的【形状工具】 ⬦ 按钮，拖动矩形右上角节点，将其转换为圆角矩形，如图6.93所示。

图6.92 绘制矩形　　　　　　图6.93 转换为圆角矩形

步骤05 单击工具箱中的【椭圆形工具】 ○ 按钮，在圆角矩形顶部位置按住Ctrl键绘制一个正圆，设置其【填充】为与其相同的颜色，【轮廓】为无，如图6.94所示。

步骤06 选中图形并按住鼠标左键，向右侧移动后单击鼠标右键将其复制，并适当增加其高度后向上移动；再次向右侧平移复制一份，如图6.95所示。

图6.94 绘制图形　　　　　　图6.95 复制图形

步骤07 同时选中所有图形，单击属性栏中的【修剪】 🗗 按钮，对图形进行修剪，并删除不需要的图形，如图6.96所示。

步骤08 单击工具箱中的【贝塞尔工具】 📏 按钮，在心形底部绘制一个不规则图形，设置其【填充】为蓝色（R:26, G:170, B:222），【轮廓】为无，如图6.97所示。

图6.96 修剪图形　　　　　　图6.97 绘制图形

步骤09 单击工具箱中的【文本工具】 **字** 按钮，在图形下方位置输入文字（方正兰亭中粗黑），这样就完成了效果的制作，如图6.98所示。

图6.98 最终效果

6.11 | 新娱乐传媒标志设计

设计构思

　　本例讲解新娱乐传媒标志设计，该标志在制作过程中以矩形为基础图形，将其变形并复制，组合成完美的标志效果，最终效果如图6.99所示。

- 难易程度：★★☆☆☆
- 最终文件：源文件\第6章\新娱乐传媒标志设计.cdr
- 视频位置：movie\6.11 新娱乐传媒标志设计.avi

图6.99 最终效果

操作步骤

步骤01 单击工具箱中的【矩形工具】□按钮，绘制一个矩形，设置其【填充】为蓝色（R:0，G:166，B:222），【轮廓】为无，如图6.100所示。

步骤02 在矩形上双击，拖动右侧控制点，将其斜切变形，如图6.101所示。

图6.100 绘制矩形　　　　图6.101 将图形变形

步骤03 选中图形并按住鼠标左键，向右侧移动后单击鼠标右键将其复制。将复制生成的图形【填充】更改为蓝色（R:0，G:94，B:145），并移至原图形下方，再将其水平镜像，如图6.102所示。

步骤04 单击工具箱中的【贝塞尔工具】✐按钮，在两个图形之间绘制一个不规则图形，设置其【填充】为蓝色（R:0，G:75，B:115），【轮廓】为无，如图6.103所示。

图6.102 复制图形　　　　图6.103 绘制图形

步骤05 选中不规则图形，执行菜单栏中的【对象】|【PowerClip】|【置于图文框内部】命令，将图像放置到下方矩形内部，如图6.104所示。

步骤06 同时选中所有图形并按住鼠标左键，向右侧移动后单击鼠标右键将其复制，然后将复制生成的图形移至原图形下方，如图6.105所示。

图6.104 置于图文框内部　　　图6.105 复制图形

步骤07 分别选中复制生成的图形，将其更改为颜色不同的橙色系，如图6.106所示。

步骤08 单击工具箱中的【文本工具】**字**按钮，在适当的位置输入文字（方正兰亭黑_GBK），这样就完成了效果的制作，如图6.107所示。

图6.106 更改颜色　　　图6.107 最终效果

6.12 畅想科技标志设计

设计构思

　　本例讲解畅想科技标志设计，该标志在制作过程中以多边形作为基础图形，将其修剪后与圆形相结合，完美表现出畅想科技的特点，最终效果如图6.108所示。

- 难易程度：★★☆☆☆
- 最终文件：源文件\第6章\畅想科技标志设计.cdr
- 视频位置：movie\6.12 畅想科技标志设计.avi

图6.108 最终效果

操作步骤

步骤01 单击工具箱中的【多边形工具】⬡按钮，按住Ctrl键绘制一个多边形，设置其【填充】为无，【轮廓】为紫色（R:102，G:46，B:145），【宽度】为10，如图6.109所示。

步骤02 单击工具箱中的【矩形工具】□按钮，绘制一个矩形，设置其【轮廓】为黑色，【宽度】为5，如图6.110所示。

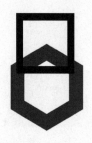

图6.109 绘制多边形　　　图6.110 绘制矩形

步骤03 选中矩形，在属性栏的【旋转角度】文本框中输入45，将矩形旋转并增加其宽度，如图6.111所示。

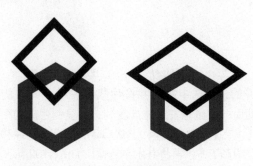

图6.111 旋转图形

步骤04 同时选中两个图形，执行菜单栏中的【对象】|【将轮廓转换为对象】命令。

步骤05 同时选中两个图形，单击属性栏中的

【修剪】按钮，对图形进行修剪，并删除不需要的图形，如图6.112所示。

图6.112 修剪图形

步骤06 在图形上单击鼠标右键，在弹出的快捷菜单中选择【拆分曲线】命令。选中顶部图形，将其【填充】更改为肯德基绿（R:51，G:153, B:102），如图6.113所示。

图6.113 更改颜色

步骤07 单击工具箱中的【椭圆形工具】○按钮，在图形中间位置按住Ctrl键绘制一个

正圆，设置其【填充】为紫色（R:102, G:46, B:145），【轮廓】为无，如图6.114所示。

图6.114 绘制正圆

步骤08 单击工具箱中的【文本工具】**字**按钮，在标志下方位置输入文字（方正兰亭黑_GBK），这样就完成了效果的制作，如图6.115所示。

畅想科技

图6.115 最终效果

6.13　开心糖果标志设计

设计构思

　　本例讲解开心糖果标志设计，此款标志在设计过程中以正圆为基础图形，将其与字母相结合，整个标志完美表现出应有的特点，最终效果如图6.116所示。

图6.116 最终效果

- 难易程度：★★☆☆☆
- 最终文件：源文件\第6章\开心糖果标志设计.cdr
- 视频位置：movie\6.13 开心糖果标志设计.avi

操作步骤

步骤01 单击工具箱中的【椭圆形工具】○按钮，按住Ctrl键绘制一个正圆，设置其【填充】为任意颜色，【轮廓】为无。

步骤02 单击工具箱中的【文本工具】**字**按钮，在正圆位置输入文字（Vogue），如图6.117所示。

图6.117 输入文字

步骤03 在属性栏的【旋转角度】文本框中输入-90，如图6.118所示。

图6.118 将文字旋转

步骤04 同时选中字母及其下方正圆，单击属性栏中的【修剪】⛏按钮，对图形进行修剪，并删除字母，如图6.119所示。

图6.119 修剪图形

步骤05 单击工具箱中的【交互式填充工具】◇按钮，再单击属性栏中的【渐变填充】◢按钮，在图形上拖动，填充黄色（R:220, G:150, B:70）到黄色（R:255, G:102, B:0）的线性渐变，如图6.120所示。

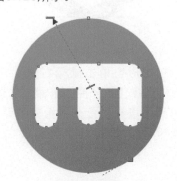

图6.120 填充渐变

步骤06 单击工具箱中的【文本工具】**字**按钮，在正圆位置输入文字（Vogue），这样就完成了效果，制作如图6.121所示。

图6.121 最终效果

第7章
商业常用名片设计

本章介绍

本章讲解商业常用名片设计，名片是公司或个人对外展示信息的一种直观、有效的形式，比如公司或个人的名称、地址、联系方式等。名片主要由当前公司Logo、名称及装饰的边框及底纹等元素组成，本章讲解了设计公司、复古餐厅、建筑公司等名片的设计，通过对本章内容的学习，可以掌握大多数不同名片的设计。

要点索引

◎ 学会设计公司名片设计
◎ 学习复古餐厅名片设计
◎ 了解建筑公司名片设计过程
◎ 学习印刷公司名片设计

7.1 设计公司名片设计

设计构思

　　本例讲解设计公司名片设计，该名片正面以直观的视觉将不同信息分为若干个区域，采用不同的颜色进行区分，比较富有特点；名片背面使用彩条图形作为装饰，直接将Logo图像置于中间，十分直观，最终效果如图7.1所示。

图7.1 最终效果

- 难易程度：★★☆☆☆
- 调用素材：调用素材\第7章\设计公司名片设计
- 最终文件：源文件\第7章\设计公司名片正面设计.cdr、设计公司名片背面设计.cdr
- 视频位置：movie\7.1 设计公司名片正面设计.avi、设计公司名片背面设计.avi

操作步骤

7.1.1 制作名片正面效果

步骤01 单击工具箱中的【矩形工具】□按钮，绘制一个【宽度】为90，【高度】为55的矩形，如图7.2所示。

图7.2 绘制矩形

步骤02 选中矩形，按Ctrl+C组合键复制，按Ctrl+V组合键粘贴，在属性栏中分别将【宽度】更改为45，【高度】更改为27，再将其【填充】更改为绿色（R:120, G:171, B:70）并移至左上角位置，如图7.3所示。

图7.3 复制矩形

步骤03 将小矩形复制三份，并分别更改为不同颜色。选中最大的矩形，将其【轮廓】更改为无，如图7.4所示。

图7.4 复制图形

步骤04 单击工具箱中的【2点线工具】✏按钮，在4个矩形中间位置绘制一条线段，设置其【轮廓】为白色，【宽度】为0.5，如图7.5所示。

步骤05 按Ctrl+C组合键复制，按Ctrl+V组合键粘贴，在属性栏的【旋转角度】文本框中输入90，如图7.6所示。

图7.5 绘制线段　　　　　图7.6 复制线段

步骤06 单击工具箱中的【椭圆形工具】◯按钮，绘制一个椭圆，设置其【填充】为无，【轮廓】为白色，【宽度】为0.25，如图7.7所示。

步骤07 选中正圆并按住鼠标左键，按住Shift键向右侧移动后单击鼠标右键将其复制；以同样的方法同时选中两个正圆，向下复制一份，如图7.8所示。

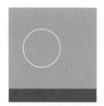 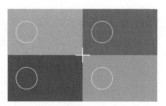

图7.7 绘制正圆　　　　　图7.8 复制图形

步骤08 执行菜单栏中的【文件】|【打开】命令，选择"调用素材\第7章\设计公司名片设计\图标.cdr"文件，单击【打开】按钮，将打开的文件拖入当前页面中圆环内部，并将颜色更改为白色，如图7.9所示。

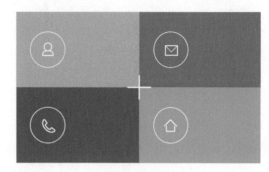

图7.9 添加素材

步骤09 单击工具箱中的【文本工具】**字**按钮，在适当的位置输入文字（Humnst777 Lt BT），如图7.10所示。

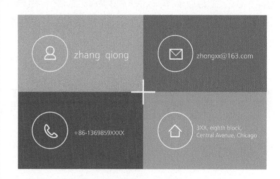

图7.10 输入文字

7.1.2 制作名片背面效果

步骤01 单击工具箱中的【矩形工具】口按钮，绘制一个【宽度】为90，【高度】为55的矩形，如图7.11所示。

图7.11 绘制矩形

步骤02 选中矩形，按Ctrl+C组合键复制，按Ctrl+V组合键粘贴，在属性栏中分别将【宽度】更改为45，【高度】更改为27，再将其【填充】更改为绿色（R:120, G:171, B:70）并移至左上角位置，如图7.12所示。

步骤03 将小矩形复制三份并分别更改为不同的颜色，如图7.13所示。

图7.12 复制矩形　　　　　图7.13 复制图形

步骤④ 选中最外侧图形，按Ctrl+C组合键复制，按Ctrl+V组合键粘贴。将粘贴的图形【填充】更改为浅灰色，【轮廓】更改为无，并缩小宽度，如图7.14所示。

图7.14 复制并粘贴图形

图7.15 绘制多边形

步骤⑤ 单击工具箱中的【多边形工具】⬡按钮，绘制一个多边形，在属性栏中将【点数或边数】更改为6，【填充】更改为蓝色（R:72, G:168, B:216），【轮廓】更改为无，如图7.15所示。

步骤⑥ 单击工具箱中的【文本工具】**字**按钮，在适当的位置输入文字（方正兰亭中粗黑_GBK、方正兰亭黑_GBK），这样就完成了效果的制作，如图7.16所示。

图7.16 最终效果

7.2 复古餐厅名片设计

设计构思

本例讲解复古餐厅名片设计，此款名片以复古餐厅特点为重点，将其标签效果以一种最为直观的形式进行展现，其制作过程比较简单，最终效果如图7.17所示。

- 难易程度：★★☆☆☆
- 调用素材：调用素材\第7章\复古餐厅名片设计
- 最终文件：源文件\第7章\复古餐厅名片正面设计.cdr、复古餐厅名片背面设计.cdr
- 视频位置：movie\7.2 复古餐厅名片正面设计.avi、复古餐厅名片背面设计.avi

图7.17 最终效果

7.2.1 制作名片正面效果

步骤01 单击工具箱中的【矩形工具】□按钮，绘制一个【宽度】为55，【高度】为90的矩形，如图7.18所示。

步骤02 单击工具箱中的【文本工具】**字**按钮，在适当的位置输入文字（Verdana 粗体、Verdana 常规），如图7.19所示。

图7.18 绘制矩形　　　　　　图7.19 输入文字

步骤03 单击工具箱中的【贝塞尔工具】✐按钮，在下方文字左侧位置绘制一个不规则图形，设置其【填充】为棕色（R:129, G:67, B:54），【轮廓】为无，如图7.20所示。

步骤04 选中图形并按住鼠标左键，向右侧移动后单击鼠标右键将其复制，单击属性栏中的【水平镜像】✎按钮，将其水平镜像，如图7.21所示。

图7.20 绘制图形　　　　　　图7.21 复制图形

步骤05 单击工具箱中的【文本工具】**字**按钮，在适当的位置输入文字（Calibri、Arial），如图7.22所示。

图7.22 输入文字

7.2.2 制作名片背面效果

步骤01 单击工具箱中的【矩形工具】□按钮，绘制一个【宽度】为55，【高度】为90的矩形，将其【填充】更改为棕色（R:129, G:67, B:54），【轮廓】更改为无，如图7.23所示。

步骤02 单击工具箱中的【椭圆形工具】○按钮，在图形中心位置按住Ctrl键绘制一个正圆，设置其【填充】为白色，【轮廓】为无，如图7.24所示。

图7.23 绘制矩形　　　　　　图7.24 添加素材

步骤 03 执行菜单栏中的【文件】|【打开】命令，选择"调用素材\第7章\复古餐厅名片设计\标识.cdr"文件，单击【打开】按钮，将打开的文件拖入当前页面中矩形中间位置并更改其颜色为与矩形相同的棕色（R:129, G:67, B:54），这样就完成了效果的制作，如图7.25所示。

图7.25 最终效果

7.3 | 建筑公司名片设计

设计构思

本例讲解建筑公司名片设计，该名片在制作过程中将不规则图形进行复制排列，制作出具有立体视觉效果的图像，最终效果如图7.26所示。

图7.26 最终效果

- 难易程度：★★★☆☆
- 调用素材：调用素材\第7章\建筑公司名片设计
- 最终文件：源文件\第7章\建筑公司名片正面设计.cdr、建筑公司名片背面设计.cdr
- 视频位置：movie\7.3 建筑公司名片正面设计.avi、建筑公司名片背面设计.avi

7.3.1 制作名片正面效果

步骤01 单击工具箱中的【矩形工具】□按钮，绘制一个【宽度】为90，【高度】为55的矩形，如图7.27所示。

图7.27 绘制矩形

步骤02 单击工具箱中的【形状工具】 按钮，拖动矩形右上角节点，将其转换为圆角矩形，如图7.28所示。

图7.28 转换为圆角矩形

步骤03 选中图形，按Ctrl+C组合键复制，按Ctrl+V组合键粘贴。将粘贴的图形【轮廓】更改为无，【填充】更改为灰色（R:48, G:48, B:56）。

步骤04 单击工具箱中的【矩形工具】□按钮，绘制一个矩形，如图7.29所示。

图7.29 绘制矩形

步骤05 同时选中两个图形，单击属性栏中的【修剪】 按钮，对图形进行修剪，并删除上方图形，如图7.30所示。

图7.30 修剪图形

步骤06 单击工具箱中的【矩形工具】□按钮，绘制一个矩形，设置其【填充】为灰色（R:39, G:39, B:49），【轮廓】为无，如图7.31所示。

步骤07 在矩形上双击，拖动右侧控制点，将其斜切变形，如图7.32所示。

图7.31 绘制矩形　　图7.32 将图形斜切

步骤08 选中图形并按住鼠标左键，向右侧移动后单击鼠标右键将其复制，单击属性栏中的【水平镜像】 按钮，将其水平镜像并更改【填充】为灰色（R:43, G:43, B:53）。

步骤09 同时选中两个图形并按住鼠标左键，向右侧移动后单击鼠标右键将其复制，如图7.33所示。

步骤10 按Ctrl+D组合键将图形复制多份，如图7.34所示。

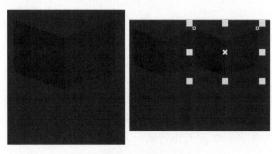

图7.33 复制图形

图7.34 复制多份图形

步骤11 以同样的方法选中所有不规则图形，按Ctrl+G组合键组合对象，再向下复制一份。

步骤12 分别单击属性栏中的【水平镜像】按钮及【垂直镜像】按钮，将图形镜像，如图7.35所示。

图7.35 复制并镜像图形

步骤13 同时选中两个图形并按住鼠标左键，向下方移动后单击鼠标右键将其复制，如图7.36所示。

图7.36 复制图形

步骤14 选中所有图形并执行菜单栏中的【对

象】|【PowerClip】|【置于图文框内部】命令，将图形放置到灰色矩形内部，如图7.37所示。

图7.37 置于图文框内部

步骤15 单击工具箱中的【矩形工具】□按钮，绘制一个矩形，设置其【填充】为蓝色（R:110, G:184, B:217），【轮廓】为无，如图7.38所示。

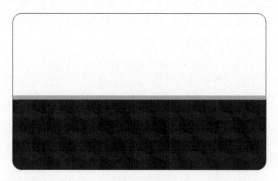

图7.38 绘制矩形

步骤16 单击工具箱中的【椭圆形工具】○按钮，在图形中心位置按住Ctrl键绘制一个正圆，设置其【填充】为深灰色（R:39, G:39, B:49），【轮廓】为无，如图7.39所示。

图7.39 绘制图形

步骤17 执行菜单栏中的【文件】|【打开】命

令，选择"调用素材\第7章\建筑公司名片设计\logo.cdr"文件，单击【打开】按钮，将打开的文件拖入当前页面中正圆位置，如图7.40所示。

图7.40 添加素材

步骤18 同时选中两个Logo及下方正圆，单击属性栏中的【修剪】口按钮，对图形进行修剪，并删除Logo，如图7.41所示。

步骤19 单击工具箱中的【文本工具】字按钮，在适当的位置输入文字（Arial），如图7.42所示。

图7.41 修剪图形　　　图7.42 输入文字

步骤20 单击工具箱中的【矩形工具】口按钮，按住Shift键绘制一个矩形，设置其【填充】为蓝色（R:110, G:184, B:217），【轮廓】为无，如图7.43所示。

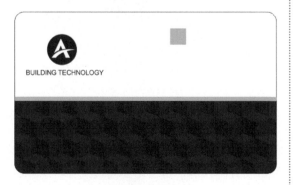

图7.43 绘制矩形

步骤21 单击工具箱中的【形状工具】按钮，拖动矩形右上角节点，将其转换为圆角矩形，如图7.44所示。

步骤22 选中图形并按住鼠标左键，向下方移动后单击鼠标右键将其复制两份，如图7.45所示。

图7.44 转换为圆角矩形　　图7.45 复制图形

步骤23 执行菜单栏中的【文件】|【打开】命令，选择"调用素材\第7章\建筑公司名片设计\图标.cdr"文件，单击【打开】按钮，将打开的文件拖入当前页面中圆角矩形位置，更改颜色为白色，如图7.46所示。

图7.46 添加素材

步骤24 单击工具箱中的【文本工具】字按钮，在适当的位置输入文字（Arial），如图7.47所示。

图7.47 输入文字

7.3.2 制作名片背面效果

步骤01 单击工具箱中的【矩形工具】□按钮，绘制一个【宽度】为90，【高度】为55的矩形，设置其【填充】为蓝色（R:110，G:148，B:217），【轮廓】为无，如图7.48所示。

图7.48 绘制矩形

步骤02 单击工具箱中的【形状工具】↖按钮，拖动矩形右上角节点，将其转换为圆角矩形，如图7.49所示。

图7.49 转换为圆角矩形

步骤03 选中图形，按Ctrl+C组合键复制，按Ctrl+V组合键粘贴。将粘贴的图形【轮廓】更改为无，【填充】更改为灰色（R:48，G:48，B:56）。

步骤04 单击工具箱中的【矩形工具】□按钮，绘制一个矩形，如图7.50所示。

图7.50 绘制矩形

步骤05 同时选中两个图形，单击属性栏中的

【修剪】╚按钮，对图形进行修剪，并删除上方图形，如图7.51所示。

图7.51 修剪图形

步骤06 以制作名片正面效果的方法 再次绘制不规则图形，以制作立体效果或直接复制正面图形并修改，置于图文框内部，如图7.52所示。

图7.52 制作立体图形

步骤07 单击工具箱中的【椭圆形工具】○按钮，在图形中心位置按住Ctrl键绘制一个正圆，设置其【填充】为蓝色（R:110，G:184，B:217），【轮廓】为无，如图7.53所示。

图7.53 绘制正圆

步骤08 执行菜单栏中的【文件】|【打开】命令，选择"调用素材\第7章\建筑公司名片设计\logo.cdr"文件，单击【打开】按钮，将打开的文件拖入当前页面中正圆位置并更改为白色，如图7.54所示。

图7.54 添加素材

步骤 09 单击工具箱中的【文本工具】**字**按
钮，在适当的位置输入文字（Arial），这样就

完成了的效果制作，如图7.55所示。

图7.55 最终效果

7.4 印刷公司名片设计

设计构思

　　本例讲解印刷公司名片设计，该名片在制作过程中采用多个彩块化图形与圆角矩形相
结合，完美表现出印刷主题特征，最终效果如图7.56所示。

图7.56 最终效果

- 难易程度：★★★☆☆
- 调用素材：调用素材\第7章\印刷公司名片设计
- 最终文件：源文件\第7章\印刷公司名片正面设计.cdr、印刷公司名片背面设计.cdr
- 视频位置：movie\7.4 印刷公司名片正面设计.avi、印刷公司名片背面设计.avi

操作步骤

7.4.1 制作名片正面效果

步骤 01 单击工具箱中的【矩形工具】□按
钮，绘制一个【宽度】为90，【高度】为55
的矩形，设置其【填充】为白色，【轮廓】为
无，如图7.57所示。

图7.57 绘制矩形

步骤02 单击工具箱中的【2点线工具】✏按钮，在矩形靠左侧绘制一条线段，设置其【轮廓】为灰色（R:240, G:240, B:240），【宽度】为1.5，如图7.58所示。

步骤03 选中线段并按住鼠标左键，向右侧移动后单击鼠标右键将其复制；按Ctrl+D组合键再将图像复制多份，如图7.59所示。

图7.58 绘制线段   图7.59 复制线段

步骤04 选中所有线段，执行菜单栏中的【对象】|【PowerClip】|【置于图文框内部】命令，将图形放置到矩形内部，如图7.60所示。

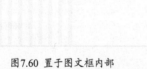

图7.60 置于图文框内部

步骤05 单击工具箱中的【矩形工具】□按钮，绘制一个矩形，设置其【填充】为蓝色（R:7, G:156, B:189），【轮廓】为无，如图7.61所示。

步骤06 单击工具箱中的【形状工具】↖按钮，拖动矩形右上角节点，将其转换为圆角矩形，如图7.62所示。

图7.61 绘制矩形   图7.62 转换为圆角矩形

步骤07 选中圆角矩形，执行菜单栏中的【对象】|【PowerClip】|【置于图文框内部】命令，将图形放置到矩形内部，如图7.63所示。

步骤08 单击工具箱中的【矩形工具】□按钮，按住Ctrl键绘制一个矩形，设置其【填充】为灰色（R:230, G:230, B:230），【轮廓】为无，如图7.64所示。

图7.63 置于图文框内部   图7.64 绘制矩形

步骤09 单击工具箱中的【形状工具】↖按钮，拖动矩形右上角节点，将其转换为圆角矩形，如图7.65所示。

步骤10 选中图形并按住鼠标左键，向右上角移动后单击鼠标右键将其复制。将复制生成的图形【填充】更改为白色，如图7.66所示。

图7.65 转换为圆角矩形   图7.66 复制图形

步骤11 单击工具箱中的【文本工具】**字**按钮，在适当的位置输入文字（Corbel 粗体、Corbel），如图7.67所示。

图7.67 输入文字

步骤12 单击工具箱中的【矩形工具】□按钮，在名片顶部绘制一个矩形，设置其【填充】为黄色（R:215, G:202, B:38），【轮廓】为无，如图7.68所示。

步骤13 单击工具箱中的【形状工具】↖按钮，拖动矩形右上角节点，将其转换为圆角矩形，如图7.69所示。

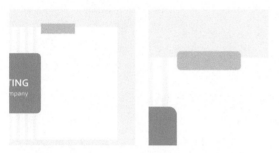

图7.68 绘制矩形　　　　图7.69 转换为圆角矩形

步骤14 选中图形并按住鼠标左键，向右侧移动后单击鼠标右键将其复制。将复制生成的图形【填充】更改为红色（R:239, G:84, B:80）。

步骤15 同时选中两个图形并按住鼠标左键，向下方移动后单击鼠标右键将其复制，如图7.70所示。

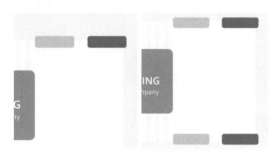

图7.70 复制图形

步骤16 选中4个圆角矩形，执行菜单栏中的【对象】|【PowerClip】|【置于图文框内部】命令，将图形放置到矩形内部。

步骤17 执行菜单栏中的【文件】|【打开】命令，选择"调用素材\第7章\印刷公司名片设计\图标.cdr"文件，单击【打开】按钮，将打开的文件拖入当前页面中名片适当位置，如图7.71所示。

图7.71 打开素材

步骤18 单击工具箱中的【文本工具】**字**按钮，在适当的位置输入文字（Corbel），如图7.72所示。

图7.72 输入文字

7.4.2 制作名片背面效果

步骤01 单击工具箱中的【矩形工具】□按钮，绘制一个【宽度】为90，【高度】为55的矩形，设置其【填充】为白色，【轮廓】为无，如图7.73所示。

图7.73 绘制矩形

步骤 02 单击工具箱中的【矩形工具】□按钮，在刚才绘制的矩形左上角位置再次绘制一个矩形，设置其【填充】为黄色（R:215，G:202，B:38），【轮廓】为无，如图7.74所示。

步骤 03 单击工具箱中的【形状工具】按钮，拖动矩形右上角节点，将其转换为圆角矩形，如图7.75所示。

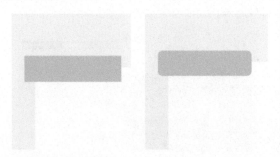

图7.74 绘制矩形　　　图7.75 转换为圆角矩形

步骤 04 选中图形并按住鼠标左键，向下方移动后单击鼠标右键将其复制。

步骤 05 选中两个图形并按住鼠标左键，向右侧移动后单击鼠标右键将其复制。将复制生成的图形【填充】更改为红色（R:239，G:84，B:80），如图7.76所示。

图7.76 复制图形

步骤 06 选中4个图形，执行菜单栏中的【对象】|【PowerClip】|【置于图文框内部】命令，将图像放置到矩形内部，如图7.77所示。

图7.77 置于图文框内部

步骤 07 单击工具箱中的【2点线工具】按钮，在矩形靠左侧绘制一条线段，设置其【轮廓】为灰色（R:240，G:240，B:240），【宽度】为1.5，如图7.78所示。

步骤 08 选中线段并按住鼠标左键，向右侧移动后单击鼠标右键将其复制，如图7.79所示。

图7.78 绘制线段　　　图7.79 复制线段

步骤 09 按Ctrl+D组合键将线段复制多份，如图7.80所示。

步骤 10 单击工具箱中的【矩形工具】□按钮，在线段区域绘制一个矩形，如图7.81所示。

图7.80 复制线段　　　图7.81 绘制矩形

步骤 11 同时选中矩形及下方线段图形，单击属性栏中的【修剪】按钮，对图形进行修剪，并删除不需要的图形，如图7.82所示。

步骤 12 选中线段图形，执行菜单栏中的【对象】|【PowerClip】|【置于图文框内部】命令，将图形放置到矩形内部，如图7.83所示。

图7.82 修剪图形　　　图7.83 置于图文框内部

步骤13 单击工具箱中的【矩形工具】□按钮，按住Ctrl键绘制一个矩形，设置其【填充】为蓝色（R:7, G:156, B:189），【轮廓】为无，如图7.84所示。

图7.85 转换为圆角矩形　　　图7.86 复制图形

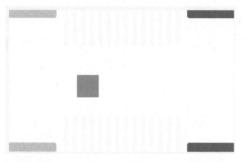

图7.84 绘制矩形

步骤14 单击工具箱中的【形状工具】按钮，拖动矩形右上角节点，将其转换为圆角矩形，如图7.85所示。

步骤15 选中图形并按住鼠标左键，向右上角移动后单击鼠标右键将其复制。将复制生成的图形【填充】更改为灰色（R:204, G:204, B:204），如图7.86所示。

步骤16 单击工具箱中的【文本工具】字按钮，在适当的位置输入文字（Corbel 粗体、Corbel），这样就完成了效果的制作，如图7.87所示。

PRINTING
Limited company

图7.87 最终效果

7.5　国际贸易公司名片设计

设计构思

　　本例讲解国际贸易公司名片设计，该名片设计过程比较简单，主要由矩形及线条图形组合而成，再添加详细信息即可完成制作，最终效果如图7.88所示。

图7.88 最终效果

- 难易程度：★★☆☆☆
- 调用素材：调用素材\第7章\国际贸易公司名片设计
- 最终文件：源文件\第7章\国际贸易公司名片正面设计.cdr、国际贸易公司名片背面设计.cdr
- 视频位置：movie\7.5 国际贸易公司名片正面设计.avi、国际贸易公司名片背面设计.avi

7.5.1 制作名片正面效果

步骤01 单击工具箱中的【矩形工具】□按钮，绘制一个【宽度】为90，【高度】为55的矩形，设置其【填充】为白色，【轮廓】为无，如图7.89所示。

图7.89 绘制矩形

步骤02 选中矩形，按Ctrl+C组合键复制，按Ctrl+V组合键粘贴。将粘贴的矩形更改为蓝色（R:116, G:168, B:242），并适当缩小其宽度，如图7.90所示。

图7.90 复制图形

步骤03 单击工具箱中的【矩形工具】□按钮，绘制一个矩形，如图7.91所示。

步骤04 同时选中矩形及蓝色矩形，单击属性栏中的【修剪】凸按钮，对图形进行修剪，并删除不需要的图形，如图7.92所示。

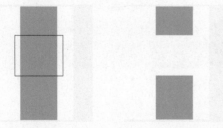

图7.91 绘制矩形　　　　图7.92 修剪图形

步骤05 单击工具箱中的【2点线工具】✓按钮，绘制一条线段，设置其【轮廓】为蓝色

（R:116, G:168, B:242），【宽度】为2，如图7.93所示。

步骤06 执行菜单栏中的【文件】|【导入】命令，选择"调用素材\第7章\国际贸易公司名片设计\二维码.jpg"文件，单击【导入】按钮，在空缺的矩形位置单击，导入素材，如图7.94所示。

图7.93 绘制线段　　　　图7.94 导入素材

步骤07 单击工具箱中的【矩形工具】□按钮，绘制一个矩形，如图7.95所示。

步骤08 同时选中矩形及蓝色线段，单击属性栏中的【修剪】凸按钮，对图形进行修剪，并删除不需要的图形，如图7.96所示。

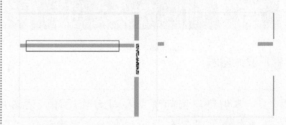

图7.95 绘制矩形　　　　图7.96 修剪图形

步骤09 单击工具箱中的【2点线工具】✓按钮，绘制一条线段，设置其【轮廓】为蓝色（R:116, G:168, B:242），【宽度】为0.5，如图7.97所示。

图7.97 绘制线段

步骤⑩ 单击工具箱中的【文本工具】**字**按钮，在适当的位置输入文字（Arial），如图7.98所示。

图7.98 输入文字

步骤⑪ 单击工具箱中的【2点线工具】✏按钮，绘制一条线段，设置其【轮廓】为黑色，【宽度】为0.2，如图7.99所示。

步骤⑫ 在【轮廓笔】面板中选择一种虚线样式，完成之后按Enter键确认，如图7.100所示。

图7.99 绘制线段　　　　图7.100 绘制矩形

步骤⑬ 同时选中矩形及其下方线段，单击属性栏中的【修剪】🔲按钮，对图形进行修剪，并删除不需要的图形，如图7.101所示。

步骤⑭ 选中线段并按住鼠标左键，向下方移动后单击鼠标右键将其复制，如图7.102所示。

图7.101 绘制矩形　　　　图7.102 修剪图形

步骤⑮ 执行菜单栏中的【文件】|【打开】命令，选择"调用素材\第7章\国际贸易公司名片设计\图标.cdr"文件，单击【打开】按钮，将打开的文件拖入当前页面中适当位置，如图7.103所示。

图7.103 添加素材

步骤⑯ 单击工具箱中的【文本工具】**字**按钮，在适当的位置输入文字（Arial），如图7.104所示。

图7.104 输入文字

7.5.2 制作名片背面效果

步骤① 单击工具箱中的【矩形工具】□按钮，绘制一个【宽度】为90，【高度】为55的矩形，设置其【填充】为白色，【轮廓】为无，如图7.105所示。

图7.105 绘制矩形

步骤 02 选中矩形，按Ctrl+C组合键复制，按Ctrl+V组合键粘贴。将粘贴的矩形【填充】更改为蓝色（R:116, G:168, B:242），并适当缩小其高度，如图7.106所示。

图7.106 缩小图形

步骤 03 单击工具箱中的【文本工具】**字**按钮，在适当的位置输入文字，如图7.107所示。

图7.107 输入文字

步骤 04 单击工具箱中的【矩形工具】□按钮，按住Ctrl键绘制一个矩形，设置其【填充】为无，【轮廓】为蓝色（R:116, G:168, B:242），【宽度】为15，然后执行菜单栏中的【对象】|【将轮廓转换为对象】命令。

步骤 05 单击工具箱中的【矩形工具】□按钮，在蓝色矩形位置再次绘制一个矩形，如图7.108所示。

图7.108 绘制矩形

步骤 06 同时选中两个图形，单击属性栏中的【修剪】┗┓按钮，对图形进行修剪，并删除不需要的图形，如图7.109所示。

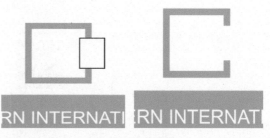

图7.109 修剪图形

步骤 07 单击工具箱中的【贝塞尔工具】╱按钮，绘制一个不规则图形，设置其【填充】为蓝色（R:116, G:168, B:242），【轮廓】为无，如图7.110所示。

步骤 08 选中图形并按住鼠标左键，向右侧移动后单击鼠标右键将其复制，如图7.111所示。

图7.110 绘制图形　　　图7.111 复制图形

步骤 09 按Ctrl+D组合键将图形再次复制一份，这样就完成了效果的制作，如图7.112所示。

图7.112 最终效果

第8章

书籍封面与装帧艺术设计

本章介绍

本章讲解书籍封面与装帧艺术设计，封面与装帧设计作为传统平面设计中重要的组成部分，它对于设计水平有一定的要求。因为在设计过程中需要考虑到内页中内容，当阅读者第一次拿到读物时，首先是封面中的设计美感给人第一印象，所以需要从多个角度进行设计。本章中列举了如时尚杂志封面设计、建筑科技封面设计、旅行文化书籍封面设计等多个封面设计实例，通过对这些实例的学习，可以掌握大多数封面与装帧设计的制作。

要点索引

◎ 学会时尚杂志封面设计

◎ 学习建筑科技封面设计

◎ 学会旅行文化书籍封面设计

◎ 了解投资指南封面设计流程

8.1 时尚杂志封面设计

设计构思

　　本例讲解时尚杂志封面设计，该封面在设计过程中以出色的时尚图像元素及直观的 Logo信息作为主视觉，主题特征十分明确，最终效果如图8.1所示。

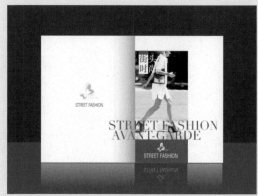

图8.1 最终效果

- 难易程度：★★★☆☆
- 调用素材：调用素材\第8章\时尚杂志封面设计
- 最终文件：源文件\第8章\时尚杂志封面平面设计.cdr、时尚杂志封面展示设计.cdr
- 视频位置：movie\8.1 时尚杂志封面平面设计.avi、时尚杂志封面展示设计.avi

操作步骤

8.1.1 制作平面效果

步骤01 单击工具箱中的【矩形工具】□按钮，绘制一个【宽度】为420，【高度】为285的矩形，设置其【填充】为白色。

步骤02 在矩形靠右侧位置再次绘制一个红色（R:232, G:59, B:65）矩形，如图8.2所示。

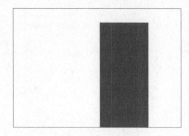

图8.2 绘制矩形

步骤03 执行菜单栏中的【文件】|【导入】命令，选择"调用素材\第8章\时尚杂志封面设计

\图像.jpg"文件，单击【导入】按钮，在页面中单击，导入素材，如图8.3所示。

步骤04 选中图像，执行菜单栏中的【对象】|【PowerClip】|【置于图文框内部】命令，将图形放置到红色矩形内部，如图8.4所示。

图8.3 导入素材　　　　　图8.4 置于图文框内部

步骤05 单击工具箱中的【矩形工具】□按钮，在素材图像左上角按住Ctrl键绘制一个矩形，设置其【填充】为白色，【轮廓】为无。

步骤06 在矩形顶部位置再次绘制一个红色（R:232, G:59, B:65）矩形，如图8.5所示。

图8.5 绘制矩形

步骤07 选中白色矩形并按住鼠标左键，向下方移动后单击鼠标右键将其复制，如图8.6所示。

步骤08 单击工具箱中的【文本工具】**字**按钮，在适当的位置输入文字（华文中宋），如图8.7所示。

图8.6 复制图形　　　　图8.7 输入文字

步骤09 在图像靠底部位置再次输入文字（Didot、Square721 Cn BT），如图8.8所示。

步骤10 执行菜单栏中的【文件】|【打开】命令，选择"调用素材\第8章\时尚杂志封面设计\logo.cdr"文件，单击【打开】按钮，将打开的文件拖入当前页面中部分文字下方位置，如图8.9所示。

图8.8 输入文字　　　　　　图8.9 添加素材

步骤11 同时选中Logo及其下方文字并按住鼠标左键，向左侧移动后单击鼠标右键将其复制，如图8.10所示。

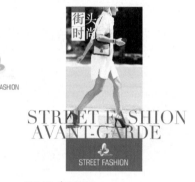

图8.10 复制图文

8.1.2　制作展示效果

步骤01 单击工具箱中的【矩形工具】□按钮，绘制一个矩形，设置其【填充】为灰色（R:51, G:51, B:51），【轮廓】为无，如图8.11所示。

图8.11 绘制图形

步骤02 选中矩形，按Ctrl+C组合键复制，按Ctrl+V组合键粘贴。将粘贴的矩形高度缩小，并更改其【填充】为灰色（R:77, G:77, B:77），如图8.12所示。

图8.12 粘贴图形

步骤03 执行菜单栏中的【文件】|【打开】命令，选择"调用素材\第8章\时尚杂志封面设计\时尚杂志封面.cdr"文件，单击【打开】按钮，将打开的文件拖入当前页面中图形位置，并按Ctrl+G组合键组合对象，如图8.13所示。

图8.13 添加图像

步骤04 选中所有封面图像，按Ctrl+C组合键复制，按Ctrl+V组合键粘贴，单击属性栏中的【垂直镜像】按钮，将图像垂直镜像向下移动，如图8.14所示。

图8.14 复制图像

步骤05 执行菜单栏中的【位图】|【转换为位图】命令，在弹出的对话框中分别选中【光滑处理】及【透明背景】复选框，完成之后单击【确定】按钮。

步骤06 选中图像，单击工具箱中的【透明度工具】按钮，在图像上拖动，以制作倒影，并降低其透明度，如图8.15所示。

步骤07 执行菜单栏中的【对象】|【PowerClip】|【置于图文框内部】命令，将图形放置到下方图形内部。

图8.15 制作倒影

步骤08 单击工具箱中的【矩形工具】按钮，在封底位置绘制一个矩形，设置其【填充】为灰色（R:128, G:128, B:128），【轮廓】为无，如图8.16所示。

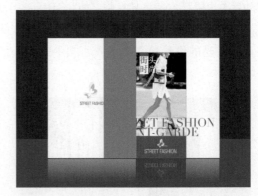

图8.16 绘制矩形

步骤09 选中图形，单击工具箱中的【透明度工具】按钮，在图像上拖动，以制作阴影，这样就完成了效果的制作，如图8.17所示。

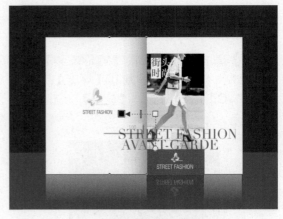

图8.17 最终效果

8.2 建筑科技封面设计

设计构思

　　本例讲解建筑科技封面设计，该封面在设计过程中将不规则图形进行组合，很好地体现出建筑的主题，同时以建筑素材图像作为装饰，最终效果如图8.18所示。

图8.18 最终效果

- 难易程度：★★★☆☆
- 调用素材：调用素材\第8章\建筑科技封面设计
- 最终文件：源文件\第8章\建筑科技封面平面设计.cdr、建筑科技封面展示设计.cdr
- 视频位置：movie\8.2 建筑科技封面平面设计.avi、建筑科技封面展示设计.avi

操作步骤

8.2.1 制作平面效果

步骤01 单击工具箱中的【矩形工具】□按钮，绘制一个【宽度】为420，【高度】为285的矩形，【轮廓】为无。

步骤02 单击工具箱中的【交互式填充工具】◇按钮，再单击属性栏中的【渐变填充】◢按钮，在图形上拖动，填充蓝色（R:192, G:208, B:223）到蓝色（R:100, G:121, B:142）的线性渐变，如图8.19所示。

图8.19 填充渐变

步骤03 在左侧标尺位置按住鼠标左键并向右侧拖动，在矩形中间位置创建一条辅助线，如图8.20所示。

图8.20 创建参考线

步骤04 单击工具箱中的【贝塞尔工具】✍按钮，绘制一个不规则图形，如图8.21所示。

步骤05 执行菜单栏中的【文件】|【导入】命令，选择"调用素材\第8章\建筑科技封面设计

\建筑.jpg"文件，单击【导入】按钮，在页面中单击，导入素材，如图8.22所示。

图8.21 绘制图形

图8.22 导入素材

步骤06 选中图像，执行菜单栏中的【对象】|【PowerClip】|【置于图文框内部】命令，将图形放置到图形内部，如图8.23所示。

步骤07 选中图形，将其【轮廓】更改为无，如图8.24所示。

图8.23 置于图文框内部

图8.24 取消轮廓

步骤08 单击工具箱中的【贝塞尔工具】✐ 按钮，绘制两个不规则图形，设置其【填充】为蓝色（R:81, G:115, B:140），【轮廓】为无，如图8.25所示。

图8.25 绘制图形

步骤09 选中下方不规则图形，单击工具箱中的【透明度工具】▩按钮，将【透明度】更改为50，如图8.26所示。

图8.26 更改透明度

步骤10 以同样的方法再次绘制两个不规则图形，并更改部分图形的透明度，如图8.27所示。

图8.27 更改透明度

步骤11 单击工具箱中的【文本工具】**字**按钮，在适当的位置输入文字（Square721 Cn BT），这样就完成了效果的制作，如图8.28所示。

图8.28 最终效果

8.2.2 制作展示效果

步骤01 单击工具箱中的【矩形工具】□按钮，绘制一个矩形，设置其【填充】为白色，【轮廓】为无。

步骤02 单击工具箱中的【交互式填充工具】按钮，再单击属性栏中的【渐变填充】按钮，在图形上拖动，填充灰色（R:224, G:224, B:224）到灰色（R:48, G:51, B:56）的椭圆形渐变，如图8.29所示。

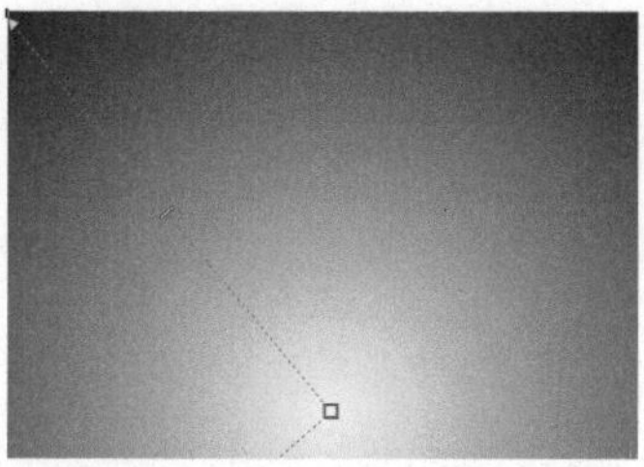

图8.29 填充渐变

步骤03 执行菜单栏中的【文件】|【打开】命令，选择“调用素材\第8章\建筑科技封面设计\建筑科技封面.cdr”文件，单击【打开】按钮，将打开的文件拖入当前页面中图形位置，按Ctrl+G组合键组合对象，再按Ctrl+C组合键复制，如图8.30所示。

图8.30 添加素材

步骤04 单击工具箱中的【矩形工具】□按钮，在封面图像左侧区域绘制一个矩形，设置其【填充】为无。

步骤05 同时选中两个图形，单击属性栏中的【修剪】按钮，对图形进行修剪，并将矩形框移至右侧位置，如图8.31所示。

步骤06 按Ctrl+V组合键粘贴图像，将矩形框移至所有对象上方后同时选中粘贴的图像，单击属性栏中的【修剪】按钮，对图形进行修剪，并删除矩形框，如图8.32所示。

图8.31 修剪图形

图8.32 修剪图形

步骤07 在左侧图像上双击，拖动左侧控制点，将其斜切变形；以同样的方法将右侧图像斜切变形，如图8.33所示。

图8.33 将图像变形

步骤08 选中左侧图像，按Ctrl+C组合键复制，按Ctrl+V组合键粘贴。将粘贴的图像向下移动，单击属性栏中的【垂直镜像】按钮，将图形垂直镜像，如图8.34所示。

步骤09 在图像上双击，拖动左侧控制点，将其斜切变形，如图8.35所示。

图8.34 复制图像

图8.35 将图像变形

步骤⑩ 选中图像，执行菜单栏中的【位图】|【转换为位图】命令，在弹出的对话框中分别选中【光滑处理】及【透明背景】复选框，完成之后单击【确定】按钮。

步骤⑪ 单击工具箱中的【透明度工具】▨按钮，在图像上拖动，降低其透明度，如图8.36所示。

步骤⑫ 以同样的方法将右侧图像复制，并为其制作倒影效果，如图8.37所示。

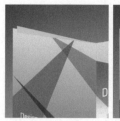

图8.38 绘制图形

步骤⑭ 以同样的方法再次绘制数个相似图像，制作内页效果，这样就完成了效果的制作，如图8.39所示。

图8.36 降低透明度　　图8.37 制作倒影

步骤⑬ 单击工具箱中的【贝塞尔工具】✐按钮，在左侧图像位置绘制一个不规则图形并移至图像下方，设置其【填充】为青色（R:153, G:204, B:204），【轮廓】为无，如图8.38所示。

图8.39 最终效果

8.3 旅行文化书籍封面设计

设计构思

　　本例讲解旅行文化书籍封面设计，该封面主题十分明确，以直观的旅游文化图像与文字信息相结合，完美表现出整个文化主题，最终效果如图8.40所示。

图8.40 最终效果

- 难易程度：★★★☆☆
- 调用素材：调用素材\第8章\旅行文化书籍封面设计
- 最终文件：源文件\第8章\旅行文化书籍封面平面设计.cdr、旅行文化书籍封面展示设计.cdr
- 视频位置：movie\8.3 旅行文化书籍封面平面设计.avi、旅行文化书籍封面展示设计.avi

操作步骤

8.3.1　制作封面效果

步骤01　单击工具箱中的【矩形工具】□按钮，绘制一个【宽度】为420，【高度】为285的矩形，设置其【填充】为白色，【轮廓】为无，如图8.41所示。

图8.41　绘制矩形

步骤02　执行菜单栏中的【文件】|【导入】命令，选择"调用素材\第8章\旅行文化书籍封面设计\图像.jpg"文件，单击【导入】按钮，在矩形右侧位置单击，导入素材并适当缩放，如图8.42所示。

图8.42　导入素材

步骤03　单击工具箱中的【矩形工具】□按钮，分别在图像底部和左侧绘制一个矩形，设置其【填充】为黄色（R:224, G:161, B:48），【轮廓】为无，如图8.43所示。

图8.43　绘制矩形

步骤04　选中左侧矩形，按Ctrl+C组合键复制，按Ctrl+V组合键粘贴。将粘贴的图形【填充】更改为其他任意颜色，然后缩短其高度并复制及更改颜色，如图8.44所示。

步骤05　执行菜单栏中的【文件】|【导入】命令，选择"调用素材\第8章\旅行文化书籍封面设计\图像 2.jpg"文件，单击【导入】按钮，在矩形右侧位置单击，导入素材，如图8.45所示。

图8.44　复制图形　　　图8.45　导入素材

步骤06　选中图像，执行菜单栏中的【对象】|【PowerClip】|【置于图文框内部】命令，将图形放置到其下方矩形内部，如图8.46所示。

步骤07　执行菜单栏中的【文件】|【导入】命令，选择"调用素材\第8章\旅行文化书籍封面设计\图像 3.jpg"文件，单击【导入】按钮，在矩形右侧位置单击，导入素材，并以同样的方法为其执行【置于图文框内部】命令，如图8.47所示。

图8.46　置于图文框内部　　　图8.47　导入素材

步骤08　单击工具箱中的【矩形工具】□按钮，在图像底部绘制一个矩形，设置其【填充】为黑色，【轮廓】为无，如图8.48所示。

步骤 09 选中矩形，单击工具箱中的【透明度工具】▧按钮，将其【透明度】更改为70%，如图8.49所示。

图8.48 绘制矩形　　　图8.49 降低透明度

步骤 10 单击工具箱中的【文本工具】**字**按钮，在适当的位置输入文字（方正兰亭黑_GBK），如图8.50所示。

步骤 11 单击工具箱中的【2点线工具】✎按钮，绘制一条线段，设置其【填充】为无，【轮廓】为黑色，【宽度】为0.75，如图8.51所示。

图8.50 输入文字　　　图8.51 绘制线段

8.3.2 制作封底效果

步骤 01 单击工具箱中的【矩形工具】□按钮，在左侧位置绘制一个矩形，设置其【填充】为无，【轮廓】为默认，如图8.52所示。

步骤 02 执行菜单栏中的【文件】|【导入】命令，选择"调用素材\第8章\旅行文化书籍封面设计\图像 4.jpg"文件，单击【导入】按钮，在矩形右侧位置单击，导入素材，如图8.53所示。

图8.52 绘制矩形　　　图8.53 导入素材

步骤 03 执行菜单栏中的【对象】|【PowerClip】|【置于图文框内部】命令，将图像放置到矩形内部，如图8.54所示。

步骤 04 取消图像边缘描边，如图8.55所示。

图8.54 置于图文框内部　　　图8.55 取消描边

步骤 05 单击工具箱中的【矩形工具】□按钮，在图像底部绘制一个矩形，设置其【填充】为黄色（R:224, G:161, B:48），【轮廓】为无，如图8.56所示。

图8.56 绘制矩形

步骤 06 单击工具箱中的【文本工具】**字**按钮，在适当的位置输入文字（方正兰亭细黑_GBK），如图8.57所示。

图8.57 输入文字

8.3.3 制作展示效果

步骤01 执行菜单栏中的【文件】|【导入】命令，选择"调用素材\第8章\旅行文化书籍封面设计\木纹.jpg"文件，单击【导入】按钮，在页面中单击，导入素材。

步骤02 执行菜单栏中的【文件】|【打开】命令，选择"调用素材\第8章\旅行文化书籍封面设计\旅行文化书籍封面.cdr"文件，单击【打开】按钮，将打开的文件拖入当前页面中木板图像位置，如图8.58所示。

图8.58 添加素材

步骤03 选中封底中图文对象并将其删除，如图8.59所示。

图8.59 删除图文

步骤04 单击工具箱中的【矩形工具】□按钮，绘制一个矩形，设置其【填充】为无，如图8.60所示。

图8.60 绘制矩形

步骤05 同时选中矩形及其下方图形，单击属性栏中的【修剪】➗按钮，对图形进行修剪，并删除不需要的图形，如图8.61所示。

图8.61 修剪图形

步骤06 选中所有对象，按Ctrl+G组合键组合对象，单击工具箱中的【阴影工具】▢按钮，拖动添加阴影，这样就完成了效果的制作，如图8.62所示。

图8.62 最终效果

8.4 投资指南封面设计

设计构思

　　本例讲解投资指南封面设计，该封面在制作过程中以投资方向作为主视觉图像，以圆形将图像进行结合，很好地表现出内容重点，最终效果如图8.63所示。

图8.63 最终效果

- 难易程度：★★★☆☆
- 调用素材：调用素材\第8章\投资指南封面设计
- 最终文件：源文件\第8章\投资指南封面平面设计.cdr、投资指南封面展示设计.cdr
- 视频位置：movie\8.4 投资指南封面平面设计.avi、投资指南封面展示设计.avi

操作步骤

8.4.1 制作封面效果

步骤01 单击工具箱中的【矩形工具】□按钮，绘制一个【宽度】为420，【高度】为285的矩形，设置其【填充】为白色，【轮廓】为无。

步骤02 在左侧标尺位置按住鼠标左键并向右侧拖动，在矩形中间设置创建一条辅助线，如图8.64所示。

图8.64 创建参考线

步骤03 单击工具箱中的【椭圆形工具】○按钮，按住Ctrl键绘制一个正圆，设置其【填充】为黑色，【轮廓】为蓝色（R:102, G:153, B:255），【宽度】为5，在【轮廓笔】面板中单击【外部轮廓】┓按钮，完成之后按Enter键确认，如图8.65所示。

步骤04 在属性栏中单击【饼图】◐按钮，将【开始】更改为90，【结束】更改为180，如图8.66所示。

图8.65 绘制正圆　　　　图8.66 制作饼图

步骤05 执行菜单栏中的【对象】|【将轮廓转换为对象】命令。选中蓝色轮廓图形，单击工具箱中的【透明度工具】▦按钮，将【透明度】更改为60，如图8.67所示。

图8.67 更改透明度

步骤06 同时选中两个图形，按Ctrl+C组合键复制，按Ctrl+V组合键粘贴，将图形适当旋转并移至右下角相对位置，如图8.68所示。

步骤07 同时选中两部分图形，按Ctrl+C组合键复制，按Ctrl+V组合键粘贴，单击属性栏中的【垂直镜像】▤按钮，将图形垂直镜像并等比例缩小，如图8.69所示。

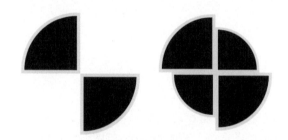

图8.68 粘贴图形　　　　图8.69 复制图形

步骤08 执行菜单栏中的【文件】|【导入】命令，选择"调用素材\第8章\投资指南封面设计\工业.jpg"文件，单击【导入】按钮，在饼图位置单击，导入素材，如图8.70所示。

步骤09 选中图像，执行菜单栏中的【对象】|【PowerClip】|【置于图文框内部】命令，将图形放置到下方饼图内部，如图8.71所示。

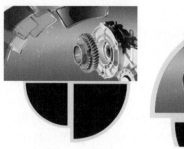

图8.70 导入素材　　　　图8.71 置于图文框内部

步骤10 执行菜单栏中的【文件】|【导入】命令，选择"调用素材\第8章\投资指南封面设计\飞机.jpg、建筑.jpg、新能源.jpg"文件，在饼图位置单击，导入素材，并以刚才同样的方法为素材执行【置于图文框内部】命令，如图8.72所示。

步骤11 单击工具箱中的【文本工具】**字**按钮，在适当的位置输入文字（方正兰亭黑_GBK），如图8.73所示。

图8.72 导入素材　　　　图8.73 输入文字

8.4.2 制作封底效果

步骤01 执行菜单栏中的【文件】|【打开】命令，选择"调用素材\第8章\投资指南封面设计\城市剪影.cdr"文件，单击【打开】按钮，将打开的文件拖入当前页面左侧位置，如图8.74所示。

图8.74 添加素材

步骤② 选中城市剪影图像，将其【填充】更改为灰色（R:153, G:153, B:153），如图8.75所示。

图8.75 更改颜色

步骤③ 选中剪影图像，按Ctrl+C组合键复制，按Ctrl+V组合键粘贴，单击属性栏中的【垂直镜像】按钮，将图像垂直镜像并向下移动，如图8.76所示。

图8.76 复制图像

步骤④ 选中图像，单击工具箱中的【透明度工具】按钮，在图像上拖动，降低其透明度，如图8.77所示。

图8.77 降低透明度

步骤⑤ 单击工具箱中的【文本工具】**字**按钮，在适当的位置输入文字（方正兰亭黑_GBK），如图8.78所示。

图8.78 输入文字

8.4.3 制作展示效果

步骤① 单击工具箱中的【矩形工具】□按钮，绘制一个矩形，设置其【填充】为无。

步骤② 单击工具箱中的【交互式填充工具】◇按钮，再单击属性栏中的【渐变填充】按钮，在图形上拖动，填充深灰色（R:30, G:33, B:36）到灰色（R:159, G:160, B:161）的线性渐变，如图8.79所示。

图8.79 复制并变换矩形

步骤③ 执行菜单栏中的【文件】|【打开】命令，选择"调用素材\第8章\投资指南封面设计\投资指南封面.cdr文件，单击【打开】按钮，将打开的图像拖入当前页面中，如图8.80所示。

图8.80 添加素材

步骤④ 单击工具箱中的【矩形工具】□按钮，在封面左侧位置绘制一个矩形，设置其【填充】为无，如图8.81所示。

步骤⑤ 同时选中矩形及其下方白色图形，单击属性栏中的【修剪】按钮，对图形进行修剪，并删除不需要的图形，如图8.82所示。

图8.81　绘制矩形

图8.82　修剪图形

步骤06 选中所有对象，按Ctrl+G组合键组合对象，在图像上单击并拖动右侧控制点，将其斜切变形，如图8.83所示。

图8.83　将图像斜切变形

步骤07 单击工具箱中的【钢笔工具】 按钮，在封面顶部绘制一个三角形，设置其【填充】为青色（R:153, G:204, B:204），【轮廓】为无，如图8.84所示。

步骤08 将图形移至封面图像下方，如图8.85所示。

图8.84　绘制图形

图8.85　更改顺序

步骤09 以同样的方法再次绘制多个图形，以制作出翻页效果，如图8.86所示。

图8.86　制作翻页效果

步骤10 选中封面图像，按Ctrl+C组合键复制，

按Ctrl+V组合键粘贴，单击属性栏中的【垂直镜像】 按钮，将其垂直镜像，如图8.87所示。

步骤11 在图像上双击，拖动右侧控制点，将其斜切变形，如图8.88所示。

图8.87　复制对象

图8.88　将图像斜切变形

步骤12 执行菜单栏中的【位图】|【转换为位图】命令，在弹出的对话框中分别选中【光滑处理】及【透明背景】复选框，完成之后单击【确定】按钮。

步骤13 单击工具箱中的【透明度工具】 按钮，在图像上拖动，降低其透明度，如图8.89所示。

步骤14 执行菜单栏中的【对象】|【PowerClip】|【置于图文框内部】命令，将图形放置到矩形内部。使用【贝塞尔工具】 绘制一个黑色不规则图形。

图8.89　降低透明度

步骤15 选中黑色图形，单击工具箱中的【透明度工具】 按钮，在图像上拖动，降低其透明度，这样这就完成了效果的制作，如图8.90所示。

图8.90　最终效果

8.5 城市新发现杂志封面设计

设计构思

　　本例讲解城市新发现杂志封面设计，该封面以多边形作为主视觉图形，以城市图像作为辅助图像，完美表现出城市新发现的主题特征，最终效果如图8.91所示。

图8.91 最终效果

- 难易程度：★★★☆☆
- 调用素材：调用素材\第8章\城市新发现杂志封面设计
- 最终文件：源文件\第8章\城市新发现杂志封面平面设计.cdr、城市新发现杂志封面展示设计.cdr
- 视频位置：movie\8.5 城市新发现杂志封面平面设计.avi、城市新发现杂志封面展示设计.avi

操作步骤

8.5.1 制作封面效果

步骤01 单击工具箱中的【矩形工具】□按钮，绘制一个【宽度】为420，【高度】为285的矩形，设置其【填充】为白色，【轮廓】为无。

步骤02 在左侧标尺位置按住鼠标左键并向右侧拖动，在矩形中间位置创建一条辅助线，如图8.92所示。

步骤03 单击工具箱中的【矩形工具】□按钮，按住Ctrl键绘制一个矩形，设置其【填充】为黑色，【轮廓】为无，如图8.93所示。

步骤04 在属性栏的【旋转角度】文本框中输入45，按Ctrl+C组合键复制，如图8.94所示。

图8.92 创建参考线

图8.93 绘制矩形

图8.94 旋转图形

步骤05 执行菜单栏中的【文件】|【导入】命令，选择"调用素材\第8章\城市新发现杂志封面设计\图像.jpg"文件，单击【导入】按钮，在矩形位置单击，导入素材，如图8.95所示。

步骤06 选中图像，执行菜单栏中的【对象】|【PowerClip】|【置于图文框内部】命令，将图像放置到矩形内部，如图8.96所示。

图8.95 导入素材　　图8.96 置于图文框内部

步骤07 按Ctrl+V组合键粘贴矩形。将粘贴的矩形【填充】更改为无，【轮廓】更改为绿色（R:167, G:201, B:59），【宽度】更改为2，再将其等比例放大。

步骤08 选中绿色矩形，按Ctrl+C组合键复制，按Ctrl+V组合键粘贴。将粘贴的矩形轮廓【宽度】更改为10，并等比例放大；执行菜单栏中的【对象】|【将轮廓转换为对象】命令，如图8.97所示。

图8.97 变换图形

步骤09 单击工具箱中的【矩形工具】▢按钮，在绿色矩形底部绘制一个矩形，如图8.98所示。

步骤10 同时选中矩形及下方绿色图形，单击属性栏中的【修剪】🖵按钮，对图形进行修剪，如图8.99所示。

步骤11 将矩形向上移动，以同样的方法将顶部部分区域图形进行修剪，如图8.100所示。

图8.98 绘制矩形　　　　图8.99 修剪图形

图8.100 移动并修剪图形

步骤12 单击工具箱中的【矩形工具】▢按钮，绘制一个矩形，设置其【填充】为蓝色（R:88, G:158, B:209），【轮廓】为无，如图8.101所示。

步骤13 单击鼠标右键，从弹出的快捷菜单中选择【转换为曲线】命令。

步骤14 单击工具箱中的【钢笔工具】🖋按钮，在矩形左侧边缘单击添加节点，如图8.102所示。

图8.101 绘制矩形　　　图8.102 添加节点

步骤15 单击工具箱中的【形状工具】⬎按钮，拖动节点，将其变形，如图8.103所示。

步骤16 单击工具箱中的【文本工具】**字**按钮，在适当的位置输入文字（方正兰亭黑_GBK），如图8.104所示。

图8.103 将图形变形　　　　　图8.104 输入文字

步骤17 单击工具箱中的【2点线工具】✎按钮，在文字之间绘制一条水平线段，设置其【轮廓】为白色，【宽度】为0.5，如图8.105所示。

步骤18 执行菜单栏中的【文件】|【打开】命令，选择"调用素材\第8章\城市新发现杂志封面设计\logo.cdr"文件，单击【打开】按钮，将打开的文件拖入当前页面中右上角位置，如图8.106所示。

图8.105 绘制线段　　　　　图8.106 添加素材

8.5.2 制作封底效果

步骤01 单击工具箱中的【矩形工具】□按钮，在页面左上角绘制一个矩形，设置其【填充】为灰色（R:230, G:230, B:230），【轮廓】为无，如图8.107所示。

步骤02 单击鼠标右键，从弹出的快捷菜单中选择【转换为曲线】命令。

步骤03 单击工具箱中的【钢笔工具】✎按钮，在矩形右侧边缘单击添加节点，如图8.108所示。

步骤05 选中图形，按Ctrl+C组合键复制，按Ctrl+V组合键粘贴。将粘贴的矩形【填充】更改为无，【轮廓】更改为绿色（R:167, G:201, B:59），【宽度】更改为2，再将其等比例放大，如图8.110所示。

步骤06 单击工具箱中的【矩形工具】□按钮，在图形左侧位置绘制一个矩形，如图8.111所示。

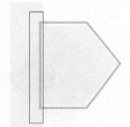

图8.110 变换图形　　　　　图8.111 绘制矩形

图8.107 绘制矩形　　　　　图8.108 添加节点

步骤04 单击工具箱中的【形状工具】✎按钮，拖动节点将其变形，如图8.109所示。

步骤07 选中绿色矩形，执行菜单栏中的【对象】|【将轮廓转换为对象】命令。同时选中两个图形，单击属性栏中的【修剪】□按钮，对图形进行修剪，并删除不需要的图形，如图8.112所示。

步骤08 单击工具箱中的【贝塞尔工具】✎按钮，绘制一个不规则图形，设置其【填充】为绿色（R:167, G:201, B:59），【轮廓】为无，如图8.113所示。

图8.109 将图形变形

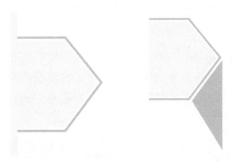

图8.112 修剪图形　　　图8.113 绘制图形

步骤09 选中图形并按住鼠标左键，向右侧移动后单击鼠标右键将其复制，单击属性栏中的【水平镜像】㧸按钮，将其水平镜像。

步骤10 将镜像后的图形【填充】更改为蓝色（R:88, G:158, B:209）并向下移动。

步骤11 同时选中左上角两个图形并按住鼠标左键，向右侧移动后单击鼠标右键将其复制，单击属性栏中的【水平镜像】㧸按钮，将其水平镜像并向下移动，如图8.114所示。

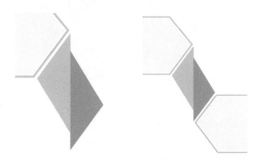

图8.114 复制图形

步骤12 单击工具箱中的【形状工具】㧸按钮，同时选中复制生成的图形右侧节点，向右侧拖动增加其宽度，如图8.115所示。

步骤13 选中Logo图像并按住鼠标左键，向左侧图形位置移动后单击鼠标右键将其复制，如图8.116所示。

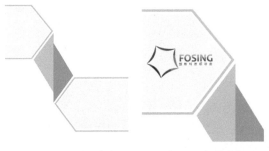

图8.115 增加图形宽度　　　图8.116 复制图像

步骤14 执行菜单栏中的【文件】|【导入】命令，选择"调用素材\第8章\城市新发现杂志封面设计\图像.jpg"文件，单击【导入】按钮，在刚才复制生成的图形适当位置单击，导入素材，如图8.117所示。

图8.117 导入素材

步骤15 选中图像，执行菜单栏中的【对象】|【PowerClip】|【置于图文框内部】命令，将图像放置到下方图形内部，如图8.118所示。

图8.118 置于图文框内部

步骤16 单击工具箱中的【文本工具】**字**按钮，在适当的位置输入文字（方正兰亭黑_GBK），这样就完成了效果的制作，如图8.119所示。

图8.119 最终效果

8.5.3 制作展示效果

步骤01 执行菜单栏中的【文件】|【导入】命令，选择"调用素材\第8章\城市新发现杂志封面设计\背景.jpg"文件，单击【导入】按钮，在页面中单击，导入素材，如图8.120所示。

图8.120 导入素材

步骤02 执行菜单栏中的【文件】|【打开】命令，选择"调用素材\第8章\城市新发现杂志封面设计\城市新发现杂志封面平面.cdr"文件，单击【打开】按钮，将打开的文件拖入当前页面中图形位置并缩小，按Ctrl+G组合键组合对象，再按Ctrl+C组合键复制，如图8.121所示。

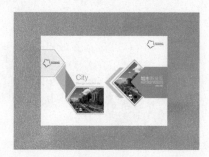

图8.121 添加素材

步骤03 单击工具箱中的【矩形工具】□按钮，在封面图像左侧区域绘制一个矩形，设置其【填充】为无。

步骤04 同时选中两个图形，单击属性栏中的【修剪】🖵按钮，对图形进行修剪，并将矩形框移至右侧位置，如图8.122所示。

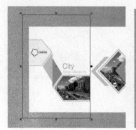

图8.122 修剪图形

步骤05 按Ctrl+V组合键粘贴图像。将矩形框移至所有对象上方后同时选中粘贴的图像，单击属性栏中的【修剪】🖵按钮，对图形进行修剪，并删除矩形框，如图8.123所示。

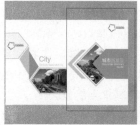
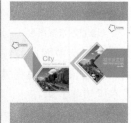

图8.123 修剪图形

步骤06 选中左侧图像并将其适当旋转，如图8.124所示。

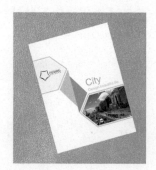

图8.124 旋转图像

步骤07 单击工具箱中的【贝塞尔工具】✐按钮，在图像左侧边缘绘制一个不规则图形，以制作侧面厚度，设置其【填充】为绿色（R:167,G:201,B:59），【轮廓】为无，如图8.125所示。

图8.125 制作厚度

步骤08 在底部边缘绘制一个灰色（R:230,G:230,B:230）图形，以制作底部厚度，如图8.126所示。

步骤09 选中图像，按Ctrl+G组合键组合对象，单击工具箱中的【阴影工具】🗔按钮，拖动添加阴影，在属性栏中将【阴影羽化】更改为3，如图8.127所示。

图8.126 制作底部厚度　　　　图8.127 添加阴影

步骤10 选中右侧图像并将其适当旋转，如图8.128所示。

图8.128 旋转图像

步骤11 以刚才同样的方法在边缘绘制图形，以制作厚度效果，如图8.129所示。

图8.129 制作厚度

步骤12 选中右侧图像并为其添加与左侧相同的阴影效果，这样就完成了效果的制作，如图8.130所示。

图8.130 最终效果

第9章

视觉艺术化海报设计

本章介绍

本章讲解视觉艺术化海报设计，海报是一种具有宣传性的张贴物，它向人们传递最为直观的图文信息。在本章中列举了如美食海报设计、环保议会海报设计、食物食品海报设计、创意海报设计等设计案例，通过对这些实例的学习，可以掌握绝大多数海报设计的要领。

要点索引

◎ 学会制作美食海报

◎ 学习设计美味冰淇淋海报

◎ 掌握包促销海报设计思路

◎ 学会制作文案策划海报设计

◎ 学习超级挑战赛海报设计

◎ 了解儿童梦想主题海报设计流程

9.1 美食海报设计

设计构思

　　本例讲解美食海报设计，该海报设计以美食图像为主视觉，同时搭配醒目的文字，组合成一个完整的海报效果，最终效果如图9.1所示。

- 难易程度：★★☆☆☆
- 调用素材：调用素材\第9章\美食海报设计
- 最终文件：源文件\第9章\美食海报设计.cdr
- 视频位置：movie\9.1 美食海报设计.avi

图9.1 最终效果

操作步骤

步骤01　单击工具箱中的【矩形工具】□按钮，绘制一个【宽度】为350，【高度】为450的矩形，将其【填充】更改为灰色（R:223, B:223, B:223），【轮廓】更改为无，如图9.2所示。

步骤02　单击工具箱中的【椭圆形工具】○按钮，绘制一个椭圆，设置其【填充】为白色，【轮廓】为无，如图9.3所示。

图9.2 绘制矩形　　　图9.3 绘制椭圆

步骤03　将圆形转换为位图，然后执行菜单栏中的【位图】|【模糊】|【高斯式模糊】命令，在弹出的对话框中将【半径】更改为250像素，

完成之后单击【确定】按钮，如图9.4所示。

图9.4 添加高斯模糊

步骤04　执行菜单栏中的【文件】|【导入】命令，选择"调用素材\第9章\美食海报设计\菜.png"文件，单击【导入】按钮，在矩形顶部单击，导入素材，如图9.5所示。

步骤05　选中图像，单击工具箱中的【阴影工具】□按钮，拖动添加阴影，在属性栏中将【阴影的不透明度】更改为50，【阴影羽化】更改为10，如图9.6所示。

图9.5 导入素材　　　　　图9.6 添加阴影

步骤06 选中图像，执行菜单栏中的【对象】|【PowerClip】|【置于图文框内部】命令，将图形放置到矩形内部，如图9.7所示。

步骤07 执行菜单栏中的【文件】|【导入】命令，选择"调用素材\第9章\美食海报设计\笔痕.jpg"文件，单击【导入】按钮，在菜图像底部位置单击，导入素材，如图9.8所示。

图9.7 置于图文框内部　　　　图9.8 导入素材

步骤08 选中图像，单击工具箱中的【透明度工具】◼按钮，在属性栏中将【合并模式】更改为屏幕，如图9.9所示。

步骤09 选中图像并将其向右平移复制，再单击属性栏中的【水平镜像】◲按钮，将其水平镜像，如图9.10所示。

图9.9 更改合并模式　　　　图9.10 复制图像

步骤10 单击工具箱中的【文本工具】**字**按钮，在适当的位置输入文字（李旭科毛笔行书），如图9.11所示。

步骤11 单击工具箱中的【椭圆形工具】◯按钮，绘制一个椭圆，设置其【填充】为红色（R:255, G:47, B:0），【轮廓】为无，如图9.12所示。

图9.11 输入文字　　　　图9.12 绘制椭圆

步骤12 将圆形转换为位图，然后执行菜单栏中的【位图】|【模糊】|【高斯式模糊】命令，在弹出的对话框中将【半径】更改为250像素，完成之后单击【确定】按钮，如图9.13所示。

步骤13 选中图像，单击工具箱中的【透明度工具】◼按钮，在属性栏中将【合并模式】更改为添加，如图9.14所示。

图9.13 添加高斯模糊　　　　图9.14 更改合并模式

步骤14 单击工具箱中的【椭圆形工具】◯按钮，在文字下方位置按住Ctrl键绘制一个正圆，设置其【填充】为红色（R:136, G:6, B:32），【轮廓】为无，如图9.15所示。

步骤15 将图形向左侧移动复制三份，如图9.16所示。

图9.15 绘制正圆　　　　图9.16 复制图形

步骤 16 单击工具箱中的【文本工具】**字**按钮，在适当的位置输入文字（方正兰亭中粗黑_GBK、方正兰亭黑_GBK），如图9.17所示。

步骤 17 单击工具箱中的【2点线工具】✐按钮，在底部文字之间位置绘制一条线段，设置其【轮廓】为红色（R:136, G:6, B:32），【宽度】为1，这样就完成了的效果制作，如图9.18所示。

图9.17 输入文字　　　图9.18 最终效果

9.2 环保议会海报设计

设计构思

　　本例讲解环保议会海报设计，此款海报的设计思路比较简单，以干净直观的素材图像与文字信息相结合，整个海报表现出很强的主题特征，最终效果如图9.19所示。

- 难易程度：★★★☆☆
- 调用素材：调用素材\第9章\环保议会海报设计
- 最终文件：源文件\第9章\环保议会海报设计.cdr
- 视频位置：movie\9.2 环保议会海报设计.avi

图9.19 最终效果

操作步骤

9.2.1 处理背景

步骤 01 单击工具箱中的【矩形工具】□按钮，绘制一个【宽度】为500，【高度】为700的矩形，设置其【轮廓】为无。

步骤 02 单击工具箱中的【交互式填充工具】◆按钮，再单击属性栏中的【渐变填充】◢按钮，在图形上拖动，填充白色到灰色（R:230, G:230, B:230）的椭圆形渐变，如图9.20所示。

步骤 03 执行菜单栏中的【文件】|【打开】命令，选择"调用素材\第9章\环保议会海报设计\绿叶.cdr"文件，单击【打开】按钮，将其拖至矩形右上角位置，如图9.21所示。

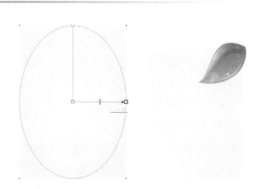

图9.20 填充渐变　　　图9.21 添加素材

步骤 04 将绿叶图像复制两份，再按Ctrl+G组合键将其编组，如图9.22所示。

步骤05 单击工具箱中的【阴影工具】□按钮，拖动添加阴影，在属性栏中将【不透明度】更改为50，【阴影羽化】更改为15，如图9.23所示。

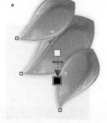

图9.22 复制图像　　　　图9.23 添加阴影

步骤06 选中绿叶并向左侧平移复制，单击

属性栏中的【水平镜像】ᴗ按钮，将其水平镜像，如图9.24所示。

步骤07 执行菜单栏中的【对象】|【PowerClip】|【置于图文框内部】命令，将图像放置到矩形内部，如图9.25所示。

图9.24 复制图像　　　图9.25 置于图文框内部

9.2.2 添加文字信息

步骤01 执行菜单栏中的【文件】|【打开】命令，选择"调用素材\第9章\环保议会海报设计\绿叶logo.cdr文件，单击【打开】按钮，将其拖至矩形顶部位置，如图9.26所示。

步骤02 单击工具箱中的【文本工具】**字**按钮，在适当的位置输入文字（方正兰亭中粗黑、方正兰亭黑），如图9.27所示。

图9.26 添加素材　　　　图9.27 添加文字

步骤03 执行菜单栏中的【文件】|【打开】命令，选择"调用素材\第9章\环保议会海报设计\绿叶.cdr文件，单击【打开】按钮，将其拖至文字下方位置，如图9.28所示。

步骤04 执行菜单栏中的【效果】|【调整】|【色度/饱和度/亮度】命令，在弹出的对话框中将【色度】更改为-180，【饱和度】更改为-100，【亮度】更改为85，完成之后单击【确定】按钮，如图9.29所示。

图9.28 添加素材　　　图9.29 去除颜色

步骤05 选中图像向右侧平移复制，单击属性栏中的【水平镜像】ᴗ按钮，将其水平镜像并等比例缩小，如图9.30所示。

图9.30 复制图像

步骤06 执行菜单栏中的【文件】|【打开】命令，选择"调用素材\第9章\环保议会海报设计\绿叶.cdr文件，单击【打开】按钮，将其拖至矩形位置，如图9.31所示。

步骤07 将绿叶复制一份并旋转及等比例缩小，如图9.32所示。

图9.31 添加素材　　　　图9.32 复制并变换图像

步骤08　单击工具箱中的【文本工具】**字**按钮，在适当的位置输入文字（方正兰亭黑），如图9.33所示。

步骤09　执行菜单栏中的【文件】|【打开】命令，选择"调用素材\第9章\环保议会海报设计\绿叶logo.cdr文件，单击【打开】按钮，将其拖至矩形右下角位置，如图9.34所示。

图9.33 输入文字　　　　图9.34 添加素材

步骤10　执行菜单栏中的【效果】|【调整】|【色度/饱和度/亮度】命令，在弹出的对话框中将【色度】更改为-180，【饱和度】更改为-100，【亮度】更改为50，完成之后单击【确定】按钮，如图9.35所示。

图9.35 去除颜色

步骤11　单击工具箱中的【矩形工具】口按钮，在刚才添加的文字之间绘制一个矩形，设置其【填充】为灰色（R:104, G:104, B:104），【轮廓】为无，如图9.36所示。

步骤12　将矩形向右侧移动复制一份，这样就完成了效果的制作，如图9.37所示。

图9.36 绘制图形　　　　图9.37 最终效果

9.3　美味冰淇淋海报设计

设计构思

　　本例讲解美味冰淇淋海报设计，此款海报以直观的美味冰淇淋图像为主视觉，通过艺术化文字与拟物化图形相结合，海报整体表现出相当出色的视觉效果，最终效果如图9.38所示。

- 难易程度：★★★☆☆
- 调用素材：调用素材\第9章\美味冰淇淋海报设计
- 最终文件：源文件\第9章\美味冰淇淋海报设计.cdr
- 视频位置：movie\9.3 美味冰淇淋海报设计.avi

图9.38 最终效果

操作步骤

9.3.1 制作海报主背景

步骤01 单击工具箱中的【矩形工具】□按钮，绘制一个矩形，设置其【轮廓】为无。

步骤02 单击工具箱中的【交互式填充工具】◇按钮，再单击属性栏中的【渐变填充】▨按钮，在图形上拖动，填充白色到蓝色（R:19,G:184, B:211）的椭圆形渐变，如图9.39所示。

步骤03 单击工具箱中的【贝塞尔工具】✐按钮，绘制一个云朵图形，设置其【填充】为白色，【轮廓】为无，如图9.40所示。

图9.41 隐藏图形　　　　图9.42 复制图像

步骤06 单击工具箱中的【椭圆形工具】○按钮，绘制一个椭圆，设置其【填充】为白色，【轮廓】为无，如图9.43所示。

步骤07 执行菜单栏中的【位图】|【转换为位图】命令，在弹出的对话框中分别选中【光滑处理】及【透明背景】复选框，完成之后单击【确定】按钮。

步骤08 执行菜单栏中的【位图】|【模糊】|【高斯式模糊】命令，在弹出的对话框中将【半径】更改为230像素，完成之后单击【确定】按钮，如图9.44所示。

图9.39 填充渐变　　　　图9.40 绘制图形

步骤04 单击工具箱中的【交互式填充工具】◇按钮，再单击属性栏中的【渐变填充】◢按钮，在图形上拖动，填充白色到白色的线性渐变，将第一个白色色标【节点透明度】更改为100，如图9.41所示。

步骤05 选中云朵图像并将其复制多份，如图9.42所示。

图9.43 绘制图形　　　　图9.44 添加高斯模糊

9.3.2 处理图文信息

步骤01 执行菜单栏中的【文件】|【导入】命令，选择"调用素材\第9章\美味冰淇淋海报设计\冰淇淋.png"文件，单击【导入】按钮，在矩形中间位置单击，导入素材，如图9.45所示。

步骤02 单击工具箱中的【矩形工具】□按钮，绘制一个矩形，设置其【填充】为红色（R:239,G:44, B:39），【轮廓】为无，如图9.46所示。

图9.45 导入素材

图9.46 绘制矩形

步骤03　在矩形上单击鼠标右键，从弹出的快捷菜单中选择【转换为曲线】命令。

步骤04　单击工具箱中的【钢笔工具】📝按钮，在矩形左侧边缘单击添加节点，如图9.47所示。

步骤05　单击工具箱中的【形状工具】🔧按钮，拖动节点，将其变形，如图9.48所示。

图9.47 添加节点

图9.48 将矩形变形

步骤06　缩短图形宽度并在图形上单击，将其斜切后移至冰淇淋图像下方，并将其适当斜切变形，如图9.49所示。

图9.49 变换图形

步骤07　单击工具箱中的【矩形工具】□按钮，绘制一个矩形，设置其【轮廓】为无。

步骤08　单击工具箱中的【交互式填充工具】◇按钮，再单击属性栏中的【渐变填充】🖼️按钮，在图形上拖动，填充黄色（R:242, G:192,

B:85）到红色（R:238, G:39, B:32）的线性渐变，如图9.50所示。

步骤09　在矩形上单击，将其适当斜切变形，如图9.51所示。

图9.50 绘制图形

图9.51 填充渐变

步骤10　单击工具箱中的【文本工具】**字**按钮，在适当的位置输入文字（Arial），并将其斜切变形，如图9.52所示。

图9.52 添加文字

步骤11　以刚才同样的方法绘制图形并添加文字，如图9.53所示。

步骤12　单击工具箱中的【星形工具】☆按钮，在部分位置绘制一个白色星形，如图9.54所示。

图9.53 添加文字

图9.54 绘制星形

步骤13　将星形斜切变形，如图9.55所示。

步骤14　选中星形并向右侧移动复制一份，如图9.56所示。

图9.55 将星形变形

图9.56 复制图形

步骤15 选中部分图形，单击工具箱中的【阴影工具】□按钮，拖动添加阴影；以同样的方法为其他几个图形添加相似的阴影效果，如图9.57所示。

图9.57 添加阴影

步骤16 单击工具箱中的【文本工具】**字**按钮，在适当的位置输入文字（Chaparral Pro），并将其斜切变形，如图9.58所示。

图9.58 输入文字

步骤17 单击工具箱中的【交互式填充工具】◇按钮，再单击属性栏中的【渐变填充】◢按钮，在图形上拖动，填充蓝色（R:173, G:222, B:225）到蓝色（R:8, G:138, B:159）的椭圆形渐变，如图9.59所示。

步骤18 选中文字，在【轮廓笔】面板中，将其【颜色】更改为白色，【宽度】更改为3，完成之后按Enter键确认，如图9.60所示。

图9.59 添加渐变

图9.60 添加描边

―――――――― 提示与技巧 ――――――――

最后添加描边的目的是为了方便观察填充渐变颜色效果，也可以根据自己的习惯先添加描边。

步骤19 选中文字，按Ctrl+C组合键复制，按Ctrl+V组合键粘贴，设置其【填充】为无，在【轮廓笔】面板中，将其【宽度】更改为0.75，完成之后按Enter键确认。

步骤20 单击工具箱中的【轮廓图工具】◎按钮，向下拖动将粘贴的文字轮廓图处理，【轮廓图步长】设置为1，如图9.61所示。

步骤21 单击鼠标右键，从弹出的快捷菜单中选择【拆分轮廓图】命令，再单击工具箱中的【透明度工具】▨按钮，在属性栏中将【合并模式】更改为叠加，如图9.62所示。

图9.61 放大文字

图9.62 设置合并模式

步骤22 单击工具箱中的【文本工具】**字**按钮，在适当的位置输入文字（Adobe Arabic），并将其斜切变形，如图9.63所示。

图9.63 输入文字

步骤23 单击工具箱中的【椭圆形工具】○按钮，在文字左侧绘制一个椭圆，设置其【填充】为白色，【轮廓】为无，如图9.64所示。

步骤24 将小正圆向左侧移动复制两份，并分别将其缩小，如图9.65所示。

图9.64 绘制图形　　　　图9.65 复制图形

步骤25 同时选中三个小正圆，将其向右侧移动复制，单击属性栏中的【水平镜像】�按钮，将其水平镜像并适当旋转，如图9.66所示。

步骤26 单击工具箱中的【文本工具】**字**按钮，在矩形底部输入文字（Adobe Arabic），如图9.67所示。

图9.66 复制图形　　　　图9.67 输入文字

步骤27 单击工具箱中的【2点线工具】✏按钮，绘制一条线段，设置其【填充】为无，【轮廓】为白色，【宽度】为2，选中图形并向右侧平移复制，如图9.68所示。

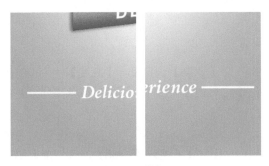

图9.68 绘制线段

步骤28 单击工具箱中的【矩形工具】□按钮，在文字下方绘制一个矩形，设置其【填充】为白色，【轮廓】为无，如图9.69所示。

图9.69 绘制图形

步骤29 在矩形上单击鼠标右键，从弹出的快捷菜单中选择【转换为曲线】命令。

步骤30 单击工具箱中的【钢笔工具】♠按钮，在矩形左侧边缘单击添加节点，如图9.70所示。

步骤31 单击工具箱中的【形状工具】↖按钮，拖动节点将其变形，如图9.71所示。

图9.70 添加节点　　　　图9.71 将矩形变形

步骤32 以同样的方法将图形右侧相对位置变形，如图9.72所示。

步骤33 单击工具箱中的【文本工具】**字**按钮，在矩形位置输入文字（Chaparral Pro），如图9.73所示。

图9.72 将图形变形　　　　图9.73 输入文字

步骤34 单击工具箱中的【椭圆形工具】〇按钮，在图形左侧按住Ctrl键绘制一个正圆，设置其【填充】为白色，【轮廓】为无，将图形向右侧平移复制，这样就完成了效果的制作，如图9.74所示。

图9.74 最终效果

9.4 节日派对海报设计

设计构思

　　本例讲解节日派对海报设计，该海报在设计过程中以简洁的版式及直观的信息，完美诠释了海报的特点，整个海报制作过程比较简单，重点注意文字效果的处理，最终效果如图9.75所示。

- 难易程度：★★★☆☆
- 调用素材：调用素材\第9章\节日派对海报设计
- 最终文件：源文件\第9章\节日派对海报设计.cdr
- 视频位置：movie\9.4 节日派对海报设计.avi

图9.75 最终效果

操作步骤

9.4.1 制作海报背景

步骤01 单击工具箱中的【矩形工具】□按钮，绘制一个【宽度】为500，【高度】为700的矩形，设置其【填充】为灰色（R:250, G:250, B:250），【轮廓】为灰色（R:153, G:153, B:153），如图9.76所示。

步骤02 单击工具箱中的【椭圆形工具】〇按钮，在矩形顶部位置绘制一个正圆，设置其【填充】为无，在【轮廓笔】面板中，将【颜色】更改为灰色（R:148, G:157, B:166），【宽度】更改为2，【样式】更改为虚线，如图9.77所示。

图9.76 绘制矩形 　　　　图9.77 绘制图形

提示与技巧

在设置轮廓样式过程中，可以单击【编辑样式】按钮，在弹出的面板中通过拖动滑块来调节虚线的间距；单击【添加】按钮，可将调整后的样式添加到样式中；单击【替换】按钮，可将当前样式替换。

步骤 03 选中图形，按Ctrl+C组合键复制，按Ctrl+V组合键粘贴。将粘贴的图形等比例缩小；以同样的方法复制多个图形并将其等比例缩小，如图9.78所示。

步骤 04 同时选中所有椭圆并缩小其高度，如图9.79所示。

图9.78 复制图形 　　　　图9.79 缩小高度

步骤 05 执行菜单栏中的【对象】|【PowerClip】|【置于图文框内部】命令，将图形放置到矩形内部，如图9.80所示。

图9.80 置于图文框内部

步骤 06 单击工具箱中的【矩形工具】□按钮，绘制一个矩形，设置其【填充】为黑色，【轮廓】为无，如图9.81所示。

步骤 07 将矩形向右侧移动复制一份，如图9.82所示。

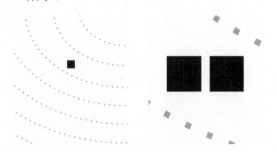

图9.81 绘制图形 　　　　图9.82 复制图形

步骤 08 同时选中两个图形，将其向下移动复制，按Ctrl+D组合键执行再制命令，将图形复制多份，如图9.83所示。

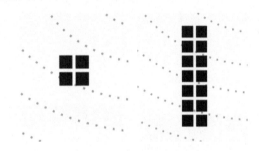

图9.83 复制图形

步骤 09 以同样的方法选中所有小矩形，向右侧移动复制一份，如图9.84所示。

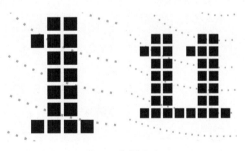

图9.84 复制图形

步骤 10 将图形再次复制，组合成一个【11.11】文字形状，如图9.85所示。

步骤 11 选择所有文字图形并组合对象，单击工具箱中的【交互式填充工具】◇按钮，再单击属性栏中的【渐变填充】◢按钮，在图形上拖动，填充紫色（R:73, G:37, B:120）到紫色（R:169, G:7, B:128）的线性渐变，如图9.86所示。

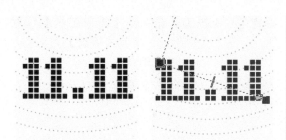

图9.85 复制图形	图9.86 填充渐变

步骤⑫ 单击工具箱中的【文本工具】**字**按钮，在适当的位置输入文字（方正兰亭中粗黑、方正粗谭黑简体、方正正粗黑简体）。选

中【金色K歌＋激情啤酒畅饮!】文字，调整其高度，如图9.87所示。

图9.87 输入文字

9.4.2 添加细节元素

步骤① 单击工具箱中的【矩形工具】□按钮，绘制一个矩形，设置其【填充】为红色（R:255, G:0, B:85），【轮廓】为无，如图9.88所示。

步骤② 单击工具箱中的【形状工具】↖按钮，拖动矩形右上角节点，将其转换为圆角矩形，如图9.89所示。

图9.88 绘制矩形	图9.89 转换为圆角矩形

步骤③ 单击工具箱中的【贝塞尔工具】╱按钮，在圆角矩形右下角绘制一个不规则图形，设置其【填充】为红色（R:255, G:0, B:85），【轮廓】为无，如图9.90所示。

步骤④ 单击工具箱中的【文本工具】**字**按钮，在适当的位置输入文字（方正正粗黑简体），并调整其高度，如图9.91所示。

图9.90 绘制图形	图9.91 添加文字

步骤⑤ 单击工具箱中的【文本工具】**字**按钮，在适当的位置输入文字（Calibri），如图9.92所示。

步骤⑥ 单击工具箱中的【矩形工具】□按钮，绘制一个矩形，设置其【填充】为无，【轮廓】为灰色（R:128, G:128, B:128），【宽度】为1。

步骤⑦ 单击工具箱中的【形状工具】↖按钮，拖动矩形右上角节点，将其转换为圆角矩形，如图9.93所示。

图9.92 添加文字	图9.93 转换为圆角矩形

步骤⑧ 单击工具箱中的【文本工具】**字**按钮，在适当的位置输入文字（NewsGoth BT），如图9.94所示。

步骤⑨ 执行菜单栏中的【效果】|【添加透视】命令，拖动控制点，将文字透视变形。

步骤⑩ 执行菜单栏中的【对象】|【PowerClip】|【置于图文框内部】命令，将文字放置到矩形内部，如图9.95所示。

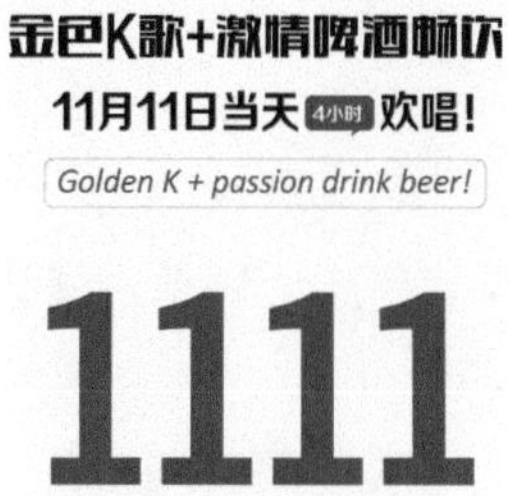

金色K歌+激情啤酒畅饮
11月11日当天 4小时 欢唱!
Golden K + passion drink beer!

1111

图9.94 添加文字

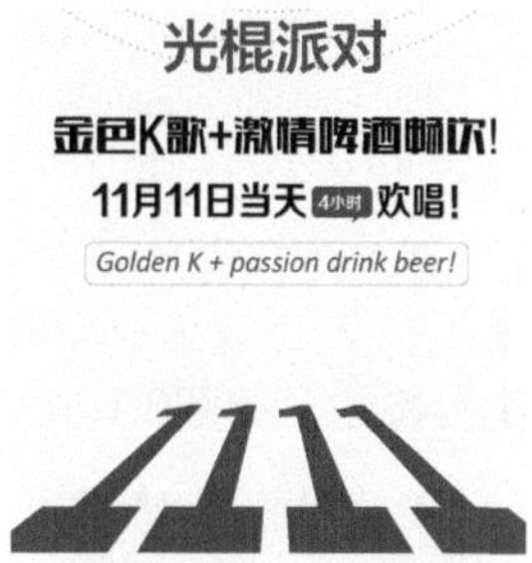

光棍派对
金色K歌+激情啤酒畅饮!
11月11日当天 4小时 欢唱!
Golden K + passion drink beer!

图9.95 置于图文框内部

步骤⑪ 执行菜单栏中的【文件】|【打开】命令，选择"调用素材\第9章\节日派对海报设计\剪影.cdr"文件，单击【打开】按钮，将打开的文件拖入当前页面中，如图9.96所示。

Golden K + passion drink beer!

图9.96 添加素材

步骤⑫ 执行菜单栏中的【文件】|【导入】命令，选择"调用素材\第9章\节日派对海报设计\炫光.jpg"文件，单击【导入】按钮，在剪影位置单击，导入素材，如图9.97所示。

步骤⑬ 选中炫光图像，单击工具箱中的【透明度工具】▨按钮，在属性栏中将【合并模式】更改为屏幕，如图9.98所示。

图9.97 导入素材

图9.98 更改合并模式

步骤⑭ 将炫光图像复制数份，这样就完成了效果的制作，如图9.99所示。

图9.99 最终效果

9.5 科技发布会海报设计

设计构思

　　本例讲解科技发布会海报设计，此款海报在制作过程中以极富科技感的图形与科技蓝背景相结合，整个海报画面简洁，从基础的元素中可以看到直观的信息，最终效果如图9.100所示。

- 难易程度：★★★☆☆
- 调用素材：调用素材\第9章\科技发布会海报设计
- 最终文件：源文件\第9章\科技发布会海报设计.cdr
- 视频位置：movie\9.5 科技发布会海报设计.avi

图9.100 最终效果

操作步骤

9.5.1 绘制科技背景

步骤01 单击工具箱中的【矩形工具】□按钮，绘制一个矩形，设置其【轮廓】为无。

步骤02 单击工具箱中的【交互式填充工具】◇按钮，再单击属性栏中的【渐变填充】按钮，在图形上拖动，填充蓝色（R:0, G:90, B:158）到蓝色（R:5, G:13, B:46）的椭圆形渐变，如图9.101所示。

图9.101 填充渐变

步骤03 执行菜单栏中的【文件】|【打开】命令，选择"调用素材\第9章\科技发布会海报设计\科技元素.cdr"文件，单击【打开】按钮，将打开的文件拖入当前页面中。

步骤04 选中图形，单击工具箱中的【透明度工具】▨按钮，在属性栏中将【合并模式】更改为叠加，如图9.102所示。

图9.102 更改合并模式

步骤05 单击工具箱中的【椭圆形工具】○按钮，绘制一个椭圆，设置其【填充】为白色，【轮廓】为无，如图9.103所示。

步骤06 执行菜单栏中的【位图】|【转换为位图】命令，在弹出的对话框中分别选中【光滑处理】及【透明背景】复选框，完成之后单击【确定】按钮。

步骤07 执行菜单栏中的【位图】|【模糊】|【高斯式模糊】命令，在弹出的对话框中将

【半径】更改为100像素，完成之后单击【确定】按钮，如图9.104所示。

图9.103 绘制图形　　图9.104 添加高斯模糊

步骤08 单击工具箱中的【矩形工具】□按钮，绘制一个矩形，如图9.105所示。

步骤09 同时选中两个图形，单击属性栏中的【修剪】▢按钮，对图形进行修剪，并删除上方图形，如图9.106所示。

图9.105 绘制矩形　　图9.106 修剪图形

步骤10 选中图形，单击工具箱中的【透明度工具】▨按钮，将【合并模式】更改为叠加，【透明度】更改为60，并适当旋转，如图9.107所示。

步骤11 将图形复制数份，并适当更改其透明度及大小。选中超出矩形的图像，执行菜单栏中的【对象】|【PowerClip】|【置于图文框内部】命令，将其放置到矩形内部，如图9.108所示。

图9.107 更改透明度　　图9.108 置于图文框内部

9.5.2　添加文字信息

步骤01　单击工具箱中的【文本工具】**字**按钮，在适当的位置输入文字（造字工房版黑、方正兰亭黑），如图9.109所示。

图9.109　添加文字

步骤02　单击工具箱中的【矩形工具】□按钮，按住Ctrl键绘制一个矩形，设置其【填充】为无，【轮廓】为蓝色（R:137, G:199, B:246），【宽度】为5，如图9.110所示。

步骤03　在属性栏的【旋转角度】文本框中输入45，再缩短其宽度并增加高度，如图9.111所示。

图9.110　绘制图形　　　　图9.111　旋转图形

步骤04　单击鼠标右键，从弹出的快捷菜单中选择【转换为曲线】命令。

步骤05　单击工具箱中的【形状工具】按钮，选中图形顶部节点，将其删除，如图9.112所示。

步骤06　选中图形，按Ctrl+C组合键复制，按Ctrl+V组合键粘贴，单击属性栏中的【垂直镜像】按钮，将图形垂直镜像并适当移动，再将其【宽度】更改为1，如图9.113所示。

步骤07　同时选中两个图形，按Ctrl+G组合键组合对象，再执行菜单栏中的【对象】|【将轮廓转换为对象】命令。

图9.112　删除节点　　　　图9.113　复制图形

步骤08　单击工具箱中的【矩形工具】□按钮，绘制一个矩形，如图9.114所示。

步骤09　同时选中两个图形，单击属性栏中的【修剪】按钮，对图形进行修剪，并删除不需要的矩形，如图9.115所示。

图9.114　绘制矩形　　　　图9.115　修剪图形

步骤10　以同样的方法在其他位置绘制矩形，并将图形修剪，如图9.116所示。

图9.116　修剪图形

步骤11　单击工具箱中的【贝塞尔工具】按钮，绘制一条线段，设置其【填充】为无，【轮廓】为蓝色（R:137, G:199, B:246），【宽度】为1，如图9.117所示。

步骤⓬ 单击工具箱中的【透明度工具】▩按钮，在属性栏中将【合并模式】更改为柔光，如图9.118所示。

图9.119 绘制图形　　　　图9.120 导入图像

步骤⓯ 单击工具箱中的【透明度工具】▩按钮，在属性栏中将【合并模式】更改为屏幕，这样就完成了效果的制作，如图9.121所示。

图9.117 绘制线段　　　　图9.118 更改合并模式

步骤⓭ 以同样的方法在其他几个顶端位置绘制相似的线段，如图9.119所示。

步骤⓮ 执行菜单栏中的【文件】|【导入】命令，选择"调用素材\第9章\科技发布会海报设计\炫光.jpg"文件，单击【导入】按钮，在文字位置单击，导入素材，如图9.120所示。

图9.121 最终效果

9.6 │ 装修海报设计

设计构思

　　本例讲解装修海报设计，在设计过程中以直观的第一人称表现形式，完美解读了海报的特点，与直观的文字图形信息相结合，整个海报表现出相当出色的视觉效果，最终效果如图9.122所示。

- 难易程度：★★☆☆☆
- 调用素材：调用素材\第9章\装修海报设计
- 最终文件：源文件\第9章\装修海报设计.cdr
- 视频位置：movie\9.6 装修海报设计.avi

图9.122 最终效果

操作步骤

9.6.1 处理主视觉图像

步骤❶ 单击工具箱中的【矩形工具】□按钮，绘制一个矩形，设置其【填充】为无，如图9.123所示。

图9.123　绘制图形

步骤02 执行菜单栏中的【文件】|【导入】命令，选择"调用素材\第9章\装修海报设计\背景.jpg"文件，单击【导入】按钮，在页面中单击，导入素材并适当放大，如图9.124所示。

图9.124　导入素材

步骤03 选中图像，执行菜单栏中的【对象】|【PowerClip】|【置于图文框内部】命令，将图形放置到矩形内部，如图9.125所示。

图9.125　置于图文框内部

步骤04 单击工具箱中的【矩形工具】□按钮，绘制一个矩形，设置其【填充】为绿色（R:7，G:145，B:40），【轮廓】为无，如图9.126所示。

步骤05 在矩形上双击，拖动右侧控制点，将其斜切变形，如图9.127所示。

图9.126　绘制矩形　　　　图9.127　将图形变形

步骤06 选中矩形，将其向下移动复制一份，如图9.128所示。

步骤07 单击工具箱中的【文本工具】**字**按钮，在适当的位置输入文字（MStiffHei PRC UltraBold），如图9.129所示。

图9.128　复制图形　　　　图9.129　输入文字

步骤08 以刚才同样的方法将文字斜切变形，在其下方再次输入文字并变形，如图9.130所示。

图9.130　将文字变形

步骤09 分别选中部分文字并将其适当缩小，同时选中两部分文字并适当调整大小，保持与下方图形的一定比例，如图9.131所示。

图9.131　缩放文字

步骤10 单击工具箱中的【贝塞尔工具】✏按钮，分别在图形左侧和右侧绘制不规则图形，设置其【填充】为绿色（R:0, G:104, B:45），【轮廓】为无，如图9.132所示。

图9.132 绘制图形

9.6.2 制作标签

步骤01 单击工具箱中的【矩形工具】□按钮，在图形右上角绘制一个矩形，设置其【填充】为绿色（R:7, G:145, B:40），【轮廓】为无，如图9.133所示。

步骤02 单击工具箱中的【形状工具】⬦按钮，拖动矩形右上角节点，将其转换为圆角矩形，如图9.134所示。

图9.133 绘制图形　　图9.134 转换为圆角矩形

步骤03 在矩形上双击，拖动右侧控制点，将其斜切变形，如图9.135所示。

步骤04 单击工具箱中的【文本工具】**字**按钮，在适当的位置输入文字（MStiffHei PRC UltraBold），如图9.136所示。

图9.135 将矩形变形　　图9.136 输入文字

步骤05 单击工具箱中的【贝塞尔工具】✏按

钮，在图形左下角绘制一个不规则图形，设置其【填充】为绿色（R:7, G:145, B:40），【轮廓】为无，如图9.137所示。

图9.137 绘制图形

步骤06 单击工具箱中的【文本工具】**字**按钮，在适当的位置输入文字（李旭科毛笔行书、方正兰亭中粗黑），如图9.138所示。

步骤07 单击工具箱中的【贝塞尔工具】✏按钮，沿人物图像绘制一个房屋图形，设置其【填充】为无，【轮廓】为白色，【宽度】为2，如图9.139所示。

图9.138 输入文字　　图9.139 绘制图形

步骤08 选中房屋图形，单击工具箱中的【透明度工具】▦按钮，在属性栏中将【合并模式】更改为柔光，如图9.140所示。

图9.140 更改合并模式

加阴影，这样就完成了效果的制作，如图9.141所示。

图9.141 最终效果

步骤09 同时选中【家】和【装】两个文字，单击工具箱中的【阴影工具】□按钮，拖动添

9.7 | 包包促销海报设计

设计构思

本例讲解包包促销海报设计，在设计过程中以简洁、直观的视觉效果为主，完美地表达整个包包的主题效果，其制作过程比较简单，注意配色及版式布局，最终效果如图9.142所示。

- 难易程度：★★★★☆
- 调用素材：调用素材\第9章\包包促销海报设计
- 最终文件：源文件\第9章\包包促销海报设计.cdr
- 视频位置：movie\9.7 包包促销海报设计.avi

图9.142 最终效果

操作步骤

9.7.1 制作主题字

步骤01 单击工具箱中的【矩形工具】□按钮，绘制一个矩形，设置其【填充】为无。

步骤02 单击工具箱中的【文本工具】**字**按钮，在适当的位置输入文字（汉真广标），如图9.143所示。

> ——————— 提示与技巧 ———————
> 输入文字之后，注意将【51】文字高度适当缩小，这样整体更加协调。

图9.143 输入文字

步骤03 单击工具箱中的【贝塞尔工具】✐按钮在【51】文字左上角绘制一个不规则图形，设置其【填充】为紫色（R:205, G:66, B:145），【轮廓】为无，如图9.144所示。

步骤04 将图形向下移动复制，如图9.145所示。

步骤06 单击工具箱中的【星形工具】☆按钮，在属性栏中将【边】更改为4，【锐度】更改为53，在文字左侧位置绘制一个紫色（R:205, G:66, B:145）星形，如图9.147所示。

步骤07 将星形复制多份，并适当缩放或更改颜色，如图9.148所示。

图9.144 绘制图形

图9.145 复制图形

步骤05 同时选中三个图形，将其向右侧移动复制一份，再单击属性栏中的【水平镜像】按钮，将图形水平镜像，如图9.146所示。

图9.146 复制图形

图9.147 绘制星形

图9.148 复制图形

9.7.2 添加海报元素

步骤01 单击工具箱中的【椭圆形工具】○按钮，在矩形左上角按住Ctrl键绘制一个正圆，设置其【填充】为浅蓝色（R:228, G:247, B:253），【轮廓】为无，如图9.149所示。

步骤02 选中正圆，执行菜单栏中的【对象】|【PowerClip】|【置于图文框内部】命令，将图形放置到矩形内部，如图9.150所示。

步骤05 选中所有正圆，执行菜单栏中的【对象】|【PowerClip】|【置于图文框内部】命令，将图形放置到矩形内部。

步骤06 在【包包】素材文档中，选中其他几个包包图像，拖入当前页面适当的位置，如图9.153所示。

图9.149 绘制图形　　　图9.150 置于图文框内部

步骤03 执行菜单栏中的【文件】|【打开】命令，选择"调用素材\第9章\包包促销海报设计\包.cdr"文件，单击【打开】按钮，在打开的文档中，选中部分图像并拖入当前页面中，如图9.151所示。

图9.152 绘制正圆

步骤04 以同样的方法在其他位置绘制不同颜色的正圆，如图9.152所示。

图9.151 添加素材

图9.153 添加素材

步骤07 单击工具箱中的【贝塞尔工具】按钮在右下角包包右上角绘制一个不规则图形，设置其【填充】为深红色（R:45，G:0，B:0），【轮廓】为无，如图9.154所示。

步骤08 将图形复制两份并适当缩放及旋转，如图9.155所示。

图9.156 复制图形

图9.154 绘制图形　　　图9.155 复制图形

步骤10 单击工具箱中的【文本工具】**字**按钮，在适当的位置输入文字（Consolas），这样就完成了效果的制作，如图9.157所示。

提示与技巧
在绘制图形时，可以使用工具箱中的【颜色滴管工具】吸取包包颜色。

步骤09 选中星星图像，将其复制数份并更改颜色，如图9.156所示。

图9.157 最终效果

9.8 蜜月之旅海报设计

设计构思

　　本例讲解蜜月之旅海报设计，此款海报的版面比较简洁，以直观的文字信息表明海报的主题，从配图素材中侧面体现出海报的特征，整个制作过程比较简单，最终效果如图9.158所示。

- 难易程度：★★★☆☆
- 调用素材：调用素材\第9章\蜜月之旅海报设计
- 最终文件：源文件\第9章\蜜月之旅海报设计.cdr
- 视频位置：movie\9.8 蜜月之旅海报设计.avi

图9.158 最终效果

操作步骤

9.8.1 制作主题背景

步骤01 单击工具箱中的【矩形工具】□按钮，绘制一个【宽度】为500，【高度】为700的矩形，设置其【轮廓】为无。

步骤02 单击工具箱中的【交互式填充工具】◇按钮，再单击属性栏中的【渐变填充】■按钮，在图形上拖动，填充白色到蓝色（R:230, G:230, B:230）的椭圆形渐变，如图9.159所示。

步骤03 单击工具箱中的【2点线工具】✎按钮，绘制一条倾斜线段，设置其【轮廓】为黑色，【宽度】为1，如图9.160所示。

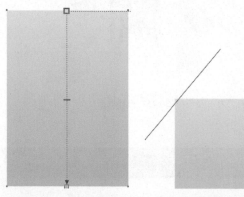

图9.159 填充渐变　　　　图9.160 绘制线段

步骤04 选中线段，将其向右下角移动复制一份，如图9.161所示。

步骤05 按Ctrl+D组合键执行再制命令，将其复制多份，如图9.162所示。

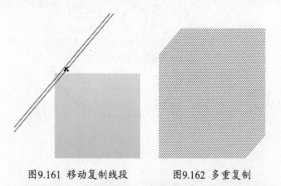

图9.161 移动复制线段　　　图9.162 多重复制

──── 提示与技巧 ────

将线段多重复制之后，可以先将其移至一侧空白位置，这样方便将线段与矩形进行结合。

步骤06 单击工具箱中的【透明度工具】▧按钮，在属性栏中将【合并模式】更改为叠加。

步骤07 执行菜单栏中的【对象】|【PowerClip】|【置于图文框内部】命令，将图形放置到矩形内部，如图9.163所示。

步骤08 单击工具箱中的【椭圆形工具】○按钮，绘制一个椭圆，设置其【填充】为白色，【轮廓】为无，如图9.164所示。

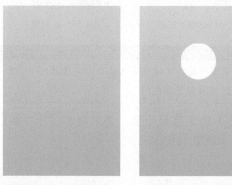

图9.163 置于图文框内部　　图9.164 绘制图形

步骤09 执行菜单栏中的【位图】|【模糊】|【高斯式模糊】命令，在弹出的对话框中将【半径】更改为250像素，完成之后单击【确定】按钮，再将其等比例放大，如图9.165所示。

图9.165 添加高斯模糊效果

步骤10 单击工具箱中的【椭圆形工具】○按钮，绘制一个椭圆，设置其【填充】为无，【轮廓】为紫色（R:255, G:62, B:123），【宽度】为15，如图9.166所示。

步骤⑪ 选中圆环，按Ctrl+C组合键复制，按Ctrl+V组合键粘贴，将其【轮廓】更改为粉色（R:255, G:211, B:197），在属性栏中将【宽度】更改为5，如图9.167所示。

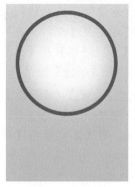

图9.166 绘制正圆　　　　图9.167 复制图形

9.8.2 添加图文信息

步骤① 执行菜单栏中的【文件】|【打开】命令，选择"调用素材\第9章\蜜月之旅海报设计\铁塔.cdr"文件，单击【打开】按钮，将打开的文件拖入当前页面中适当的位置。

步骤② 单击工具箱中的【文本工具】**字**按钮，在适当的位置输入文字（Century Gothic、方正兰亭黑_GBK、Humnst777 Cn BT、Impact），并调整【LOVE IN EIFFEL】文字高度，如图9.168所示。

步骤③ 执行菜单栏中的【文件】|【导入】命令，选择"调用素材\第9章\蜜月之旅海报设计\薰衣草庄园.jpg"文件，单击【导入】按钮，在适当位置单击，导入素材，如图9.169所示。

图9.168 添加文字　　　　图9.169 导入素材

步骤④ 选中图像，执行菜单栏中的【对象】|【PowerClip】|【置于图文框内部】命令，将图形放置到文字内部，如图9.170所示。

步骤⑤ 执行菜单栏中的【文件】|【打开】命令，选择"调用素材\第9章\蜜月之旅海报设计

\蝴蝶logo.cdr"文件，单击【打开】按钮，将打开的文件拖入当前页面中适当的位置，如图9.171所示。

图9.170 置于图文框内部　　图9.171 添加素材

步骤⑥ 单击工具箱中的【文本工具】**字**按钮，在适当的位置输入文字（Vani、方正正准黑简体、方正正准黑简体），如图9.172所示。

步骤⑦ 同时选中三段文字，按Ctrl+G组合键组合对象，再Ctrl+C组合键复制，按Ctrl+V组合键粘贴。将粘贴的文字颜色更改为白色，如图9.173所示。

图9.172 添加文字　　　　图9.173 复制文字

步骤08 将白色文字移至原文字下方,执行菜单栏中的【位图】|【转换为位图】命令,在弹出的对话框中分别选中【光滑处理】及【透明背景】复选框,完成之后单击【确定】按钮。

步骤09 执行菜单栏中的【位图】|【模糊】|【高斯式模糊】命令,在弹出的对话框中将【半径】更改为50像素,完成之后单击【确定】按钮,如图9.174所示。

步骤10 Ctrl+C组合键将模糊后的文字复制,按Ctrl+V组合键粘贴数份,如图9.175所示。

图9.174 添加高斯模糊　　　图9.175 复制文字

步骤11 单击工具箱中的【矩形工具】□按钮,绘制一个矩形,设置其【填充】为蓝色(R:0, G:153, B:77),【轮廓】为无,如图9.176所示。

图9.176 绘制矩形

步骤12 单击工具箱中的【文本工具】字按钮,在适当的位置输入文字(Arial),如图9.177所示。

步骤13 执行菜单栏中的【文件】|【导入】命令,选择"调用素材\第9章\蜜月之旅海报设计\二维码.jpg"文件,单击【导入】按钮,在矩形靠右侧位置单击,导入素材,如图9.178所示。

图9.177 添加文字　　　图9.178 导入素材

步骤14 选中紫色的大圆环,执行菜单栏中的【对象】|【将轮廓转换为对象】命令。

步骤15 单击工具箱中的【矩形工具】□按钮,绘制一个矩形,如图9.179所示。

步骤16 同时选中矩形和紫色的大圆环,单击属性栏中的【修剪】 按钮,对图形进行修剪,并删除不需要的矩形,如图9.180所示。

图9.179 绘制矩形　　　图9.180 修剪图形

步骤17 执行菜单栏中的【文件】|【导入】命令,选择"调用素材\第9章\蜜月之旅海报设计\花瓣.jpg"文件,单击【导入】按钮,在适当位置单击,导入素材,如图9.181所示。

步骤18 选中花瓣,按Ctrl+C组合键复制,按Ctrl+V组合键粘贴。选中下方图像,执行菜单栏中的【位图】|【模糊】|【高斯式模糊】命令,在弹出的对话框中将【半径】更改为3像素,完成之后单击【确定】按钮,如图9.182所示。

图9.181 导入素材　　　图9.182 添加高斯模糊

步骤⑲ 执行菜单栏中的【位图】|【模糊】|【动态模糊】命令，在弹出的对话框中将【间距】更改为60像素，【方向】更改为194，完成之后单击【确定】按钮，如图9.183所示。

步骤⑳ 同时选中两个花瓣图像，将其复制数份并适当旋转及缩小，这样就完成了效果的制作，如图9.184所示。

图9.183 添加动态模糊   图9.184 最终效果

9.9 | 拉杆箱海报设计

设计构思

本例讲解拉杆箱海报设计，此款海报的制作过程比较简单，主要以文字说明的形式来表明拉杆箱特征，重点注意版式的布局，最终效果如图9.185所示。

- 难易程度：★★★☆☆
- 调用素材：调用素材\第9章\拉杆箱海报设计
- 最终文件：源文件\第9章\拉杆箱海报设计.cdr
- 视频位置：movie\9.9 拉杆箱海报设计.avi

图9.185 最终效果

操作步骤

9.9.1 制作海报主视觉

步骤① 单击工具箱中的【矩形工具】□按钮，绘制一个【宽度】为400，【高度】为500的矩形，设置其【填充】为黄色（R:248, G:195, B:0），【轮廓】为无。

步骤02 单击工具箱中的【矩形工具】□按钮，绘制一个矩形，设置其【填充】为白色，【轮廓】为无，如图9.186所示。

步骤03 执行菜单栏中的【效果】|【添加透视】命令，按住Ctrl+Shift组合键将矩形透视变形，如图9.187所示。

图9.186 绘制矩形 　　图9.187 将图形透视变形

步骤04 在矩形上双击，将变形框中心点移至底部位置，将其旋转复制一份，如图9.188所示。

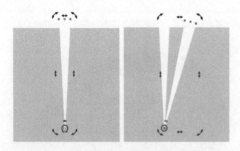

图9.188 旋转复制图形

步骤05 按Ctrl+D组合键执行再制命令，将图形复制多份，如图9.189所示。

步骤06 选中图形，单击工具箱中的【透明度工具】▨按钮，在属性栏中将【合并模式】更改为柔光，如图9.190所示。

图9.189 多重复制 　　图9.190 更改合并模式

步骤07 选中图像，单击工具箱中的【透明度工具】▨按钮，在图像上拖动，降低其透明度，如图9.191所示。

图9.191 降低透明度

步骤08 单击工具箱中的【椭圆形工具】◯按钮，绘制一个椭圆，设置其【填充】为深红色（R:73, G:24, B:43），【轮廓】为无，并将其适当旋转，如图9.192所示。

步骤09 单击工具箱中的【贝塞尔工具】✐按钮，在椭圆左下角绘制一个不规则图形，设置其【填充】为深红色（R:73, G:24, B:43），【轮廓】为无，如图9.193所示。

图9.192 绘制椭圆 　　图9.193 绘制图形

步骤10 执行菜单栏中的【文件】|【导入】命令，选择"调用素材\第9章\拉杆箱海报设计\拉杆箱.png"文件，单击【导入】按钮，在矩形左下角单击，导入素材，如图9.194所示。

步骤11 选中图像并将其向右移动复制一份，如图9.195所示。

图9.194 导入素材 　　图9.195 复制图像

步骤⑫ 同时选中两个图像，按Ctrl+G组合键组合对象，向下移动复制一份，单击【垂直镜像】占按钮，将图像垂直镜像，如图9.196所示。

步骤⑬ 选中图像，单击工具箱中的【透明度工具】▦按钮，在图像上拖动，降低其透明度，如图9.197所示。

图9.196　复制图像　　　　图9.197　降低透明度

9.9.2 处理细节信息

步骤① 单击工具箱中的【文本工具】**字**按钮，在适当的位置输入文字（方正兰亭中粗黑_GBK），如图9.198所示。

步骤② 在文字上双击，将其斜切变形，并将部分文字适当缩小，如图9.199所示。

图9.198　输入文字　　　　图9.199　将文字变形

步骤③ 单击工具箱中的【贝塞尔工具】✐按钮，绘制一个不规则图形，设置其【填充】为白色，【轮廓】为无，如图9.200所示。

步骤④ 在图形位置再绘制一条弧形线段，设置其【轮廓】为黑色，【宽度】为0.2，如图9.201所示。

图9.200　绘制图形　　　　图9.201　绘制线段

步骤⑤ 单击工具箱中的【文本工具】**字**按钮，在图形位置输入文字（Calibri），如图9.202所示。

步骤⑥ 单击工具箱中的【贝塞尔工具】✐按

钮，在文字周围绘制不规则装饰图形，设置其【填充】为白色，【轮廓】为无，如图9.203所示。

图9.202　输入文字

图9.203　绘制图形

步骤⑦ 单击工具箱中的【文本工具】**字**按钮，在图形下方位置输入文字（方正兰亭黑_GBK），如图9.204所示。

步骤⑧ 单击工具箱中的【矩形工具】▢按钮，绘制一个矩形，设置其【填充】为紫色（R:141，G:33，B:88），【轮廓】为无，如图9.205所示。

图9.204　输入文字　　　　图9.205　绘制图形

步骤09 单击工具箱中的【形状工具】按钮，拖动矩形右上角节点，将其转换为圆角矩形，如图9.206所示。

步骤10 在矩形上双击，拖动右侧控制点，将其斜切变形，如图9.207所示。

图9.206 转换为圆角矩形　　图9.207 将图形变形

步骤11 将图形向右侧移动复制两份，并分别更改其颜色，如图9.208所示。

步骤12 单击工具箱中的【文本工具】**字**按钮，在图形位置输入文字（方正兰亭中粗黑）并斜切变形，如图9.209所示。

图9.208 复制图形　　图9.209 输入文字

步骤13 单击工具箱中的【星形工具】☆按钮，在属性栏中将【边】更改为30，【锐度】更改为10，按住Ctrl键绘制一个黄色（R:234，G:138，B:26）星形，如图9.210所示。

步骤14 选中星形，按Ctrl+C组合键复制，按Ctrl+V组合键粘贴。将原来星形【填充】更改为黄色（R:255，G:212，B:163）并向左上角稍微移动，如图9.211所示。

图9.210 绘制图形　　图9.211 移动图形

步骤15 单击工具箱中的【文本工具】**字**按钮，在星形位置输入文字（方正兰亭中粗黑_GBK），如图9.212所示。

步骤16 单击工具箱中的【2点线工具】按钮，绘制一条线段，设置其【轮廓】为深紫色（R:73，G:24，B:43），【宽度】为0.5，如图9.213所示。

图9.212 输入文字　　图9.213 绘制线段

步骤17 执行菜单栏中的【文件】|【导入】命令，选择"调用素材\第9章\拉杆箱海报设计\二维码.png"文件，单击【导入】按钮，在矩形右下角单击，导入素材并适当缩小，如图9.214所示。

图9.214 导入素材

步骤18 单击工具箱中的【文本工具】**字**按钮，在二维码下方位置输入文字（方正兰亭黑_GBK），这样就完成了效果的制作，如图9.215所示。

图9.215 最终效果

9.10 创意招聘海报设计

设计构思

　　本例讲解创意招聘海报设计，此款海报在设计过程中采用创意的设计手法，将卡通人物与招聘信息相结合，完美表现出整个海报的特点，最终效果如图9.216所示。

- 难易程度：★★★☆☆
- 调用素材：调用素材\第9章\创意招聘海报设计
- 最终文件：源文件\第9章\创意招聘海报设计.cdr
- 视频位置：movie\9.10 创意招聘海报设计.avi

图9.216 最终效果

操作步骤

9.10.1 制作纹理背景

步骤01 单击工具箱中的【矩形工具】□按钮，绘制一个【宽度】为400，【高度】为550的矩形。

步骤02 单击工具箱中的【交互式填充工具】◇按钮，再单击属性栏中的【渐变填充】▰按钮，在图形上拖动，填充蓝色（R:120, G:201, B:255）到蓝色（R:1, G:153, B:255）的椭圆形渐变，如图9.217所示。

步骤03 单击工具箱中的【2点线工具】✎按钮，绘制一条线段，设置其【轮廓】为白色，【宽度】为1，如图9.218所示。

图9.217 绘制矩形

图9.218 绘制线段

步骤04 选中线段，将其向下移动复制一份，按Ctrl+D组合键执行再制命令，将其复制多份，如图9.219所示。

图9.219 复制线段

步骤05 同时选中所有线段，按Ctrl+C组合键复制，按Ctrl+V组合键粘贴，在属性栏的【旋转角度】文本框中输入90，并增加线段高度，如图9.220所示。

步骤06 同时选中两部分线段，执行菜单栏中的【对象】|【将轮廓转换为对象】命令；再单击工具箱中的【透明度工具】▩按钮，在属性

栏中将【合并模式】更改为柔光，【透明度】更改为60，如图9.221所示。

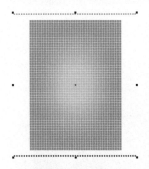 

图9.220 复制线段   图9.221 更改合并模式

步骤07 单击工具箱中的【贝塞尔工具】 按钮，在矩形右上角绘制一个不规则图形，设置其【填充】为蓝色（R:41，G:169，B:255），【轮廓】为无，如图9.222所示。

步骤08 以同样的方法再次绘制数个相似的图形，以制作出折纸效果，如图9.223所示。

图9.222 绘制图形   图9.223 制作折纸效果

步骤09 同时选中几个图形，按Ctrl+G组合键组合对象。单击工具箱中的【阴影工具】 按钮，拖动添加阴影，在属性栏中将【阴影的不透明度】更改为15，【阴影羽化】更改为5，如图9.224所示。

步骤10 执行菜单栏中的【对象】|【PowerClip】|【置于图文框内部】命令，将图形放置到矩形内部，如图9.225所示。

图9.224 添加阴影   图9.225 置于图文框内部

步骤11 以同样的方法在矩形左下角绘制相似图形，并为其添加阴影，如图9.226所示。

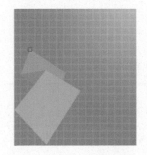 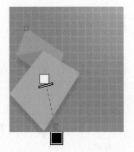

图9.226 绘制图形

9.10.2 处理海报文字

步骤01 单击工具箱中的【文本工具】**字**按钮，在适当的位置输入文字（汉仪菱心体简），如图9.227所示。

步骤02 选中文字，按Ctrl+C组合键复制，按Ctrl+V组合键粘贴。按住Alt键单击文字，选中其下方对象，将其【填充】更改为蓝色（R:51，G:102，B:153）斜切变形。

步骤03 单击工具箱中的【透明度工具】 按钮，将其【透明度】更改为50，以制作投影，如图9.228所示。

图9.227 输入文字   图9.228 制作投影

步骤04 执行菜单栏中的【文件】|【打开】命令，选择"调用素材\第9章\创意招聘海报设计\卡通人物.cdr"文件，单击【打开】按钮，将打开的文件拖入当前页面中，如图9.229所示。

图9.229 添加素材

步骤05 单击工具箱中的【文本工具】**字** 按钮，在适当的位置输入文字（汉仪菱心体简），并以同样的方法为其制作投影，如图9.230所示。

图9.230 添加文字

步骤06 单击工具箱中的【文本工具】**字** 按钮，在矩形靠底部位置再次添加文字信息，这样就完成了效果的制作，如图9.231所示。

图9.231 最终效果

9.11 文案策划海报设计

设计构思

　　本例讲解文案策划海报设计，该海报通过电灯泡图形与文字信息相结合，更加容易与文案策划相联系，整体效果相当出色，最终效果如图9.232所示。

- 难易程度：★★★★☆
- 调用素材：调用素材\第9章\文案策划海报设计
- 最终文件：源文件\第9章\文案策划海报设计.cdr
- 视频位置：movie\9.11 文案策划海报设计.avi

图9.232 最终效果

操作步骤

9.11.1 绘制创意图像

步骤01 单击工具箱中的【矩形工具】□按钮，绘制一个【宽度】为400，【高度】为550的矩形。

步骤02 单击工具箱中的【交互式填充工具】◇按钮，再单击属性栏中的【渐变填充】◢按钮，在图形上拖动，填充浅红色（R:254, G:245, B:250）到白色的线性渐变，如图9.233所示。

步骤03 执行菜单栏中的【文件】|【打开】命令，选择"调用素材\第9章\文案策划海报设计\城市剪影.cdr"文件，单击【打开】按钮，将打开的文件拖入当前页面中并更改其【填充】为浅红色（R:250, G:226, B:214），如图9.234所示。

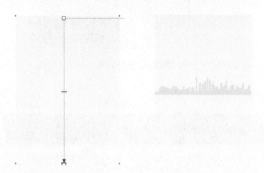

图9.233 填充渐变　　　图9.234 添加素材

步骤04 单击工具箱中的【贝塞尔工具】✒按钮，绘制半个灯光形状图形，设置其【填充】为黑色，【轮廓】为无，如图9.235所示。

步骤05 选中图形，将其向右平移复制，再单击属性栏中的【水平镜像】◁▷按钮，将图形水平镜像，如图9.236所示。

图9.235 绘制图形　　　图9.236 变换图形

步骤06 同时选中两个图形，单击属性栏中的【合并】⬚按钮，将图形合并。

步骤07 单击工具箱中的【矩形工具】□按钮，绘制一个矩形，如图9.237所示。

步骤08 选中矩形，将其向下移动复制三份，如图9.238所示。

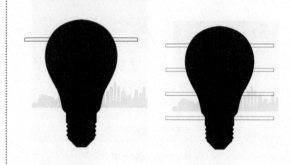

图9.237 绘制图形　　　图9.238 复制图形

步骤09 同时选中矩形及灯泡图形，单击属性栏中的【修剪】⬚按钮，对图形进行修剪，并删除矩形，如图9.239所示。

步骤10 在图形上单击鼠标右键，从弹出的快捷菜单中选择【拆分曲线】命令。选中底部图形，将其【填充】更改为灰色（R:73, G:75, B:74），如图9.240所示。

图9.239 修剪图形　　　图9.240 更改颜色

步骤11 单击工具箱中的【矩形工具】□按钮，按住Shift键绘制一个矩形，设置其【填充】为黄色（R:241, G:183, B:84），【轮廓】为无，如图9.241所示。

步骤⑫ 将矩形向右侧平移复制数份，并适当更改其颜色，如图9.242所示。

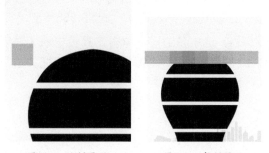

图9.241 绘制图形　　　　图9.242 复制图形

步骤⑬ 同时选中几个小矩形，将其移动复制多份，并完美覆盖灯泡图形，如图9.243所示。

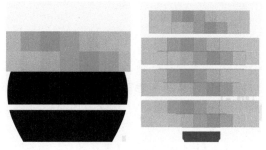

图9.243 复制图形

步骤⑭ 分别选中部分矩形，并更改其颜色，如图9.244所示。

步骤⑮ 执行菜单栏中的【对象】|【PowerClip】|【置于图文框内部】命令，将图形放置到矩形内部，如图9.245所示。

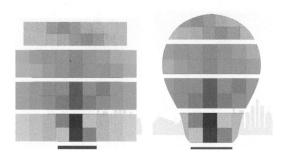

图9.244 更改颜色　　　　图9.245 置于图文框内部

步骤⑯ 在图形上单击，将其【填充】更改为无，如图9.246所示。

步骤⑰ 单击工具箱中的【贝塞尔工具】按钮，在灯泡图像左上角绘制一个不规则图形，设置其【填充】为白色，【轮廓】为无，如图9.247所示。

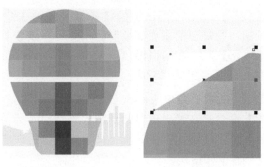

图9.246 取消填充　　　　图9.247 绘制图形

步骤⑱ 单击工具箱中的【透明度工具】按钮，在属性栏中将【合并模式】更改为柔光，【透明度】更改为50，如图9.248所示。

步骤⑲ 选中图形，将其向右平移复制，再单击属性栏中的【水平镜像】按钮，将图形水平镜像，如图9.249所示。

图9.248 更改合并模式　　　　图9.249 复制图形

步骤⑳ 同时选中两个图形，执行菜单栏中的【对象】|【PowerClip】|【置于图文框内部】命令，将图形放置到下方图形内部。

步骤㉑ 以同样的方法再次绘制数个相似图形，然后更改合并模式并置于图文框内部，如图9.250所示。

步骤㉒ 单击工具箱中的【文本工具】**字**按钮，在适当的位置输入文字（方正兰亭中粗黑_GBK），如图9.251所示。

图9.250 绘制图形　　　　图9.251 输入文字

步骤23 单击工具箱中的【椭圆形工具】◯ 按钮，在灯泡图像底部绘制一个椭圆，设置其【填充】为灰色（R:152, G:147, B:154），【轮廓】为无，如图9.252所示。

步骤24 执行菜单栏中的【位图】|【转换为位图】命令，在弹出的对话框中分别选中【光滑处理】及【透明背景】复选框，完成之后单击【确定】按钮。

步骤25 执行菜单栏中的【位图】|【模糊】|【高斯式模糊】命令，在弹出的对话框中将【半径】更改为40像素，完成之后单击【确定】按钮，如图9.253所示。

图9.252 绘制图形　　　　图9.253 添加高斯模糊

步骤26 执行菜单栏中的【位图】|【模糊】|【动态模糊】命令，在弹出的对话框中将【间距】更改为200像素，【方向】更改为0，完成之后单击【确定】按钮，如图9.254所示。

图9.254 添加动态模糊

9.11.2 输入文字信息

步骤01 单击工具箱中的【文本工具】字按钮，在适当的位置输入文字（方正兰亭黑_GBK、方正正粗黑简体、方正正准黑简体、方正正准黑简体），如图9.259所示。

步骤02 在文字上双击，拖动顶部控制点，将其斜切变形，如图9.260所示。

步骤27 执行菜单栏中的【文件】|【导入】命令，选择"调用素材\第9章\文案策划海报设计\多边形.jpg"文件，单击【导入】按钮，在矩形右上角单击，导入素材，如图9.255所示。

步骤28 选中多边形，单击工具箱中的【透明度工具】▨按钮，在图像上拖动，降低其透明度，如图9.256所示。

 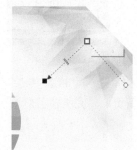

图9.255 导入素材　　　　图9.256 降低透明度

步骤29 选中图像，将其向左平移复制，再单击属性栏中的【水平镜像】▥按钮，将图形水平镜像并等比例缩小，如图9.257所示。

步骤30 同时选中两个图像，执行菜单栏中的【对象】|【PowerClip】|【置于图文框内部】命令，将图形放置到矩形内部，如图9.258所示。

图9.257 复制图像　　　　图9.258 置于图文框内部

图9.259 输入文字　　　　图9.260 将文字斜切变形

步骤03 选中【点燃激情】文字，单击工具箱中的【交互式填充工具】◈按钮，再单击属性栏中的【渐变填充】▰按钮，在图形上拖动，填充彩色的线性渐变，这样就完成了效果的制作，如图9.261所示。

图9.261 最终效果

9.12 电信运营商海报设计

设计构思

本例讲解电信运营商海报设计，电信运营商海报以突出当前电信运营产品为制作重点，整个海报的画风表现形式可以多种多样，本例采用丰富的视觉图像与直观的图形相结合，完美表现出当前海报主题，最终效果如图9.262所示。

- 难易程度：★★★★☆
- 调用素材：调用素材\第9章\电信运营商海报设计
- 最终文件：源文件\第9章\电信运营商海报设计.cdr
- 视频位置：movie\9.12 电信运营商海报设计.avi

图9.262 最终效果

操作步骤

9.12.1 处理装饰图像

步骤01 单击工具箱中的【矩形工具】□按钮，绘制一个【宽度】为400，【高度】为500的矩形，将其【填充】更改为绿色（R:25, B:118, B:38），【轮廓】更改为无。

步骤02 执行菜单栏中的【文件】|【导入】命令，选择"调用素材\第9章\电信运营商海报设计\电脑.png、画板.png、画架.png、咖啡.png、手绘板.png、相册.png、相机.png"文件，单击【导入】按钮，将素材导入并调整大小和位置，如图9.263所示。

步骤03 单击工具箱中的【贝塞尔工具】 ✒️ 按钮，绘制一个不规则图形，设置其【填充】为任意颜色，【轮廓】为无。

步骤04 选中图形，按Ctrl+C组合键复制，按Ctrl+V组合键粘贴。按住Alt键单击图形下方对象，更改其【填充】为深绿色（R:12, G:74, B:21），如图9.264所示。

图9.263 导入素材　　　图9.264 绘制图形

步骤05 执行菜单栏中的【效果】|【添加透视】命令，按住Ctrl+Shift组合键将其透视变形，如图9.265所示。

步骤06 执行菜单栏中的【位图】|【转换为位图】命令，在弹出的对话框中分别选中【光滑处理】及【透明背景】复选框，完成之后单击【确定】按钮。

步骤07 执行菜单栏中的【位图】|【模糊】|【高斯式模糊】命令，在弹出的对话框中将【半径】更改为40像素，完成之后单击【确定】按钮，如图9.266所示。

图9.265 将图形变形　　　图9.266 添加高斯模糊

步骤08 选择上方的图形，将颜色更改为绿色（R:25, G:118, B:38），图像适当变形，如图9.267所示。

步骤09 单击工具箱中的【矩形工具】□ 按钮，绘制一个矩形，设置其【填充】为绿色

（R:111, G:163, B:29），【轮廓】为无，如图9.268所示。

图9.267 将图像变形

步骤10 单击工具箱中的【透明度工具】▨ 按钮，在图形上拖动，降低其透明度，如图9.269所示。

图9.268 绘制矩形　　　图9.269 降低透明度

步骤11 单击工具箱中的【椭圆形工具】○ 按钮，绘制一个椭圆，设置其【填充】为绿色（R:110, G:162, B:28），【轮廓】为无，如图9.270所示。

步骤12 执行菜单栏中的【位图】|【转换为位图】命令，在弹出的对话框中分别选中【光滑处理】及【透明背景】复选框，完成之后单击【确定】按钮。

步骤13 执行菜单栏中的【位图】|【模糊】|【高斯式模糊】命令，在弹出的对话框中将【半径】更改为250像素，完成之后单击【确定】按钮，如图9.271所示。

图9.270 绘制正圆　　　图9.271 添加高斯模糊

9.12.2 添加主图文信息

步骤01 单击工具箱中的【贝塞尔工具】 ╱ 按钮，绘制一个不规则图形。

步骤02 单击工具箱中的【交互式填充工具】 ◈ 按钮，再单击属性栏中的【渐变填充】 ◢ 按钮，在图形上拖动，填充黄色（R:250, G:232, B:0）到黄色（R:249, G:158, B:0）的线性渐变，如图9.272所示。

图9.272 绘制图形

步骤03 以同样的方法在其下方再次绘制两个稍小的图形，并为其填充渐变。

步骤04 单击工具箱中的【贝塞尔工具】 ╱ 按钮，在上方两个图形之间绘制一个不规则图形，设置其【填充】为橙色（R:242, G:103, B:0），【轮廓】为无；以同样的方法在下方位置再次绘制相似的图形，如图9.273所示。

图9.273 绘制不规则图形

步骤05 单击工具箱中的【文本工具】**字**按钮，在适当的位置输入文字（迷你简剪纸），如图9.274所示。

步骤06 单击工具箱中的【贝塞尔工具】 ╱ 按钮，在文字左上角绘制一个不规则图形，设置其【填充】为白色，【轮廓】为无，如图9.275所示。

图9.274 输入文字　　图9.275 绘制图形

步骤07 单击工具箱中的【文本工具】**字**按钮，在图形上方输入文字（迷你简剪纸），如图9.276所示。

图9.276 输入文字

步骤08 单击工具箱中的【椭圆形工具】 ○ 按钮，绘制一个椭圆，设置其【填充】为绿色（R:107, G:162, B:28），【轮廓】为无，如图9.277所示。

步骤09 选中图形，按Ctrl+C组合键复制，按Ctrl+V组合键粘贴。按住Alt键选中其下方图形，将其【填充】更改为绿色（R:83, G:128, B:21）并向左侧稍微移动，如图9.278所示。

图9.277 绘制图形　　图9.278 复制图形

步骤⑩ 单击工具箱中的【文本工具】**字**按钮，在适当的位置输入文字（方正正粗黑简体、方正兰亭中粗黑_GBK），如图9.279所示。

步骤⑪ 同时选中正圆及文字，向下移动复制，如图9.280所示。

图9.279 输入文字　　　　图9.280 复制图文

步骤⑫ 执行菜单栏中的【文件】|【导入】命令，选择"调用素材\第9章\电信运营商海报设计\手机.png"文件，单击【导入】按钮，在图形底部单击，导入素材，如图9.281所示。

步骤⑬ 按Ctrl+G组合键组合对象，单击工具箱中的【阴影工具】按钮，拖动添加阴影，在属性栏中将【阴影的不透明度】更改为50，【阴影羽化】更改为5，如图9.282所示。

图9.281 导入素材　　　　图9.282 添加阴影

步骤⑭ 单击工具箱中的【贝塞尔工具】按钮，绘制一个不规则图形，设置其【填充】为浅绿色（R:245, G:255, B:247），【轮廓】为无，如图9.283所示。

步骤⑮ 单击工具箱中的【文本工具】**字**按钮，在适当的位置输入文字（汉仪菱心体简），如图9.284所示。

步骤⑯ 单击工具箱中的【贝塞尔工具】按钮，在文字左上角绘制一个不规则图形，设置其【填充】为绿色（R:25, G:118, B:38），【轮廓】为无，如图9.285所示。

步骤⑰ 将图形向右下角移动复制，分别单击属性栏中的【水平镜像】及【垂直镜像】按钮，将其镜像，如图9.286所示。

图9.283 添加阴影　　　　图9.284 输入文字

图9.285 绘制图形　　　　图9.286 复制图形

步骤⑱ 执行菜单栏中的【文件】|【导入】命令，选择"调用素材\第9章\电信运营商海报设计\二维码.png"文件，单击【导入】按钮，在图形底部单击，导入素材，如图9.287所示。

图9.287 导入素材

步骤⑲ 单击工具箱中的【文本工具】**字**按钮，在适当的位置输入文字（方正兰亭中粗黑_GBK、方正兰亭黑_GBK、），这样就完成了效果的制作，如图9.288所示。

图9.288 最终效果

9.13 超级挑战赛海报设计

设计构思

　　本例讲解超级挑战赛海报设计，此款海报主题十分明确，以超级挑战比赛为主信息，通过图像与文字信息表明赛事的特点，最终效果如图9.289所示。

- 难易程度：★★★☆☆
- 调用素材：调用素材\第9章\超级挑战赛海报设计
- 最终文件：源文件\第9章\超级挑战赛海报设计.cdr
- 视频位置：movie\9.13 超级挑战赛海报设计.avi

图9.289 最终效果

操作步骤

9.13.1 制作主视觉图像

步骤01 单击工具箱中的【矩形工具】□按钮，绘制一个【宽度】为400，【高度】为500的矩形。

步骤02 单击工具箱中的【交互式填充工具】◇按钮，再单击属性栏中的【渐变填充】 按钮，在图形上拖动，填充白色到灰色（R:232，G:233，B:237）的椭圆形渐变，如图9.290所示。

步骤03 执行菜单栏中的【文件】|【打开】命令，选择"调用素材\第9章\超级挑战赛海报设计\矢量头像.cdr"文件，单击【打开】按钮，将打开的文件拖入当前页面中，如图9.291所示。

步骤04 单击工具箱中的【椭圆形工具】○按钮，绘制一个椭圆，设置其【填充】为红色（R:255，G:47，B:0），【轮廓】为无，如图9.292所示。

步骤05 将其转换成位图，然后执行菜单栏中的【位图】|【模糊】|【高斯式模糊】命令，在弹出的对话框中将【半径】更改为250像素，完成之后单击【确定】按钮，如图9.293所示。

图9.292 绘制正圆　　　　图9.293 添加高斯模糊

步骤06 选中图像，单击工具箱中的【透明度工具】▨按钮，在属性栏中将【合并模式】更改为添加，如图9.294所示。

图9.290 填充渐变　　　图9.291 添加素材

步骤⑦ 选中底部矩形，按Ctrl+C组合键复制，按Ctrl+V组合键粘贴。将粘贴的图形移至所有图形上方，单击工具箱中的【透明度工具】❑按钮，在图形上拖动，降低其透明度，如图9.295所示。

图9.294 更改合并模式　　图9.295 降低透明度

步骤⑧ 单击工具箱中的【文本工具】**字**按钮，在适当的位置输入文字（MStiffHei PRC UltraBold），如图9.296所示。

步骤⑨ 在矩形上双击，分别拖动顶部和右侧控制点，将其斜切变形，如图9.297所示。

图9.296 输入文字　　　图9.297 将文字变形

步骤⑩ 单击工具箱中的【形状工具】❧按钮，拖动文字节点，将其变形，如图9.298所示。

9.13.2 处理文字信息

步骤① 单击工具箱中的【文本工具】**字**按钮，在适当的位置输入文字（MStiffHei PRC UltraBold），如图9.302所示。

步骤② 以刚才同样的方法将文字斜切变形，如图9.303所示。

步骤③ 单击工具箱中的【贝塞尔工具】✐按钮，在文字下方绘制一个不规则图形，设置其【填充】为红色（R:255, G:47, B:0），【轮廓】为无，如图9.304所示。

步骤④ 单击工具箱中的【文本工具】**字**按钮，在图形位置输入文字（方正兰亭中粗黑），如图9.305所示。

步骤⑪ 单击工具箱中的【贝塞尔工具】✐按钮，绘制一个不规则图形，设置其【填充】为红色（R:255, G:47, B:0），【轮廓】为无，在文字下方再绘制一个不规则图形，如图9.299所示。

图9.298 将文字变形　　图9.299 绘制图形

步骤⑫ 单击工具箱中的【矩形工具】□按钮，在矩形顶部绘制一个矩形，设置其【填充】为白色，【轮廓】为无，如图9.300所示。

步骤⑬ 选中矩形，单击工具箱中的【透明度工具】❑按钮，在属性栏中将【合并模式】更改为柔光，在其图形上拖动，降低其透明度，如图9.301所示。

图9.300 绘制图形　　　图9.301 降低透明度

图9.302 输入文字　　　图9.303 将文字变形

图9.304 绘制图形　　　图9.305 输入文字

步骤⑤ 同时选中文字及其下方图形，单击属性栏中的【修剪】按钮，对图形进行修剪，并删除文字，如图9.306所示。

图9.306 修剪图形

步骤⑥ 单击工具箱中的【文本工具】**字**按钮，在矩形底部位置输入文字（方正兰亭黑_GBK、方正兰亭细黑_GBK），如图9.307所示。

步骤⑦ 单击工具箱中的【2点线工具】按钮，在部分文字之间位置绘制一条线段，设置其【轮廓】为黑色，【宽度】为1，如图9.308所示。

步骤⑧ 将线段复制两份，将其他两个文字隔开，这样就完成了效果的制作，如图9.309所示。

图9.307 输入文字　　　图9.308 绘制线段

图9.309 最终效果

9.14 儿童梦想主题海报设计

设计构思

　　本例讲解儿童梦想主题海报设计，该海报以灯泡创意图像为主视觉，同时手绘装饰图像的添加增强了整个海报的视觉趣味性，最终效果如图9.310所示。

- 难易程度：★★★☆☆
- 调用素材：调用素材\第9章\儿童梦想主题海报设计
- 最终文件：源文件\第9章\儿童梦想主题海报设计.cdr
- 视频位置：movie\9.14 儿童梦想主题海报设计.avi

图9.310 最终效果

操作步骤

9.14.1 绘制主图像

步骤01 单击工具箱中的【矩形工具】□按钮，绘制一个【宽度】为400，【高度】为500的矩形。

步骤02 单击工具箱中的【交互式填充工具】◇按钮，再单击属性栏中的【渐变填充】◢按钮，在图形上拖动，填充浅红色（R:234，G:189，B:212）到浅蓝色（R:200，G:217，B:235）的线性渐变，如图9.311所示。

步骤03 单击工具箱中的【贝塞尔工具】✏按钮，绘制一个不规则图形，设置其【填充】为黄色（R:249，G:233，B:0），【轮廓】为灰色（R:26，G:26，B:26），【宽度】为5，如图9.312所示。

图9.311 填充渐变　　　　图9.312 绘制图形

步骤04 选中图形，按Ctrl+C组合键复制，按Ctrl+V组合键粘贴。单击工具箱中的【艺术笔】✎按钮，在属性栏中选择【类别】为书法，在【笔刷笔触】列表中选择一种模拟书法笔触，设置【笔触宽度】为8，如图9.313所示。

步骤05 在图形顶部周围绘制数个小图形，如图9.314所示。

图9.313 添加书法效果　　　图9.314 绘制图形

提示与技巧

在选择笔触类型时，可根据实际的图形需要进行选择，多做几种尝试可得到最想要的效果。

步骤06 单击工具箱中的【文本工具】**字**按钮，在适当的位置输入文字（Embassy），如图9.315所示。

步骤07 选中文字，执行菜单栏中的【对象】|【PowerClip】|【置于图文框内部】命令，将图形放置到下方矩形内部，如图9.316所示。

图9.315 输入文字　　　图9.316 置于图文框内部

步骤08 单击工具箱中的【艺术笔】✎按钮，绘制一个白色笔触，设置其【填充】为白色，【笔触宽度】为15，如图9.317所示。

步骤09 单击工具箱中的【椭圆形工具】○按钮，绘制一个椭圆，设置其【填充】为白色，【轮廓】为无，如图9.318所示。

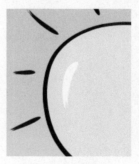

图9.317 绘制笔触　　　图9.318 绘制椭圆

9.14.2 输入文字信息

步骤01 单击工具箱中的【文本工具】**字**按钮，在适当的位置输入文字（迷你简胖娃、方正兰亭黑_GBK），如图9.319所示。

图9.319 输入文字

步骤02 单击工具箱中的【艺术笔】⌇按钮，绘制一个翅膀图形，设置其【填充】为红色（R:239, G:1, B:66），【轮廓】为无，【笔触宽度】为3，如图9.320所示。

图9.320 绘制翅膀

步骤03 选中图形并按住鼠标左键，向右侧移动后单击鼠标右键将其复制，单击属性栏中的【水平镜像】呷按钮，将其水平镜像并适当旋转，如图9.321所示。

图9.321 复制图形

步骤04 单击工具箱中的【贝塞尔工具】✐按钮，绘制一个鸽子图形，设置其【填充】为白色，【轮廓】为无，如图9.322所示。

图9.322 绘制图形

步骤05 选中图形并按住鼠标左键，向右侧移动后单击鼠标右键将其复制并等比例缩小，如图9.323所示。

图9.323 复制图形

步骤06 执行菜单栏中的【文件】|【打开】命令，选择"调用素材\第9章\儿童梦想主题海报设计\城市剪影.cdr"文件，单击【打开】按钮，将打开的文件拖入当前页面中矩形底部，如图9.324所示。

图9.324 添加素材

步骤07 执行菜单栏中的【文件】|【导入】命令，选择"调用素材\第9章\儿童梦想主题海报设计\格子图像.jpg"文件，单击【导入】按钮，在剪影图像位置单击，导入素材，如图9.325所示。

图9.325 导入素材

步骤08 选中格子图像并按住鼠标左键，向右侧移动后单击鼠标右键将其复制。再同时选中两个图像，执行菜单栏中的【对象】|【PowerClip】|【置于图文框内部】命令，将图像放置到城市剪影内部，如图9.326所示。

图9.326 置于图文框内部

步骤09 选中城市剪影图像，执行菜单栏中的【对象】|【PowerClip】|【置于图文框内部】命令，将图像放置到其下方矩形内部，并更改其【填充】为无，如图9.327所示。

图9.327 置于图文框内部

步骤10 单击工具箱中的【艺术笔】按钮，在图像底部位置绘制一个笔触，在属性栏中选择【类别】为书法，在【笔刷笔触】列表中选择一种模拟书法笔触，设置【笔触宽度】为10，如图9.328所示。

图9.328 绘制笔触

步骤11 单击工具箱中的【文本工具】**字**按钮，在适当位置输入文字（方正兰亭黑_GBK），这样就完成了效果的制作，如图9.329所示。

图9.329 最终效果

第10章
创意及常用包装设计

本章介绍

本章讲解创意及常用包装设计，包装可以理解为实物的外衣，保护实物的同时更是对外展示的一种直观形式。当人们拿到实物之后，首先会对包装信息产生兴趣，通过第一印象的了解，增强接触者对物品的美好印象，它的表现形式也有很多种，比如本章中所列举的常见盒式包装、真空包装、罐头形式包装等。通过对本章中多种形式包装设计的学习，可以掌握包装设计的要领。

要点索引

◎ 学习蓝莓棒包装设计
◎ 学习牛油果干包装设计
◎ 学会设计环保购物袋
◎ 了解杏仁包装设计流程
◎ 学会设计调味品包装
◎ 掌握茶饮料包装设计流程

10.1 蓝莓棒包装展开面设计

设计构思

　　本例讲解蓝莓棒包装展开面设计，该包装在设计过程中以蓝莓水果的特点为主题，从图文版式到配色，完美地与主题相衔接，令整个包装的视觉效果相当出色，最终效果如图10.1所示。

图10.1 最终效果

- 难易程度：★★★☆☆
- 调用素材：调用素材\第10章\蓝莓棒包装设计
- 最终文件：源文件\第10章\蓝莓棒包装展开面设计.cdr
- 视频位置：movie\10.1 蓝莓棒包装展开面设计.avi

操作步骤

10.1.1 绘制盒式图像

步骤01 单击工具箱中的【矩形工具】□按钮，绘制一个【宽度】为300，【高度】为400的矩形，设置其【填充】为红色（R:233, G:194, B:215），【轮廓】为无，如图10.2所示。

步骤02 单击工具箱中的【椭圆形工具】○按钮，绘制一个椭圆，设置其【填充】为白色，【轮廓】为无，如图10.3所示。

步骤03 执行菜单栏中的【位图】|【转换为位图】命令，在弹出的对话框中分别选中【光滑处理】及【透明背景】复选框，完成之后单击【确定】按钮。

步骤04 执行菜单栏中的【位图】|【模糊】|【高斯式模糊】命令，在弹出的对话框中将【半径】更改为250像素，完成之后单击【确定】按钮，如图10.4所示。

步骤05 执行菜单栏中的【位图】|【模糊】|【动态模糊】命令，在弹出的对话框中将【间距】更改为200像素，【方向】更改为0，完成之后单击【确定】按钮，如图10.5所示。

步骤06 单击工具箱中的【矩形工具】□按钮，绘制一个矩形，设置其【填充】为浅红色（R:252, G:242, B:248），【轮廓】为无，如图10.6所示。

图10.2 绘制矩形　　　　图10.3 绘制椭圆

图10.4 添加高斯模糊　　图10.5 添加动态模糊

步骤07 执行菜单栏中的【位图】|【转换为位图】命令，在弹出的对话框中分别选中【光滑处理】及【透明背景】复选框，完成之后单击【确定】按钮。

步骤08 执行菜单栏中的【位图】|【模糊】|【高斯式模糊】命令，在弹出的对话框中将【半径】更改为80像素，完成之后单击【确定】按钮，然后将其放置在矩形中，如图10.7所示。

图10.6 绘制矩形　　图10.7 添加高斯模糊

步骤09 执行菜单栏中的【文件】|【导入】命令，选择"调用素材\第10章\蓝莓棒包装\蓝莓.png"文件，单击【导入】按钮，在矩形靠底部单击，导入素材，如图10.8所示。

步骤10 执行菜单栏中的【效果】|【调整】|【色度/饱和度/亮度】命令，在弹出的对话框中将【色度】更改为35，完成之后单击【确定】按钮，如图10.9所示。

图10.8 导入素材　　图10.9 调整色度

步骤11 选中图像，按Ctrl+C组合键复制，按Ctrl+V组合键粘贴，单击工具箱中的【透明度工具】按钮，在属性栏中将【合并模式】

更改为颜色减淡，【透明度】更改为70，如图10.10所示。

图10.10 复制图像

步骤12 单击工具箱中的【贝塞尔工具】按钮，绘制一个不规则图形，设置其【填充】为紫色（R:52, G:19, B:70），【轮廓】为无，如图10.11所示。

步骤13 执行菜单栏中的【位图】|【转换为位图】命令，在弹出的对话框中分别选中【光滑处理】及【透明背景】复选框，完成之后单击【确定】按钮。

步骤14 执行菜单栏中的【位图】|【模糊】|【高斯式模糊】命令，在弹出的对话框中将【半径】更改为40像素，完成之后单击【确定】按钮，如图10.12所示。

图10.11 绘制图形　　图10.12 添加高斯模糊

步骤15 选中模糊图像，单击工具箱中的【透明度工具】按钮，在图像上拖动，降低其透明度，如图10.13所示。

图10.13 降低透明度

步骤16 执行菜单栏中的【文件】|【导入】命令，选择"调用素材\第10章\蓝莓棒包装\蓝莓.png"文件，单击【导入】按钮，在矩形靠底部单击，导入素材，如图10.14所示。

步骤17 单击工具箱中的【艺术笔】⤵按钮，在素材图像底部位置绘制一个笔触，在属性栏中选择【类别】为书法，在【笔刷笔触】列表中选择一种模拟书法笔触，设置【笔触宽度】为8，【填充】为紫色（R:82, G:46, B:132），如图10.15所示。

步骤18 选中图像，按Ctrl+G组合键组合对象，单击工具箱中的【阴影工具】▢按钮，拖动添加阴影，在属性栏中将【阴影的不透明度】更改为50，【阴影羽化】更改为100，【阴影颜色】更改为紫色（R:82, G:46, B:132），如图10.16所示。

图10.14 导入素材　　图10.15 绘制图像

图10.16 添加阴影

10.1.2 添加图文信息

步骤01 单击工具箱中的【矩形工具】▢按钮，绘制一个矩形，设置其【填充】为紫色（R:82, G:46, B:132），【轮廓】为无，如图10.17所示。

步骤02 选中矩形，单击工具箱中的【透明度工具】▨按钮，将其【透明度】更改为10，如图10.18所示。

图10.17 绘制矩形　　图10.18 更改透明度

步骤03 单击工具箱中的【文本工具】字按钮，在矩形位置输入文字（Embassy、方正兰亭中粗黑_GBK），如图10.19所示。

步骤04 单击工具箱中的【2点线工具】✐按钮，绘制一条线段，设置其【轮廓】为紫色

（R:82, G:46, B:132），【宽度】为1，如图10.20所示。

图10.19 输入文字　　图10.20 绘制线段

步骤05 单击工具箱中的【文本工具】字按钮，在线段下方位置输入文字（方正兰亭黑_GBK），如图10.21所示。

步骤06 单击工具箱中的【矩形工具】▢按钮，绘制一个矩形，设置其【填充】为浅色（R:252,

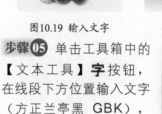

图10.21 输入文字

G:242, B:248），【轮廓】为无，如图10.22所示。

图10.22 绘制矩形

步骤07 单击工具箱中的【形状工具】按钮，拖动矩形右上角节点，将其转换为圆角矩形，如图10.23所示。

图10.23 转换为圆角矩形

步骤08 选中刚才包装面的文字，向右侧移动至圆角矩形右上角后单击鼠标右键，将其复制并等比例放大，如图10.24所示。

步骤09 用同样的方法选中图像，将其复制并放大，如图10.25所示。

图10.24 转换为圆角矩形　　图10.25 复制图像

步骤10 用同样的方法将其他几个元素复制过来，这样就完成了效果的制作，如图10.26所示。

图10.26 最终效果

10.2 蓝莓棒包装展示效果设计

设计构思

本例讲解蓝莓棒包装展示效果设计，此款包装采用紫色调作为主题色，在制作过程中将图文与主色调相结合，这样可以使整体视觉效果更加专业，最终效果如图10.27所示。

- 难易程度：★★☆☆☆
- 调用素材：调用素材\第10章\蓝莓棒包装设计
- 最终文件：源文件\第10章\蓝莓棒包装展示效果设计.cdr
- 视频位置：movie\10.2 蓝莓棒包装展示效果设计.avi

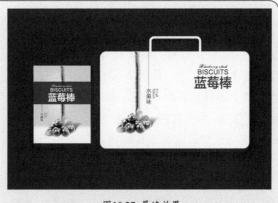

图10.27 最终效果

操作步骤

10.2.1 处理箱式立体效果

步骤01 单击工具箱中的【矩形工具】□按钮，绘制一个【宽度】为300，【高度】为400的矩形，【轮廓】为无。

步骤02 单击工具箱中的【交互式填充工具】◇按钮，再单击属性栏中的【渐变填充】▨按钮，在图形上拖动，填充紫色（R:83, G:38, B:131）到紫色（R:52, G:22, B:84）的椭圆形渐变，如图10.28所示。

图10.28 填充渐变

步骤03 执行菜单栏中的【文件】|【打开】命令，选择"调用素材\第10章\蓝莓棒包装\蓝莓棒包装展开面.cdr"文件，单击【打开】按钮，将打开的箱式包装图像拖入当前页面中，并按Ctrl+G组合键组合对象，如图10.29所示。

图10.29 添加素材

步骤04 单击工具箱中的【矩形工具】□按钮，绘制一个矩形，设置其【填充】为无，【轮廓】为浅红色（R:252, G:242, B:248），【宽度】为12，如图10.30所示。

步骤05 单击工具箱中的【形状工具】⬦按钮，拖动矩形右上角节点，将其转换为圆角矩形，如图10.31所示。

步骤06 选中圆角矩形，按Ctrl+C组合键复制，按Ctrl+V组合键粘贴。按住Alt键单击图形，选中下方图形，将其【轮廓】更改为深紫色

（R:24, G:8, B:52），【宽度】更改为8，将其适当向左下侧移动，然后将其转换为位图。

图10.30 绘制矩形　　图10.31 转换为圆角矩形

步骤07 执行菜单栏中的【位图】|【模糊】|【高斯式模糊】命令，在弹出的对话框中将【半径】更改为5像素，完成之后单击【确定】按钮，如图10.32所示。

步骤08 选中模糊图像，单击工具箱中的【透明度工具】▨按钮，在属性栏中将【合并模式】更改为柔光，【透明度】更改为50，如图10.33所示。

图10.32 添加高斯模糊　　图10.33 更改透明度

步骤09 单击工具箱中的【贝塞尔工具】✐按钮，在包装图像底部绘制一个不规则图形，设置其【轮廓】为无。

步骤10 单击工具箱中的【交互式填充工具】◇按钮，再单击属性栏中的【渐变填充】▨按钮，在图形上拖动，填充紫色（R:80, G:35, B:127）到紫色（R:58, G:21, B:108）的线性渐变，如图10.34所示。

图10.34 绘制图形

步骤⑪ 单击工具箱中的【矩形工具】囗按钮，在包装图像位置绘制一个矩形，设置其【填充】为紫色（R:35，G:11，B:61），【轮廓】为无，如图10.35所示。

步骤⑫ 单击工具箱中的【形状工具】┗按钮，拖动矩形右上角节点，将其转换为圆角矩形，如图10.36所示。

图10.35 绘制矩形　　图10.36 转换为圆角矩形

10.2.2 处理盒式立体效果

步骤① 执行菜单栏中的【位图】|【转换为位图】命令，在弹出的对话框中分别选中【光滑处理】及【透明背景】复选框，完成之后单击【确定】按钮。

步骤② 执行菜单栏中的【位图】|【模糊】|【高斯式模糊】命令，在弹出的对话框中将【半径】更改为200像素，完成之后单击【确定】按钮，如图10.37所示。

步骤③ 执行菜单栏中的【文件】|【打开】命令，选择"调用素材\第10章\设计\.cdr"文件，单击【打开】按钮，将打开盒式包装图像拖入当前页面中，并按Ctrl+G组合键组合对象，如图10.38所示。

图10.37 添加高斯模糊　　图10.38 添加素材

步骤④ 单击工具箱中的【贝塞尔工具】┏按钮，在包装图像底部绘制一个不规则图形，设置其【轮廓】为无。

步骤⑤ 单击工具箱中的【交互式填充工具】◇按钮，再单击属性栏中的【渐变填充】┛按钮，在图形上拖动，填充紫色（R:80，G:35，B:127）到紫色（R:58，G:21，B:108）的线性渐变，以制作厚度，如图10.39所示。

步骤⑥ 单击工具箱中的【矩形工具】囗按

钮，在包装图像位置绘制一个矩形，设置其【填充】为紫色（R:35，G:11，B:61），【轮廓】为无，如图10.40所示。

图10.39 制作厚度　　图10.40 绘制矩形

步骤⑦ 执行菜单栏中的【位图】|【转换为位图】命令，在弹出的对话框中分别选中【光滑处理】及【透明背景】复选框，完成之后单击【确定】按钮。

步骤⑧ 执行菜单栏中的【位图】|【模糊】|【高斯式模糊】命令，在弹出的对话框中将【半径】更改为200像素，完成之后单击【确定】按钮，这样就完成了效果的制作，如图10.41所示。

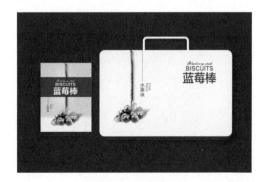

图10.41 最终效果

10.3 牛油果干包装展开面设计

　　本例讲解牛油果干包装展开面设计，该包装在设计过程中采用与主题水果相近的颜色，以自然的绿色完美体现出水果的特点，整个制作过程比较简单，最终效果如图10.42所示。

图10.42 最终效果

- 难易程度：★★★☆☆
- 调用素材：调用素材\第10章\牛油果干包装设计
- 最终文件：源文件\第10章\牛油果干包装展开面设计.cdr
- 视频位置：movie\10.3 牛油果干包装展开面设计.avi

10.3.1 处理包装底纹图像

步骤01 单击工具箱中的【矩形工具】□按钮，绘制一个【宽度】为600，【高度】为300的矩形，设置其【轮廓】为无。

步骤02 执行菜单栏中的【文件】|【导入】命令，选择"调用素材\第10章\牛油果干包装\编织.jpg"文件，单击【导入】按钮，在页面中单击，导入素材，如图10.43所示。

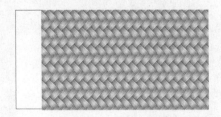

图10.43 导入素材

步骤03 选中图像，执行菜单栏中的【对象】|【PowerClip】|【置于图文框内部】命令，将

图像放置到矩形内部，如图10.44所示。

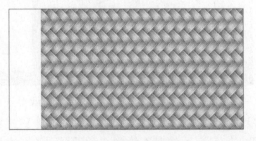

图10.44 置于图文框内部

步骤04 单击工具箱中的【矩形工具】□按钮，绘制一个矩形，设置其【轮廓】为无。

步骤05 单击工具箱中的【交互式填充工具】◇按钮，再单击属性栏中的【渐变填充】◢按钮，在图形上拖动，填充绿色（R:63, G:88, B:4）到绿色（R:104, G:131, B:0）的线性渐变，如图10.45所示。

图10.45 填充渐变

步骤06 单击工具箱中的【艺术笔】 ⓛ按钮，在矩形右侧位置绘制一个笔触，在属性栏中选择【类别】为书法，在【笔刷笔触】列表中选择一种模拟书法笔触，设置【笔触宽度】为100，如图10.46所示。

步骤07 在笔触图像上单击鼠标右键，从弹出的快捷菜单中选择【拆分艺术笔组】命令，将拆分后的黑色细线段删除。

步骤08 选中笔触图像并按住鼠标左键，向下方移动后单击鼠标右键将其复制数份，如图10.47所示。

图10.46 绘制图形　　　　图10.47 复制图形

步骤09 选中图像，将【轮廓】更改为无。

步骤10 同时选中几个笔触图像及绿色矩形，单击属性栏中的【修剪】 ⓛ按钮，对图形进行修剪，并删除笔触图像，如图10.48所示。

10.3.2 添加素材及文字

步骤01 执行菜单栏中的【文件】|【导入】命令，选择"调用素材\第10章\牛油果干包装\水果.png"文件，单击【导入】按钮，在图像右侧位置单击，导入素材，如图10.51所示。

图10.51 添加素材

图10.48 修剪图形

步骤11 单击工具箱中的【贝塞尔工具】 ⓛ按钮，在图像顶部位置绘制一个不规则图形，设置其【填充】为红色（R:191, G:22, B:15），【轮廓】为无，如图10.49所示。

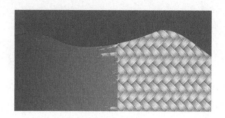

图10.49 绘制图形

步骤12 单击工具箱中的【矩形工具】 ⓛ按钮，绘制一个矩形，设置其【填充】为绿色（R:4, G:55, B:12），【轮廓】为无，如图10.50所示。

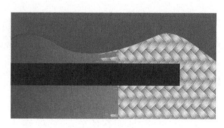

图10.50 绘制矩形

步骤02 选中图像，单击工具箱中的【阴影工具】 ⓛ按钮，拖动添加阴影，在属性栏中将【阴影的不透明度】更改为80，【阴影羽化】更改为15，如图10.52所示。

图10.52 添加阴影

步骤03 单击工具箱中的【文本工具】**字**按钮，在适当的位置输入文字（方正兰亭细黑_GBK、微软雅黑 粗体），如图10.53所示。

步骤04 在【轮廓笔】面板中，将其【颜色】更改为白色，【宽度】更改为1.5，完成之后按Enter键确认，如图10.54所示

图10.55 添加阴影

步骤06 单击工具箱中的【文本工具】**字**按钮，在适当的位置输入文字（YagiUhfNo2、方正正准黑简体、汉真广标），这样就完成了效果的制作，如图10.56所示。

图10.53 输入文字　　　　图10.54 更改轮廓

步骤05 选中文字，执行菜单栏中的【将轮廓转换为对象】命令，再单击工具箱中的【阴影工具】按钮，拖动添加阴影，在属性栏中将【阴影的不透明度】更改为30%，【阴影羽化】更改为5，如图10.55所示。

图10.56 最终效果

10.4 牛油果干包装展示设计

设计构思

　　本例讲解牛油果干包装展示效果设计，此款包装的展示效果主要以突出果干的色调为主，将展开图像进行变形，同时绘制阴影/高光质感图像，制作出完美的立体展示效果图像，最终效果如图10.57所示。

- 难易程度：★★★★☆
- 调用素材：调用素材\第10章\牛油果干包装设计
- 最终文件：源文件\第10章\牛油果干包装展示效果设计.cdr
- 视频位置：movie\10.4 牛油果干包装展示效果设计.avi

图10.57 最终效果

10.4.1 制作包装轮廓

步骤01 单击工具箱中的【矩形工具】□按钮，绘制一个【宽度】为550，【高度】为400的矩形，【轮廓】为无。

步骤02 单击工具箱中的【交互式填充工具】◇按钮，再单击属性栏中的【渐变填充】▨按钮，在图形上拖动，填充绿色（R:188, G:200, B:162）到绿色（R:93, G:114, B:45）的椭圆形渐变，如图10.58所示。

图10.58 填充渐变

步骤03 执行菜单栏中的【文件】|【打开】命令，选择"调用素材\第10章\牛油果干包装\牛油果干包装展开面.cdr"文件，单击【打开】按钮，将打开的文件拖入当前页面中空白区域，并按Ctrl+G组合键组合对象，如图10.59所示。

步骤04 执行菜单栏中的【位图】|【转换为位图】命令。

图10.59 添加素材

步骤05 单击工具箱中的【贝塞尔工具】↗按钮，在图像顶部位置绘制一个线框图形，如图10.60所示。

步骤06 同时选中两个图形，单击属性栏中的【修剪】▯按钮，对图像进行修剪，如图10.61所示。

图10.60 绘制图形

图10.61 修剪图像

步骤07 选中线框图形并按住鼠标左键，向下方移动后单击鼠标右键将其复制。再单击属性栏中【垂直镜像】▯按钮，将图形垂直镜像；以同样的方法将下半部分图像进行修剪，如图10.62所示。

图10.62 修剪图像

步骤08 单击工具箱中的【矩形工具】□按钮，在图像左上角按住Ctrl键绘制一个矩形，如图10.63所示。

步骤09 在属性栏的【旋转角度】文本框中输入45，如图10.64所示。

图10.63 绘制图形　　　　图10.64 旋转图形

步骤⑩ 选中矩形并按住左键，向下方移动后单击鼠标右键将其复制，如图10.65所示。

步骤⑪ 按Ctrl+D组合键执行再制命令，将图形复制多份，如图10.66所示。

图10.67 复制图形

步骤⑬ 同时选中所有图形，单击属性栏中的【修剪】口按钮，对图形进行修剪，并删除左右两侧矩形，如图10.68所示。

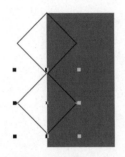 

图10.65 复制图形　　图10.66 将图形复制多份

步骤⑫ 同时选中所有图形并按住鼠标左键，向右侧移动后单击鼠标右键将其复制，如图10.67所示。

图10.68 修剪图形

10.4.2 添加质感效果

步骤① 单击工具箱中的【贝塞尔工具】↗按钮，绘制一个不规则图形，设置其【填充】为白色，【轮廓】为无，如图10.69所示。

图10.69 绘制图形

步骤② 执行菜单栏中的【位图】|【转换为位图】命令，在弹出的对话框中分别选中【光滑处理】及【透明背景】复选框，完成之后单击【确定】按钮。

步骤③ 执行菜单栏中的【位图】|【模糊】|【高斯式模糊】命令，在弹出的对话框中将【半径】更改为20像素，完成之后单击【确定】按钮，如图10.70所示。

步骤④ 执行菜单栏中的【位图】|【模糊】|【动态模糊】命令，在弹出的对话框中将【间距】更改为500像素，【方向】更改为0，完成之后单击【确定】按钮，如图10.71所示。

图10.70 添加高斯模糊

图10.71 添加动态模糊

步骤⑤ 将其复制一份并垂直翻转放置在下方，然后单击工具箱中的【贝塞尔工具】↗按钮，再次绘制一个白色不规则图形，如图10.72所示。

图10.72 绘制图形

步骤06 执行菜单栏中的【位图】|【转换为位图】命令，在弹出的对话框中分别选中【光滑处理】及【透明背景】复选框，完成之后单击【确定】按钮。

步骤07 执行菜单栏中的【位图】|【模糊】|【高斯式模糊】命令，在弹出的对话框中将【半径】更改为200像素，完成之后单击【确定】按钮，如图10.73所示。

图10.73 添加高斯模糊

步骤08 选中图像，单击工具箱中的【透明度工具】▓按钮，在属性栏中将【合并模式】更改为叠加，如图10.74所示。

图10.74 更改合并模式

步骤09 以同样的方法在其他位置绘制相似的图形，并制作高光及阴影质感效果，如图10.75所示。

图10.75 制作质感效果

步骤10 单击工具箱中的【2点线工具】✎按钮，在图像靠左侧位置绘制一条线段，设置其【轮廓】为白色，【宽度】为1。

步骤11 执行菜单栏中的【位图】|【转换为位图】命令，在弹出的对话框中分别选中【光滑处理】及【透明背景】复选框，完成之后单击【确定】按钮。

步骤12 执行菜单栏中的【位图】|【模糊】|【高斯式模糊】命令，在弹出的对话框中将【半径】更改为20像素，完成之后单击【确定】按钮，如图10.76所示。

步骤13 选中图像并按住鼠标左键，向右侧移动后单击鼠标右键将其复制；再按Ctrl+D组合键将图像复制多份，如图10.77所示。

图10.76 添加高斯模糊　　　图10.77 复制图像

步骤14 同时选中左侧所有线段并按住鼠标左键，向右侧移动后单击鼠标右键将其复制，如图10.78所示。

图10.78 复制图像

步骤15 选中所有图像，按Ctrl+G组合键组合对象，将其移至绿色图形位置并适当旋转，如图10.79所示。

图10.79 移动图像

步骤16 选中图像,按Ctrl+C组合键复制,按Ctrl+V组合键粘贴。将粘贴的图像向下移动并适当缩小及旋转,如图10.80所示。

步骤17 执行菜单栏中的【位图】|【转换为位图】命令,在弹出的对话框中分别选中【光滑处理】及【透明背景】复选框,完成之后单击【确定】按钮。

步骤18 执行菜单栏中的【位图】|【模糊】|【高斯式模糊】命令,在弹出的对话框中将【半径】更改为20像素,完成之后单击【确定】按钮,如图10.81所示。

图10.80 复制图像　　　图10.81 添加高斯模糊

步骤19 执行菜单栏中的【文件】|【导入】命令,选择"调用素材\第10章\牛油果干包装\水果.png"文件,单击【导入】按钮,在图像右下角位置单击,导入素材,如图10.82所示。

步骤20 选中水果图像并按住鼠标左键,向左

上角移动后单击鼠标右键将其复制并等比例缩小及旋转。

图10.82 导入素材

步骤21 执行菜单栏中的【位图】|【模糊】|【高斯式模糊】命令,在弹出的对话框中将【半径】更改为8像素,完成之后单击【确定】按钮,这样就完成了效果的制作,如图10.83所示。

图10.83 最终效果

10.5 环保购物袋展开面设计

设计构思

　　本例讲解环保购物袋展开面设计,此款购物袋在制作过程中以手提袋为主轮廓,同时添加卡通小人图像,使整个购物袋更加形象化,最终效果如图10.84所示。

* 难易程度:★★☆☆☆
* 调用素材:调用素材\第10章\环保购物袋设计
* 最终文件:源文件\第10章\环保购物袋展开面设计.cdr
* 视频位置:movie\10.5 环保购物袋展开面设计.avi

图10.84 最终效果

操作步骤

10.5.1 制作主轮廓

步骤01 单击工具箱中的【矩形工具】□按钮，绘制一个矩形，设置其【填充】为黄色（R:248，G:195，B:0），【轮廓】为无，如图10.85所示。

图10.85 绘制图形

步骤02 执行菜单栏中的【文件】|【打开】命令，选择"调用素材\第10章\环保购物袋设计

\小人.cdr"文件，单击【打开】按钮，将打开的小人图像拖入当前页面中矩形左下角位置。

步骤03 执行菜单栏中的【对象】|【PowerClip】|【置于图文框内部】命令，将图像放置到矩形内部，如图10.86所示。

图10.86 添加素材并置于图文框内部

10.5.2 添加图文细节

步骤01 单击工具箱中的【椭圆形工具】○按钮，绘制一个椭圆，设置其【填充】为深黄色（R:32，G:27，B:24），【轮廓】为无，如图10.87所示。

图10.87 绘制椭圆

步骤02 单击工具箱中的【贝塞尔工具】✐按钮，在椭圆左下角绘制一个不规则图形，设置其【填充】为深灰色（R:32，G:27，B:24），【轮廓】为无，如图10.88所示。

图10.88 绘制图形

步骤03 单击工具箱中的【文本工具】字按钮，在椭圆图形位置输入文字（苏新诗柳楷简），这样就完成了效果的制作，如图10.89所示。

图10.89 最终效果

10.6 环保购物袋展示效果设计

设计构思

　　本例讲解环保购物袋展示效果设计，该展示效果的制作过程比较简单，主要突出图像的立体感，以简洁的视觉效果完美呈现，最终效果如图10.90所示。

- 难易程度：★★☆☆☆
- 调用素材：调用素材\第10章\环保购物袋设计
- 最终文件：源文件\第10章\环保购物袋展示效果设计.cdr
- 视频位置：movie\10.6 环保购物袋展示效果设计.avi

图10.90 最终效果

操作步骤

10.6.1 制作轮廓

步骤01 执行菜单栏中的【文件】|【打开】命令，选择"调用素材\第10章\环保购物袋设计\环保购物袋展开面.cdr"文件，单击【打开】按钮，将打开的文件拖入当前页面中空白区域。

步骤02 单击工具箱中的【贝塞尔工具】✏️ 按钮，绘制一个不规则图形，如图10.91所示。

图10.91 绘制图形

步骤03 同时选中轮廓图形及其下方黄色矩形，单击属性栏中的【相交】🔲 按钮，并将不需要的图形删除，如图10.92所示。

图10.92 将图形相交

步骤04 单击工具箱中的【贝塞尔工具】✏️ 按钮，在袋子顶部绘制一个不规则图形，设置其【填充】为深灰色（R:32, G:27, B:24），【轮廓】为无，如图10.93所示。

步骤05 选中图形并按住鼠标左键，向右侧移动后单击鼠标右键将其复制，如图10.94所示。

图10.93 绘制图形　　　　图10.94 复制图形

步骤06 单击工具箱中的【贝塞尔工具】✐ 按钮，绘制一条弧形线段，设置其【填充】为无，【轮廓】为深灰色（R:32, G:27, B:24），【轮廓宽度】为12，如图10.95所示。

图10.95　绘制图形

10.6.2　添加质感效果

步骤01 单击工具箱中的【贝塞尔工具】✐ 按钮，在手提袋左侧位置绘制一个不规则图形，设置其【填充】为深灰色（R:32, G:27, B:24），【轮廓】为无，如图10.96所示。

步骤02 执行菜单栏中的【位图】|【转换为位图】命令，在弹出的对话框中分别选中【光滑处理】及【透明背景】复选框，完成之后单击【确定】按钮。

步骤03 执行菜单栏中的【位图】|【模糊】|【高斯式模糊】命令，在弹出的对话框中将【半径】更改为20像素，完成之后单击【确定】按钮，如图10.97所示。

图10.96　绘制图形　　　　图10.97　添加高斯模糊

步骤04 选中图像，单击工具箱中的【透明度工具】▒ 按钮，在图像上拖动，降低其透明度，如图10.98所示。

步骤05 以同样的方法在手提袋右侧绘制一个不规则图形，并为其制作相同的质感效果，如图10.99所示。

图10.98　降低透明度　　　　图10.99　制作质感效果

步骤06 单击工具箱中的【贝塞尔工具】✐ 按钮，在手提袋图像底部绘制一个不规则图形，设置其【填充】为深黄色（R:173, G:141, B:38），【轮廓】为无，如图10.100所示。

步骤07 单击工具箱中的【椭圆形工具】○ 按钮，在手提袋底部绘制一个椭圆，设置其【填充】为深灰色（R:32, G:27, B:24），【轮廓】为无，如图10.101所示。

图10.100　绘制图形　　　　图10.101　绘制椭圆

步骤08 执行菜单栏中的【位图】|【转换为位图】命令，在弹出的对话框中分别选中【光滑处理】及【透明背景】复选框，完成之后单击【确定】按钮。

步骤09 执行菜单栏中的【位图】|【模糊】|【高斯式模糊】命令，在弹出的对话框中将【半径】更改为70像素，完成之后单击【确定】按钮，制作阴影效果，如图10.102所示。

图10.102 制作阴影

步骤10 选中手提袋图像，按Ctrl+C组合键复制，按Ctrl+V组合键粘贴，单击属性栏中【垂直镜像】按钮，将图像垂直镜像并向下移动，如图10.103所示。

步骤11 执行菜单栏中的【位图】|【转换为位图】命令，在弹出的对话框中分别选中【光滑处理】及【透明背景】复选框，完成之后单击【确定】按钮。

步骤12 执行菜单栏中的【位图】|【模糊】|【高斯式模糊】命令，在弹出的对话框中将【半径】更改为50像素，完成之后单击【确定】按钮，制作阴影效果，如图10.104所示。

图10.103 复制图像　　　　图10.104 添加高斯模糊

步骤13 单击工具箱中的【透明度工具】按钮，在图像上拖动，降低其透明度，这样就完成了效果的制作，如图10.105所示。

图10.105 最终效果

10.7 | 可口大杏仁包装展开面设计

设计构思

　　本例讲解可口大杏仁包装展开面设计，该包装以十分简洁的视觉效果呈现，将大杏仁图像与矩形相结合，整个包装具有很强的设计感，最终效果如图10.106所示。

- 难易程度：★★☆☆☆
- 调用素材：调用素材\第10章\可口大杏仁包装设计
- 最终文件：源文件\第10章\可口大杏仁包装展开面设计.cdr
- 视频位置：movie\10.7 可口大杏仁包装展开面设计.avi

图10.106 最终效果

操作步骤

10.7.1 制作主图像

步骤01 单击工具箱中的【矩形工具】□按钮，绘制一个矩形，设置其【填充】为灰色（R:240, G:240, B:240），【轮廓】为无，如图10.107所示。

步骤02 执行菜单栏中的【文件】|【导入】命令，选择"调用素材\第10章\可口大杏仁包装\大杏仁.png"文件，单击【导入】按钮，在矩形中间位置单击，导入素材并将其放大，如图10.108所示。

图10.107 绘制矩形　　　图10.108 导入素材

步骤03 单击工具箱中的【椭圆形工具】○按钮，在大杏仁图像底部绘制一个椭圆，设置其【填充】为黄色（R:115, G:66, B:19），【轮廓】为无，如图10.109所示。

步骤04 执行菜单栏中的【位图】|【转换为位图】命令，在弹出的对话框中分别选中【光滑处理】及【透明背景】复选框，完成之后单击【确定】按钮。

10.7.2 制作标签

步骤01 单击工具箱中的【椭圆形工具】○按钮，在干果图像右上角绘制一个正圆，设置其【轮廓】为黄色（R:242, G:149, B:20），【宽度】为3。

步骤02 单击工具箱中的【交互式填充工具】◇按钮，再单击属性栏中的【渐变填充】■按钮，在图形上拖动，填充黄色（R:255, G:139, B:38）到黄色（R:184, G:96, B:61）的椭圆形渐变，如图10.113所示。

步骤05 执行菜单栏中的【位图】|【模糊】|【高斯式模糊】命令，在弹出的对话框中将【半径】更改为30像素，完成之后单击【确定】按钮，如图10.110所示。

图10.109 绘制椭圆　　　图10.110 添加高斯模糊

步骤06 执行菜单栏中的【位图】|【模糊】|【动态模糊】命令，在弹出的对话框中将【间距】更改为300像素，【方向】更改为0，完成之后单击【确定】按钮，如图10.111所示。

步骤07 单击工具箱中的【文本工具】**字**按钮，在适当的位置输入文字（方正正准黑简体、方正兰亭细黑_GBK），如图10.112所示。

图10.111 添加动态模糊　　　图10.112 输入文字

图10.113 绘制正圆

步骤03 单击工具箱中的【文本工具】**字**按钮，在适当的位置输入文字（方正兰亭黑_GBK），如图10.114所示。

步骤04 单击工具箱中的【贝塞尔工具】**✐**按钮，绘制一个不规则图形，设置其【填充】为绿色（R:107, G:144, B:30），【轮廓】为无。

图10.114 输入文字

步骤05 选中图形，按Ctrl+C组合键复制，按Ctrl+V组合键粘贴。按住Alt键单击图形，选中其下方对象，将其【填充】更改为无，【轮廓】更改为绿色（R:107, G:144, B:30），【宽度】更改为1，如图10.115所示。

图10.115 绘制图形

步骤06 单击工具箱中的【矩形工具】**□**按钮，绘制一个矩形，如图10.116所示。

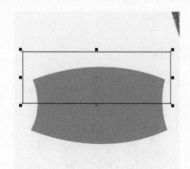

图10.116 绘制矩形

步骤07 同时选中两个图形，单击属性栏中的【修剪】**凸**按钮，对图形进行修剪，并删除上方图形，如图10.117所示。

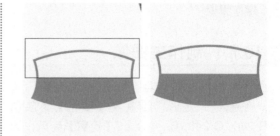

图10.117 修剪图形

步骤08 单击工具箱中的【文本工具】**字**按钮，在适当的位置输入文字（方正正准黑简体），如图10.118所示。

步骤09 同时选中【干燥保存】文字及其下方图形，单击属性栏中的【修剪】**凸**按钮，对图形进行修剪，再将文字删除制作镂空效果，如图10.119所示。

图10.118 输入文字　　　　图10.119 制作镂空效果

步骤10 单击工具箱中的【文本工具】**字**按钮，在适当的位置输入文字（方正兰亭黑_GBK），这样就完成了效果的制作，如图10.120所示。

图10.120 最终效果

10.8 可口大杏仁包装展示效果设计

设计构思

本例讲解可口大杏仁包装展示效果设计，该包装以银色作为包装主色调，通过添加高光、质感等效果，完美表现出包装的特点，最终效果如图10.121所示。

- 难易程度：★★★★☆
- 调用素材：调用素材\第10章\可口大杏仁包装设计
- 最终文件：源文件\第10章\可口大杏仁包装展示效果设计.cdr
- 视频位置：movie\10.8 可口大杏仁包装展示效果设计.avi

图10.121 最终效果

操作步骤

10.8.1 制作轮廓效果

步骤01 执行菜单栏中的【文件】|【打开】命令，选择"调用素材\第10章\可口大杏仁包装\可口大杏仁包装展开面.cdr"文件，单击【打开】按钮，将打开的文件拖入当前页面中空白区域，并按Ctrl+G组合键组合对象，执行菜单栏中的【位图】|【转换为位图】命令。

步骤02 单击工具箱中的【贝塞尔工具】 按钮，沿包装边缘绘制一个不规则图形，如图10.122所示。

步骤03 选中图像，执行菜单栏中的【对象】|【PowerClip】|【置于图文框内部】命令，将图形放置到不规则图形内部，如图10.123所示。

图10.122 绘制图形

图10.123 置于图文框内部

步骤04 单击工具箱中的【贝塞尔工具】 按钮，在包装顶部绘制一条线段。

步骤05 在【轮廓笔】面板中，将【颜色】更改为灰色（R:128, G:128, B:128），【宽度】更改为1，【样式】更改为一种虚线样式，完成之后按Enter键确认，如图10.124所示

图10.124 绘制虚线

10.8.2 制作质感

步骤01 单击工具箱中的【贝塞尔工具】✒️按钮，在包装左侧位置绘制一个不规则图形，设置其【填充】为灰色（R:102, G:102, B:102），【轮廓】为无，如图10.125所示。

步骤02 执行菜单栏中的【位图】|【转换为位图】命令，在弹出的对话框中分别选中【光滑处理】及【透明背景】复选框，完成之后单击【确定】按钮。

步骤03 执行菜单栏中的【位图】|【模糊】|【高斯式模糊】命令，在弹出的对话框中将【半径】更改为60像素，完成之后单击【确定】按钮，如图10.126所示。

图10.127 更改透明度　　图10.128 绘制图形

图10.129 制作阴影效果

步骤07 以同样的方法在其他位置制作相似的阴影效果，如图10.130所示。

步骤08 单击工具箱中的【贝塞尔工具】✒️按钮，沿包装边缘绘制一个比其稍小的图形，设置其【填充】为灰色（R:153, G:153, B:153），【轮廓】为无，如图10.131所示。

图10.125 绘制图形　　图10.126 添加高斯模糊

步骤04 选中图像，单击工具箱中的【透明度工具】🏁按钮，将其【透明度】更改为60，如图10.127所示。

步骤05 单击工具箱中的【贝塞尔工具】✒️按钮，在包装右侧位置再次绘制一个相同颜色的不规则图形，如图10.128所示。

步骤06 以同样的方法将其转换为位图并添加【半径】为60像素的高斯模糊效果，再将其图像【透明度】更改为50，制作阴影效果，如图10.129所示。

图10.130 制作阴影　　图10.131 绘制图形

步骤⑨ 执行菜单栏中的【位图】|【转换为位图】命令，在弹出的对话框中分别选中【光滑处理】及【透明背景】复选框，完成之后单击【确定】按钮。

步骤⑩ 执行菜单栏中的【位图】|【模糊】|【高斯式模糊】命令，在弹出的对话框中将【半径】更改为150像素，完成之后单击【确定】按钮，这样就完成了效果的制作，如图10.132所示。

图10.132　最终效果

10.9　调味品包装展开面设计

设计构思

　　本例讲解调味品包装展开面设计，此款包装在设计过程中将蔬菜与美食图像相结合，在视觉上可以更好地突出产品的特点，最终效果如图10.133所示。

图10.133　最终效果

- 难易程度：★★★☆☆
- 调用素材：调用素材\第10章\调味品包装设计
- 最终文件：源文件\第10章\调味品包装展开面设计.cdr
- 视频位置：movie\10.9 调味品包装展开面设计.avi

操作步骤

10.9.1　绘制包装主图像

步骤① 单击工具箱中的【矩形工具】□按钮，绘制一个矩形。

步骤② 单击工具箱中的【交互式填充工具】◇按钮，再单击属性栏中的【渐变填充】◢按钮，在图形上拖动，填充黄色（R:194, G:195, B:117）到绿色（R:86, G:144, B:34）的线性渐变，如图10.134所示。

步骤03 单击工具箱中的【椭圆形工具】○按钮，绘制一个椭圆，设置其【填充】为黄色（R:246, G:231, B:188），【轮廓】为无，如图10.135所示。

图10.134 绘制矩形　　图10.135 绘制图形

步骤04 执行菜单栏中的【位图】|【转换为位图】命令，在弹出的对话框中分别选中【光滑处理】及【透明背景】复选框，完成之后单击【确定】按钮。

步骤05 执行菜单栏中的【位图】|【模糊】|【高斯式模糊】命令，在弹出的对话框中将【半径】更改为250像素，完成之后单击【确定】按钮，如图10.136所示。

步骤06 选中图像，单击工具箱中的【透明度工具】按钮，再单击属性栏中的【椭圆形渐变透明度】按钮，在图像上拖动，降低其透明度，如图10.137所示。

图10.136 添加高斯模糊　　图10.137 降低透明度

步骤07 执行菜单栏中的【文件】|【导入】命令，选择"调用素材\第10章\调味品包装展开面\馄饨.png、蔬菜.png"文件，单击【导入】按钮，在图像中单击，导入素材，如图10.138所示。

步骤08 选中蔬菜图像，单击工具箱中的【阴影工具】按钮，拖动添加阴影，在属性栏中将【阴影的不透明度】更改为50，【阴影羽化】更改为15。

图10.138 导入素材

步骤09 以同样的方法为馄饨图像添加阴影，如图10.139所示。

 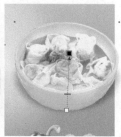

图10.139 添加阴影

步骤10 单击工具箱中的【椭圆形工具】○按钮，绘制一个椭圆，设置【填充】为深绿色（R:32, G:46, B:7），【轮廓】为无，如图10.140所示。

步骤11 执行菜单栏中的【位图】|【转换为位图】命令，在弹出的对话框中分别选中【光滑处理】及【透明背景】复选框，完成之后单击【确定】按钮。

步骤12 执行菜单栏中的【位图】|【模糊】|【高斯式模糊】命令，在弹出的对话框中将【半径】更改为100像素，完成之后单击【确定】按钮，如图10.141所示。

图10.140 绘制椭圆　　图10.141 添加高斯模糊

步骤13 单击工具箱中的【矩形工具】□按钮，绘制一个矩形，设置其【填充】为任意颜色，【轮廓】为无，如图10.142所示。

步骤⑭ 单击工具箱中的【形状工具】⚬按钮，拖动矩形右上角节点，将其转换为圆角矩形，如图10.143所示。

图10.142 绘制矩形　　　　图10.143 转换为圆角矩形

10.9.2 处理细节图文

步骤① 执行菜单栏中的【文件】|【导入】命令，选择"调用素材\第10章\调味品包装展开面\番茄粉.jpg"文件，单击【导入】按钮，在圆角矩形位置单击，导入素材，如图10.144所示。

步骤② 选中图像，执行菜单栏中的【对象】|【PowerClip】|【置于图文框内部】命令，将图像放置到矩形内部，如图10.145所示。

图10.144 导入素材　　　　图10.145 置于图文框内部

> 提示与技巧
>
> 在导入图像时，尽量露出圆角矩形图形区域，这样更加方便执行【置于图文框内部】命令。

步骤③ 单击工具箱中的【矩形工具】□按钮，绘制一个矩形，设置其【填充】为白色，【轮廓】为无，将其移至素材图像之间位置，如图10.146所示。

步骤④ 单击工具箱中的【椭圆形工具】○按钮，绘制一个椭圆，设置其【填充】为白色，【轮廓】为无，如图10.147所示。

步骤⑤ 执行菜单栏中的【位图】|【转换为位图】命令，在弹出的对话框中分别选中【光滑处理】及【透明背景】复选框，完成之后单击【确定】按钮。

图10.146 绘制矩形　　　　图10.147 绘制椭圆

步骤⑥ 执行菜单栏中的【位图】|【模糊】|【高斯式模糊】命令，在弹出的对话框中将【半径】更改为50像素，完成之后单击【确定】按钮，如图10.148所示。

步骤⑦ 执行菜单栏中的【文件】|【打开】命令，选择"调用素材\第10章\调味品包装展开面\logo.cdr"文件，单击【打开】按钮，将打开的文件拖入当前页面中，如图10.149所示。

图10.148 添加高斯模糊　　　　图10.149 添加素材

步骤⑧ 单击工具箱中的【矩形工具】□按钮，在馄饨和蔬菜素材图像位置绘制一个矩形，如图10.150所示。

步骤⑨ 同时选中馄饨和蔬菜图像，执行菜单栏中的【对象】|【PowerClip】|【置于图文

框内部】命令，将图像放置到矩形内部，如图
10.151所示。

_GBK），这样就完成了效果的制作，如图
10.152所示。

图10.150 绘制矩形　　　图10.151 置于图文框内部

步骤⑩ 单击工具箱中的【文本工具】**字**按
钮，在适当的位置输入文字（李旭科毛笔行
书、方正兰亭细黑_GBK、方正兰亭中粗黑

图10.152 最终效果

10.10 调味品包装展示效果设计

设计构思

　　本例讲解调味品包装展示效果设计，此款包装的展示效果制作过程比较简单，主要由
高光及阴影质感图像组成，最后为其处理前后对比效果，整体视觉更具立体感，最终效果
如图10.153所示。

图10.153 最终效果

● 难易程度：★★★★☆
● 调用素材：调用素材\第10章\调味品包装设计
● 最终文件：源文件\第10章\调味品包装展示效果设计.cdr
● 视频位置：movie\10.10 调味品包装展示效果设计.avi

操作步骤

10.10.1 制作展示背景

步骤01 单击工具箱中的【矩形工具】□按钮，绘制一个矩形。

步骤02 单击工具箱中的【交互式填充工具】◇按钮，再单击属性栏中的【渐变填充】◢按钮，在图形上拖动，填充绿色（R:147, G:173, B:81）到绿色（R:21, G:41, B:2）的椭圆形渐变，如图10.154所示。

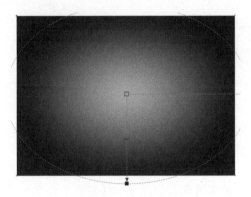

图10.154 填充渐变

步骤03 选中矩形，按Ctrl+C组合键复制，按Ctrl+V组合键粘贴。将粘贴的矩形高度缩小，并更改其【填充】为绿色（R:73, G:102, B:14）到绿色（R:21, G:41, B:2），如图10.155所示。

步骤04 执行菜单栏中的【位图】|【转换为位图】命令，在弹出的对话框中分别选中【光滑处理】及【透明背景】复选框，完成之后单击【确定】按钮。

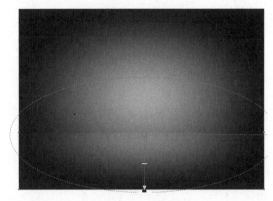

图10.155 缩小图形

步骤05 执行菜单栏中的【位图】|【模糊】|【高斯式模糊】命令，在弹出的对话框中将【半径】更改为20像素，完成之后单击【确定】按钮，如图10.156所示。

图10.156 添加高斯模糊

10.10.2 制作立体效果

步骤01 执行菜单栏中的【文件】|【打开】命令，选择"调用素材\第10章\调味品包装展开面\调味品包装展开面.cdr"文件，单击【打开】按钮，将打开的文件拖入当前页面中。

步骤02 执行菜单栏中的【位图】|【转换为位图】命令，在弹出的对话框中分别选中【光滑处理】及【透明背景】复选框，完成之后单击【确定】按钮。

步骤03 单击工具箱中的【贝塞尔工具】✎按钮，沿包装边缘绘制一个不规则图形，如图10.157所示。

步骤04 选中下方图像，执行菜单栏中的【对象】|【PowerClip】|【置于图文框内部】命令，将图像放置到不规则图形内部，并将不规则图形的【轮廓】更改为无，如图10.158所示。

图10.157 绘制图形　　　图10.158 置于图文框内部

步骤05 单击工具箱中的【贝塞尔工具】 按钮，在包装靠左侧位置绘制一个不规则图形，设置其【填充】为白色，【轮廓】为无，如图10.159所示。

步骤06 执行菜单栏中的【位图】|【转换为位图】命令，在弹出的对话框中分别选中【光滑处理】及【透明背景】复选框，完成之后单击【确定】按钮。

步骤07 执行菜单栏中的【位图】|【模糊】|【高斯式模糊】命令，在弹出的对话框中将【半径】更改为10像素，完成之后单击【确定】按钮，如图10.160所示。

图10.159 绘制图形　　　图10.160 添加高斯模糊

步骤08 选中图像，单击工具箱中的【透明度工具】 按钮，在其图像上拖动，降低其透明度，如图10.161所示。

步骤09 单击工具箱中的【贝塞尔工具】 按钮，在透明区域绘制一个不规则图形，设置其【填充】为白色，【轮廓】为无，如图10.162所示。

步骤10 以刚才同样的方法为图形添加高斯模糊效果并降低其透明度，如图10.163所示。

步骤11 在包装其他位置绘制图形，以制作高光质感效果，如图10.164所示。

图10.161 降低透明度　　　图10.162 绘制图形

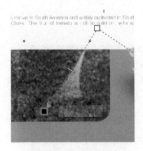

图10.163 降低透明度　　　图10.164 制作高光效果

步骤12 单击工具箱中的【贝塞尔工具】 按钮，在包装靠底部位置绘制一个不规则图形，设置其【填充】为黑色，【轮廓】为无，如图10.165所示。

步骤13 执行菜单栏中的【位图】|【转换为位图】命令，在弹出的对话框中分别选中【光滑处理】及【透明背景】复选框，完成之后单击【确定】按钮，如图10.166所示。

图10.165 绘制图形　　　图10.166 转换为位图

步骤14 执行菜单栏中的【位图】|【模糊】|【高斯式模糊】命令，在弹出的对话框中将【半径】更改为50像素，完成之后单击【确定】按钮，如图10.167所示。

步骤15 单击工具箱中的【透明度工具】 按钮，在属性栏中将【合并模式】更改为叠加，【透明度】更改为50，如图10.168所示。

图10.167　添加高斯模糊　　图10.168　更改合并模式

步骤16 单击工具箱中的【椭圆形工具】○按钮，在包装左上角绘制一个小椭圆，如图10.169所示。

步骤17 同时选中椭圆及其下方图形，单击属性栏中的【修剪】按钮，对图形进行修剪，并删除椭圆，如图10.170所示。

图10.169　绘制椭圆　　图10.170　修剪图形

步骤18 同时选中所有图像，按Ctrl+G组合键组合对象，按Ctrl+C组合键复制，按Ctrl+V组合键粘贴。将粘贴的图像向下移动，单击属性栏中的【垂直镜像】按钮，将其垂直镜像，如图10.171所示。

步骤19 执行菜单栏中的【位图】|【转换为位图】命令，在弹出的对话框中分别选中【光滑处理】及【透明背景】复选框，完成之后单击【确定】按钮。

步骤20 执行菜单栏中的【位图】|【模糊】|【高斯式模糊】命令，在弹出的对话框中将【半径】更改为20像素，完成之后单击【确定】按钮，如图10.172所示。

步骤21 选中图像，单击工具箱中的【透明度工具】按钮，在其图像上拖动，降低透明度，如图10.173所示。

图10.171　变换图像　　图10.172　添加高斯模糊

图10.173　降低透明度

步骤22 同时选中包装及其倒影图像，移至刚才开始绘制的图形位置，如图10.174所示。

图10.174　移动图像

步骤23 选中图像并按住鼠标左键，向左侧移动后单击鼠标右键将其复制并等比例缩小，如图10.175所示。

步骤24 执行菜单栏中的【位图】|【转换为位图】命令，在弹出的对话框中分别选中【光滑处理】及【透明背景】复选框，完成之后单击【确定】按钮。

步骤25 执行菜单栏中的【位图】|【模糊】|【高斯式模糊】命令，在弹出的对话框中将【半径】更改为20像素，完成之后单击【确定】按钮，如图10.176所示。

图10.175 复制图像

图10.176 添加高斯模糊

步骤26 同时选中小包装及其下方倒影并按住鼠标左键，向右侧移动后单击鼠标右键将其复制，这样就完成了效果的制作，如图10.177所示。

图10.177 最终效果

10.11 猫粮罐头包装设计

设计构思

本例讲解猫粮罐头包装设计，此款包装以纸形式呈现，其图案设计比较贴近主题，将卡通猫咪图像与实物图案相结合，完美体现出产品的特点，最终效果如图10.178所示。

- 难易程度：★★☆☆☆
- 调用素材：调用素材\第10章\猫粮罐头包装设计
- 最终文件：源文件\第10章\猫粮罐头包装贴设计.cdr
- 视频位置：movie\10.11 猫粮罐头包装贴设计.avi

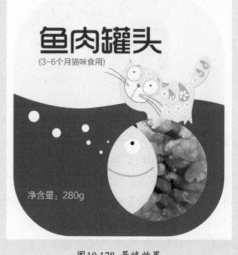

图10.178 最终效果

操作步骤

10.11.1 绘制主图像

步骤01 单击工具箱中的【矩形工具】□按钮，绘制一个矩形，设置其【填充】为灰色（R:245，G:245，B:245），【轮廓】为无，如图10.179所示。

步骤02 单击工具箱中的【形状工具】↖按钮，拖动矩形右上角节点，将其转换为圆角矩形，如图10.180所示。

【轮廓】为白色，【宽度】为0.5，如图10.185所示。

步骤08 选中椭圆，单击工具箱中的【透明度工具】▦按钮，在属性栏中将【合并模式】更改为叠加，如图10.186所示。

图10.179 绘制矩形　　图10.180 转换为圆角矩形

步骤03 单击工具箱中的【贝塞尔工具】✒按钮，在圆角矩形下半部分位置绘制一个不规则图形，设置其【填充】为红色（R:196, G:39, B:46），【轮廓】为无，如图10.181所示。

步骤04 选中图形，执行菜单栏中的【对象】|【PowerClip】|【置于图文框内部】命令，将图像放置到下方圆角矩形内部，如图10.182所示。

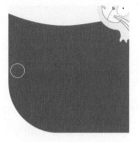

图10.185 绘制椭圆　　图10.186 更改合并模式

步骤09 选中椭圆，执行菜单栏中的【对象】|【将轮廓转换为对象】命令。单击工具箱中的【矩形工具】□按钮，绘制一个矩形，如图10.187所示。

步骤10 同时选中两个图形，单击属性栏中的【修剪】┗┓按钮，对图形进行修剪，并删除上方图形，如图10.188所示。

图10.181 绘制图形　　图10.182 置于图文框内部

步骤05 单击工具箱中的【文本工具】**字**按钮，在适当的位置输入文字（时尚中黑简体、方正兰亭细黑_GBK），如图10.183所示。

步骤06 执行菜单栏中的【文件】|【打开】命令，选择"调用素材\第10章\猫粮罐头包装设计\卡通猫.cdr"文件，单击【打开】按钮，将打开的文件拖入当前页面中，如图10.184所示。

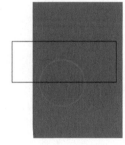

图10.187 绘制矩形　　图10.188 修剪图形

步骤11 选中图形并按住鼠标左键，向右侧移动后单击鼠标右键将其复制，如图10.189所示。

步骤12 按Ctrl+D组合键将图像复制多份，如图10.190所示。

图10.183 输入文字　　图10.184 添加素材

步骤07 单击工具箱中的【椭圆形工具】○按钮，绘制一个椭圆，设置其【填充】为无，

图10.189 复制图形　　图10.190 将图形复制多份

步骤⑬ 以同样的方法将图形向下复制数份，如图10.191所示。

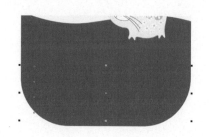

图10.191 复制图形

10.11.2 处理素材及细节

步骤① 单击工具箱中的【椭圆形工具】○按钮，按住Ctrl键绘制一个正圆，设置其【填充】为黑色，【轮廓】为无，按Ctrl+C组合键将其复制，如图10.192所示。

步骤② 执行菜单栏中的【文件】|【导入】命令，选择"调用素材\第10章\猫粮罐头包装设计\猫粮.jpg"文件，单击【导入】按钮，在正圆位置单击，导入素材，如图10.193所示。

图10.192 绘制正圆　　　　图10.193 导入素材

步骤③ 选中图像，执行菜单栏中的【对象】|【PowerClip】|【置于图文框内部】命令，将图形放置到正圆内部，将正圆【填充】更改为无，如图10.194所示。

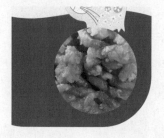

图10.194 置于图文框内部

步骤④ 按Ctrl+V组合键粘贴正圆，将其【填充】更改为黄色（R:248，G:233，B:186）并向左侧稍微移动，如图10.195所示。

步骤⑤ 执行菜单栏中的【对象】|【PowerClip】|【置于图文框内部】命令，将图形放置到下方图形内部，如图10.196所示。

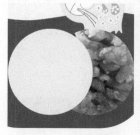
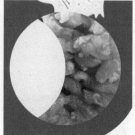

图10.195 绘制正圆　　　　图10.196 置于图文框内部

步骤⑥ 单击工具箱中的【贝塞尔工具】✑按钮，在黄色图形位置绘制一条弧形线段，设置其【轮廓】为黄色（R:230，G:178，B:120），【宽度】为1.5，如图10.197所示。

步骤⑦ 单击工具箱中的【椭圆形工具】○按钮，按住Ctrl键绘制一个正圆，设置其【填充】为白色，【轮廓】为无，按Ctrl+C组合键复制，如图10.198所示。

图10.197 绘制弧线　　　　图10.198 绘制正圆

步骤⑧ 按Ctrl+V组合键粘贴正圆。将粘贴的正圆【填充】更改为黑色并等比例缩小，如图10.199所示。

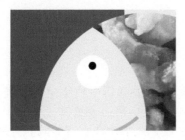

图10.199 缩小图形

步骤09 以同样的方法在图像左侧位置再次绘制一个白色小正圆，将其复制数份并适当缩放，如图10.200所示。

图10.200 绘制图形

步骤10 单击工具箱中的【文本工具】**字**按钮，在适当的位置输入文字（方正兰亭黑_GBK），这样就完成了效果的制作，如图10.201所示。

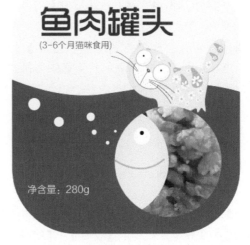

图10.201 最终效果

10.12 猫粮罐头包装展示效果设计

设计构思

　　本例讲解猫粮罐头展示效果设计，该展示效果在绘制过程中主要以表现罐头本身的高光质感为重点，通过高光质感图像的添加，完美表现出整个罐头图像的立体感，最终效果如图10.202所示。

- 难易程度：★★★☆☆
- 调用素材：调用素材\第10章\猫粮罐头包装设计
- 最终文件：源文件\第10章\猫粮罐头展示效果设计.cdr
- 视频位置：movie\10.12 猫粮罐头展示效果设计.avi

图10.202 最终效果

■ 操作步骤

10.12.1 制作包装轮廓效果

步骤01 单击工具箱中的【矩形工具】□按钮，绘制一个矩形，设置其【填充】为黄色（R:178, G:154, B:102），【轮廓】为无，如图10.203所示。

步骤02 单击工具箱中的【形状工具】✎按钮，拖动矩形右上角节点，将其转换为圆角矩形，如图10.204所示。

图10.203 绘制矩形　　图10.204 转换为圆角矩形

步骤03 执行菜单栏中的【文件】|【打开】命令，选择"调用素材\第10章\猫粮罐头包装设计\猫粮罐头包装.cdr"文件，单击【打开】按钮，将打开的文件拖入当前页面中，如图10.205所示。

图10.205 添加素材

步骤04 单击工具箱中的【矩形工具】□按钮，绘制一个矩形，设置其【填充】为黄色（R:245, G:218, B:79），【轮廓】为无，如图10.206所示。

步骤05 单击工具箱中的【形状工具】✎按钮，拖动矩形右上角节点，将其转换为圆角矩形，如图10.207所示。

图10.206 绘制矩形　　图10.207 转换为圆角矩形

步骤06 以同样的方法在包装顶部再次绘制一个黄色（R:255, G:243, B:133）矩形，并转换为圆角矩形，如图10.208所示。

图10.208 绘制图形

10.12.2 添加质感

步骤01 单击工具箱中的【椭圆形工具】〇按钮，绘制一个椭圆，设置其【填充】为白色，【轮廓】为无，如图10.209所示。

步骤02 执行菜单栏中的【位图】|【转换为位图】命令，在弹出的对话框中分别选中【光滑处理】及【透明背景】复选框，完成之后单击【确定】按钮。

步骤03 执行菜单栏中的【位图】|【模糊】|【高斯式模糊】命令，在弹出的对话框中将【半径】更改为250像素，完成之后单击【确定】按钮，如图10.210所示。

图10.209 绘制椭圆

图10.210 添加高斯模糊

步骤04 执行菜单栏中的【位图】|【模糊】|【动态模糊】命令，在弹出的对话框中将【间距】更改为500像素，【方向】更改为0，完成之后单击【确定】按钮。

步骤05 选中图像，单击工具箱中的【透明度工具】▨按钮，在属性栏中将【合并模式】更改为添加，【透明度】更改为50，如图10.211所示。

步骤06 选中图像，按Ctrl+C组合键复制，按Ctrl+V组合键粘贴。将粘贴的图像【透明度】更改为80，再将其宽度适当缩小，如图10.212所示。

图10.211 更改合并模式

图10.212 复制图像

步骤07 以同样的方法将图像再次复制两份并更改其宽度及透明度，如图10.213所示。

图10.213 复制图像

步骤08 单击工具箱中的【矩形工具】□按钮，绘制一个矩形。同时选中矩形及其下方图像，单击属性栏中的【修剪】⑤按钮，对图像进行修剪，并删除上方图形，如图10.214所示。

图10.214 修剪图像

步骤09 单击工具箱中的【椭圆形工具】○按钮，绘制一个椭圆，设置其【填充】为深黄色（R:82，G:62，B:20），【轮廓】为无，如图10.215所示。

图10.215 绘制椭圆

步骤10 执行菜单栏中的【位图】|【转换为位图】命令，在弹出的对话框中分别选中【光滑处理】及【透明背景】复选框，完成之后单击【确定】按钮。

步骤11 执行菜单栏中的【位图】|【模糊】|【高斯式模糊】命令，在弹出的对话框中将【半径】更改为30像素，完成之后单击【确定】按钮，如图10.216所示。

图10.216 添加高斯模糊

步骤⓬ 执行菜单栏中的【位图】|【模糊】|【动态模糊】命令，在弹出的对话框中将【间距】更改为400像素，【方向】更改为0，完成之后单击【确定】按钮，这样就完成了效果的制作，如图10.217所示。

图10.217 最终效果

10.13 | 茶饮料瓶身设计

设计构思

本例讲解茶饮料瓶身设计，首先绘制瓶身基础轮廓，然后添加图文信息即可完成整个瓶身的设计，最终效果如图10.218所示。

- 难易程度：★★★☆☆
- 调用素材：调用素材\第10章\茶饮料瓶身设计
- 最终文件：源文件\第10章\茶饮料瓶身设计.cdr
- 视频位置：movie\10.13 茶饮料瓶身设计.avi

图10.218 最终效果

操作步骤

10.13.1 绘制瓶身轮廓

步骤① 单击工具箱中的【贝塞尔工具】✑按钮，绘制半个瓶身图形，设置其【填充】为黑色，【轮廓】为无，如图10.219所示。

步骤② 选中图形并按住鼠标左键，向右侧移动后单击鼠标右键将其复制，单击属性栏中的【水平镜像】㖦按钮，将其水平镜像并与原图形对齐，如图10.220所示。

图10.219 绘制图形　　　　图10.220 复制图形

图10.223 绘制矩形　　　图10.224 转换为圆角矩形

步骤03 选中图形，单击属性栏中的【合并】按钮，将两个图形合并。

步骤04 单击工具箱中的【交互式填充工具】按钮，再单击属性栏中的【渐变填充】按钮，在图形上拖动，填充黄色（R:212, G:179, B:86）到黄色（R:194, G:150, B:55）再到黄色（R:212, G:179, B:86）的线性渐变，如图10.221所示。

步骤05 单击工具箱中的【矩形工具】按钮，绘制一个矩形，设置其【填充】为黑色，【轮廓】为无，如图10.222所示。

步骤08 单击工具箱中的【矩形工具】按钮，绘制一个矩形，同时选中两个图形，单击属性栏中的【修剪】按钮，对图形进行修剪，并删除不需要的图形，如图10.225所示。

图10.225 修剪图形

步骤09 选中小黑色矩形及瓶身图形，单击属性栏中的【合并】按钮，将图形合并，如图10.226所示。

步骤10 选中顶部黑色图形，单击工具箱中的【交互式填充工具】按钮，再单击属性栏中的【渐变填充】按钮，在图形上拖动，填充绿色（R:150, G:227, B:73）到绿色（R:67, G:138, B:8）再到绿色（R:150, G:227, B:73）的线性渐变，如图10.227所示。

图10.221 填充渐变　　　　图10.222 绘制矩形

步骤06 在刚才绘制的矩形顶部再次绘制一个稍大的黑色矩形，如图10.223所示。

步骤07 单击工具箱中的【形状工具】按钮，拖动矩形右上角节点，将其转换为圆角矩形，如图10.224所示。

图10.226 合并图形　　　　图10.227 填充渐变

10.13.2 制作瓶贴

步骤01 单击工具箱中的【矩形工具】按钮，绘制一个矩形，设置其【填充】为浅灰色（R:243, G:245, B:244），【轮廓】为无，如图10.228所示。

步骤02 选中矩形，执行菜单栏中的【对象】|【PowerClip】|【置于图文框内部】命令，将图像放置到下方瓶身内部，如图10.229所示。

图10.228 绘制矩形　　　图10.229 置于图文框内部

步骤03 单击工具箱中的【椭圆形工具】○ 按钮，按住Ctrl键绘制一个正圆，设置其【填充】为无，【轮廓】为绿色（R:121，G:179，B:62），【宽度】为12，如图10.230所示。

步骤04 选中正圆，按Ctrl+C组合键复制，按Ctrl+V组合键粘贴。将粘贴的正圆轮廓【宽度】更改为3，并等比例缩小，如图10.231所示。

图10.230 绘制图形　　　图10.231 复制图形

步骤05 单击工具箱中的【文本工具】**字**按钮，在适当的位置输入文字（方正清刻本悦宋

简体），如图10.232所示。

步骤06 同时选中两个正圆及文字，按Ctrl+G 组合键组合对象，单击工具箱中的【透明度工具】▒ 按钮，将其【透明度】更改为50，如图10.233所示。

图10.232 输入文字　　　图10.233 更改透明度

步骤07 选中对象，执行菜单栏中的【对象】|【PowerClip】|【置于图文框内部】命令，将图形放置到下方瓶身内部，如图10.234所示。

步骤08 单击工具箱中的【文本工具】**字**按钮，在适当的位置输入文字（Square721 Cn BT、方正兰亭细黑_GBK），如图10.235所示。

图10.234 置于图文框内部　　　图10.235 输入文字

10.13.3　添加质感

步骤01 单击工具箱中的【椭圆形工具】○ 按钮，绘制一个细长椭圆，设置其【填充】为白色，【轮廓】为无，如图10.236所示。

步骤02 执行菜单栏中的【位图】|【转换为位图】命令，在弹出的对话框中分别选中【光滑处理】及【透明背景】复选框，完成之后单击【确定】按钮。

图10.236 绘制椭圆

步骤03 执行菜单栏中的【位图】|【模糊】|【高斯式模糊】命令，在弹出的对话框中将【半径】更改为20像素，完成之后单击【确定】按钮，如图10.237所示。

图10.237 添加高斯模糊

步骤04 执行菜单栏中的【位图】|【模糊】|【动态模糊】命令，在弹出的对话框中将【距离】更改为500像素，【方向】更改为0，完成之后单击【确定】按钮，如图10.238所示。

图10.238 添加动态模糊

步骤05 选中图像，单击工具箱中的【透明度工具】▨按钮，在属性栏中将【合并模式】更改为叠加，如图10.239所示。

图10.239 更改合并模式

步骤06 单击工具箱中的【椭圆形工具】○按钮，绘制一个椭圆，设置其【填充】为绿色（R:121, G:179, B:62），【轮廓】为无，如图10.240所示。

图10.240 绘制椭圆

步骤07 执行菜单栏中的【文件】|【导入】命令，选择"调用素材\第10章\茶饮料瓶身设计\茶叶.png"文件，单击【导入】按钮，在瓶盖位置单击，导入素材，如图10.241所示。

图10.241 导入素材

步骤08 同时选中所有图文，按Ctrl+G组合键组合对象，按Ctrl+C组合键复制，按Ctrl+V组合键粘贴，单击属性栏中的【垂直镜像】🔁按钮，将图形垂直镜像并向下移动，如图10.242所示。

步骤09 执行菜单栏中的【位图】|【转换为位图】命令，在弹出的对话框中分别选中【光滑处理】及【透明背景】复选框，完成之后单击【确定】按钮。

步骤10 执行菜单栏中的【位图】|【模糊】|【高斯式模糊】命令，在弹出的对话框中将【半径】更改为30像素，完成之后单击【确定】按钮，如图10.243所示。最后使用【透明度工具】为其制作倒影。

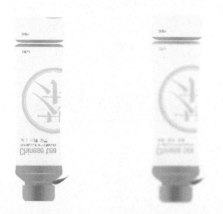

图10.242 复制图像　　　图10.243 添加高斯模糊

步骤⑪ 同时选中所有对象，按Ctrl+G组合键组合对象，按Ctrl+C组合键复制，按Ctrl+V组合键粘贴。将粘贴的图像等比例缩小并向左侧平移，如图10.244所示。

步骤⑫ 执行菜单栏中的【位图】|【转换为位图】命令，在弹出的对话框中分别选中【光滑处理】及【透明背景】复选框，完成之后单击【确定】按钮。

步骤⑬ 执行菜单栏中的【位图】|【模糊】|【高斯式模糊】命令，在弹出的对话框中将【半径】更改为30像素，完成之后单击【确定】按钮，如图10.245所示。

图10.244 复制图像　　　图10.245 添加高斯模糊

步骤⑭ 选中左侧的瓶身及倒影图像并按住鼠标左键，向右侧移动后单击鼠标右键将其复制。再将复制生成的图像等比例缩小，如图10.246所示。

图10.246 复制图像

步骤⑮ 执行菜单栏中的【位图】|【模糊】|【高斯式模糊】命令，在弹出的对话框中将【半径】更改为30像素，完成之后单击【确定】按钮，这样就完成了效果的制作，如图10.247所示。

图10.247 最终效果